Exos résolus

1re S

Physique

Jean-Pierre DURANDEAU

Jean-Marie BÉLIÈRES

Paul BRAMAND

hachette
ÉDUCATION

CONCEPTION GRAPHIQUE

Couverture : Audrey Izern
Intérieur : Karine Nayé
Photo de couverture : ©stock.xchng®vi

COMPOSITION, MISE EN PAGES ET SCHÉMAS

ScienTech Livre

ÉDITION

Emmanuel Meier

ISBN : 978 2 01 160294 7

Achevé d'imprimer en Italie par Grafiche Flaminia
Dépot légal : Juin 2011 – Édition : 1 - 16/0294/5

PRÉFACE

Cet ouvrage vous propose **155 exercices corrigés**. Il est conforme au **programme** et répond à une double nécessité :

– vous entraîner, car il est évident qu'une simple lecture du cours s'avère insuffisante pour apprendre une leçon. La mise en œuvre des connaissances dans les situations-problèmes constitue, à cet égard, une activité formatrice indispensable ;

– vous permettre de vérifier votre compréhension des notions du programme.

En confrontant votre solution à celle du corrigé, vous jugerez de la qualité de votre apprentissage. Ainsi, lorsque les résultats du corrigé coïncideront avec votre propre solution, vous pourrez aborder sereinement de nouvelles acquisitions.

Dans le cas contraire, vous pourrez remédier à la difficulté rencontrée en relisant l'énoncé, en particulier les hypothèses qui y figurent, et en comparant votre démarche à celle du corrigé. Éventuellement, vous reviendrez au manuel utilisé en classe.

Chaque chapitre comporte les rubriques suivantes :

■ **Un résumé du cours**, axé sur les notions fondamentales. Une rubrique intitulée « La difficulté du chapitre » vous explique en détail un point délicat de la leçon.

■ **Un large éventail d'énoncés d'exercices progressifs**, allant de l'exercice du QCM au problème de réinvestissement des savoirs et des méthodes dans des situations plus complexes.

La difficulté des exercices est signalée par des pictogrammes ★ placés en regard des énoncés de façon que chacun puisse évaluer son niveau.

Une durée indicative de résolution du problème figure également avant les exercices d'entraînement. Ce temps a été estimé pour un bon élève et doit donc vous permettre de situer votre niveau d'entraînement.

Le thème annoncé dans le titre d'un exercice vous permet de choisir les notions à approfondir sans être obligé de traiter les questions déjà assimilées.

■ **Des corrigés d'exercices détaillés et commentés**, indiquant clairement les étapes de leur résolution. De petits encadrés attirent votre attention sur des points particuliers de résolution ou de méthode.

■ Vous trouverez, dans chaque chapitre, une interrogation écrite, soit **onze devoirs**, correspondant à tous les thèmes du programme, que vous pourrez résoudre en temps limité.

Ces interros, corrigées, vous permettent ainsi de faire un bilan de vos connaissances, chapitre par chapitre.

Vous disposez ainsi d'un outil dont nous espérons que vous saurez tirer le meilleur parti.

Les auteurs

Sommaire

INDEX DES MOTS CLÉS

H

I

J

K

L

M

N

O

P

Q

R

CHAPITRE 1

Lentilles minces

Observer

LE COURS

Les caractéristiques d'une lentille mince convergente

▶ EXERCICE D'APPLICATION 5, p. 14

▶ Forme et représentation d'une lentille mince convergente

Les lentilles convergentes sont plus épaisses au centre que sur les bords. On peut reconnaître une lentille convergente par le toucher : elle est bombée au centre. On peut aussi observer son effet sur un faisceau de lumière parallèle : elle fait converger les rayons.

Une lentille est dite mince lorsque son centre optique, O, peut être confondu avec les sommets des faces S_1 et S_2.

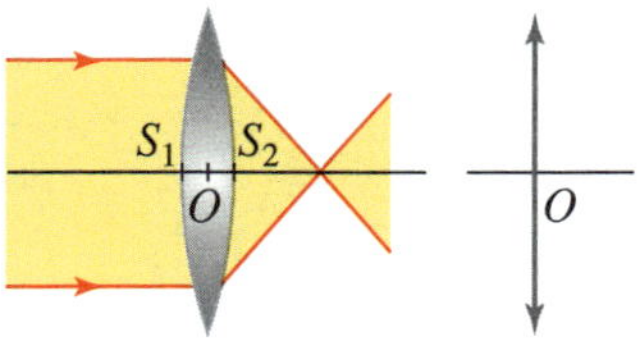

Lentille convergente et sa modélisation

▶ Caractéristiques et propriétés des lentilles convergentes

Une lentille convergente est caractérisée par :

– son centre optique O ;

– son axe optique, Δ ;

– son **foyer image, F', et son foyer objet F**, symétriques par rapport à O ;

– **sa distance focale,** $f = \overline{OF'}$, qui s'exprime en mètre. Pour les lentilles convergentes, $f > 0$;

– **sa vergence**, $C = \frac{1}{f}$, qui s'exprime en dioptrie (δ). Pour les lentilles convergentes, $C > 0$.

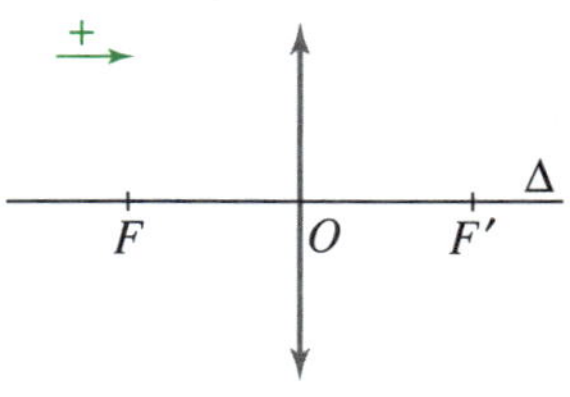

Propriétés des lentilles convergentes :

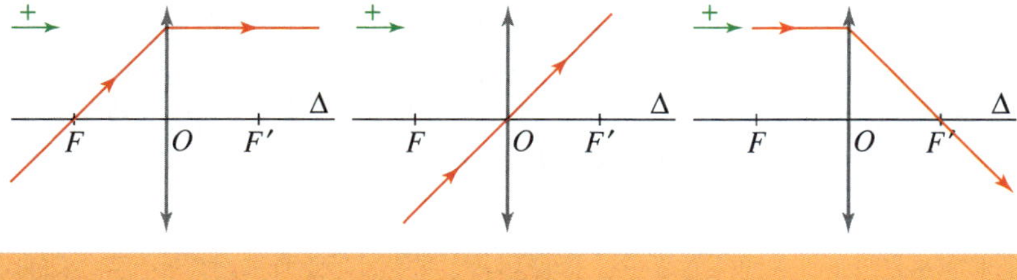

– tout rayon incident qui passe par le foyer objet, *F*, ressort parallèle à l'axe optique ;
– tout rayon incident qui passe par le centre optique, *O*, n'est pas dévié ;
– tout rayon incident parallèle à l'axe optique ressort en passant par le foyer image *F′*.

Image d'un objet donnée par une lentille convergente

▶ EXERCICE D'APPLICATION 6, p. 15

▶ Construction de l'image d'un objet

Pour construire l'image $A'B'$ d'un objet AB, on utilise **deux des trois rayons caractéristiques** suivants :
– (1) celui issu de B qui passe par le foyer objet ;
– (2) celui issu de B qui passe par le centre O ;
– (3) celui issu de B qui est parallèle à l'axe optique.

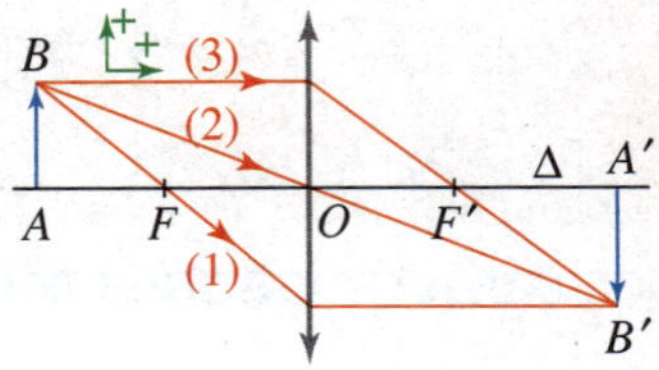

▶ Positions de l'objet et images

• **Objet situé entre –∞ et *F* :** l'image peut être recueillie sur un écran, elle est **réelle et renversée**.

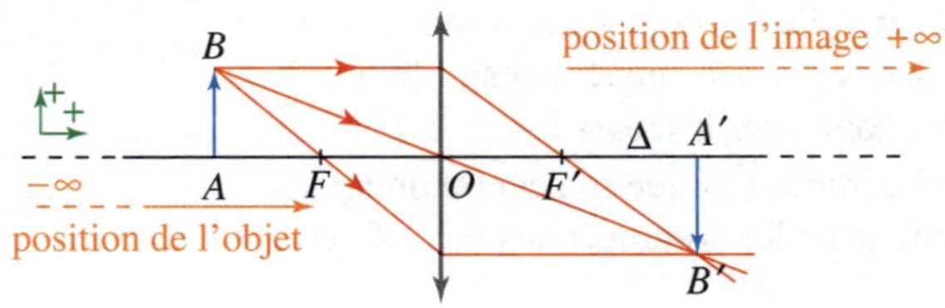

• **Objet situé à –∞ :** l'image se forme dans **le plan focal image,** A' est confondu avec F'.

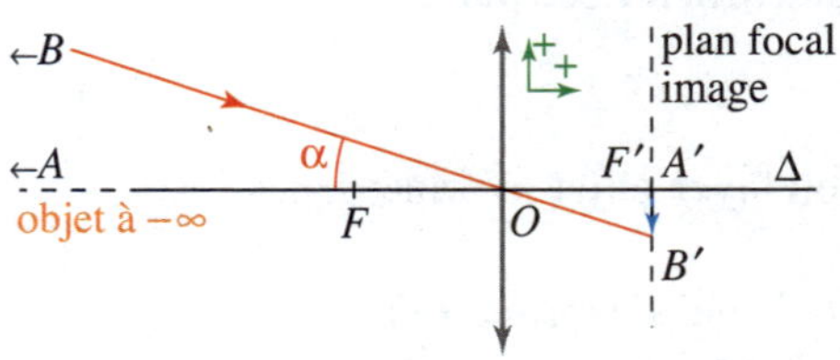

$$\overline{A'B'} = -f \cdot \tan\alpha$$

• **Objet situé entre *F* et *O* :** l'image ne peut pas être recueillie sur un écran, **elle est virtuelle.**

Son **tracé est en pointillé**, comme le prolongement des rayons qui ne correspondent pas à un trajet réel de la lumière.

Cette image peut être vue, à travers la lentille, par un observateur placé du côté de F'. La lentille joue alors le rôle de loupe.

L'image est du même sens que l'objet et paraît plus grande.

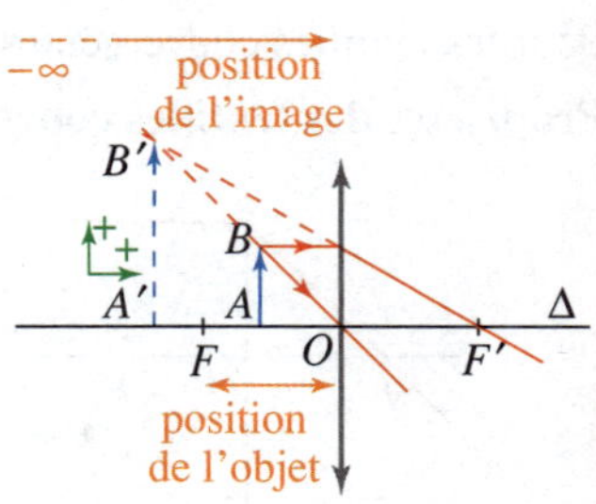

- **Objet situé en F :** l'image **est rejetée à $+\infty$.**

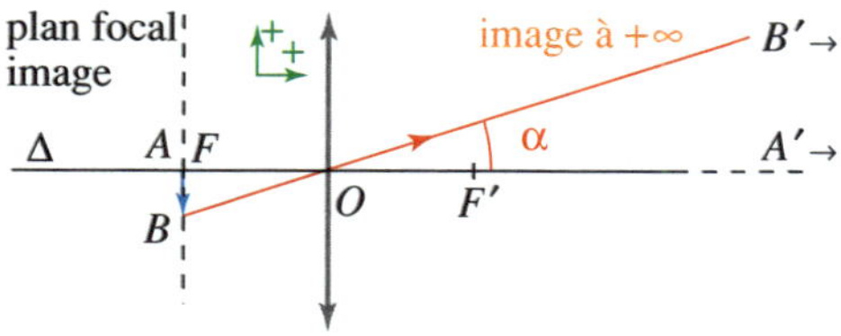

Relations de conjugaison et de grandissement

▶ EXERCICE D'APPLICATION 7, p. 15

▶ Relation de conjugaison

$$\frac{1}{\overline{OA'}} - \frac{1}{\overline{OA}} = \frac{1}{\overline{OF'}} = C$$

▶ Relation de grandissement

$$\gamma = \frac{\overline{A'B'}}{\overline{AB}} = \frac{\overline{OA'}}{\overline{OA}}$$

($\overline{X}$: mesure algébrique de la grandeur X).

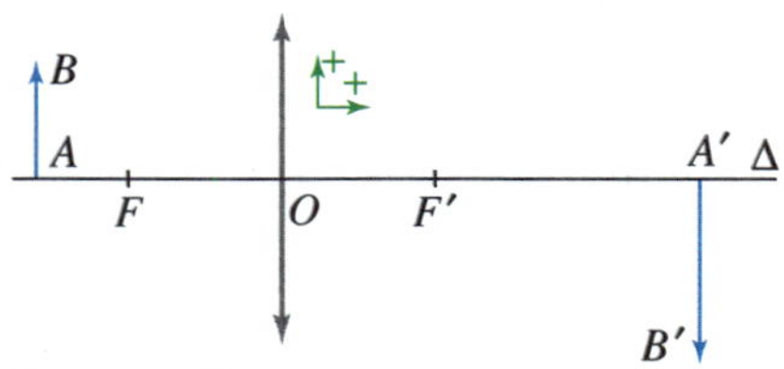

Sur cette figure :

$\overline{OA} < 0$; $\overline{OA'} > 0$; $\overline{OF'} > 0$;

$\overline{AB} > 0$; $\overline{A'B'} < 0$; $\gamma < 0$, l'image est renversée.

LES DIFFICULTÉS DU CHAPITRE

Tracer la marche d'un rayon lumineux quelconque

Comment poursuivre ce rayon lumineux après sa traversée de la lentille ?

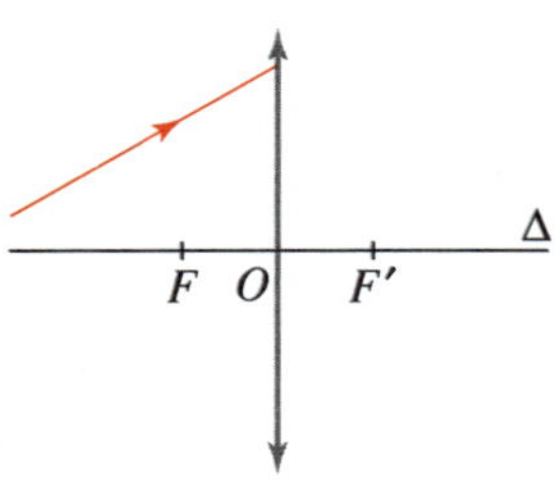

1 : Choisir un point P sur le rayon incident.
2 : Déterminer par construction son image, P' (deux rayons verts).
3 : Tracer le rayon émergent qui passe par P'.

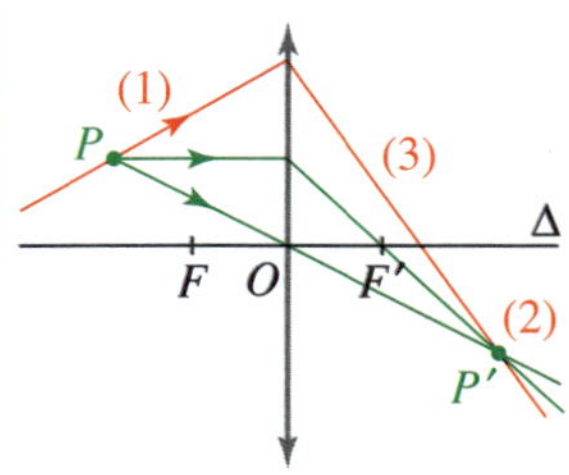

Lire et utiliser les grandeurs algébriques

Dans les relations de conjugaison et du grandissement, les grandeurs sont algébriques, c'est-à-dire qu'elles ont un signe positif ou négatif selon leur position par rapport à O, et l'orientation des axes.

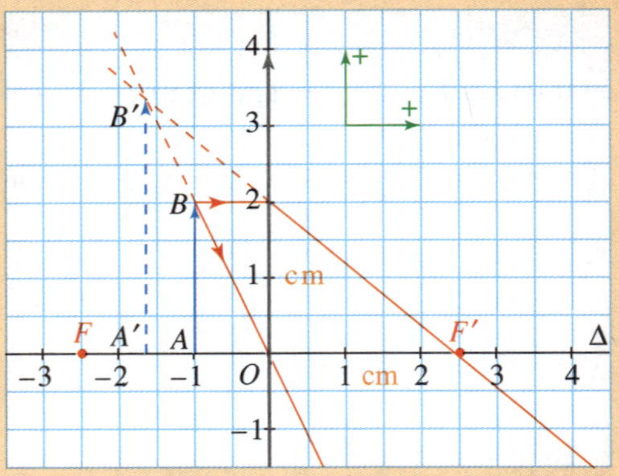

Sur la représentation graphique ci-contre, on a :

$\overline{OA} = -1{,}0$ cm ; $\overline{OF'} = +2{,}5$ cm ;

$\overline{AB} = 2$ cm.

$$\frac{1}{\overline{OA'}} = \frac{1}{\overline{OA}} + \frac{1}{\overline{OF'}}$$

$$= \frac{1}{-1{,}0} + \frac{1}{2{,}5} = -0{,}6 \text{ cm}^{-1} ;$$

$\overline{OA'} \approx -1{,}7$ cm.

$$\gamma = \frac{\overline{A'B'}}{\overline{AB}} = \frac{\overline{OA'}}{\overline{OA}} = \frac{-1{,}7 \text{ cm}}{-1 \text{ cm}} = 1{,}7 \text{ (sans unité !)}.$$

$\overline{A'B'} = 1{,}7 \times \overline{AB} = 3{,}4$ cm.

EXERCICES

Tester ses connaissances

1 QCM 1 (corrigés p. 21)

Parmi les affirmations suivantes, lesquelles sont vraies ?

1° La distance focale d'une lentille convergente est égale à $\overline{OF}$.

2° La distance focale d'une lentille convergente est toujours supérieure à 1.

3° La distance focale d'une lentille est l'opposé de sa vergence.

4° La distance focale d'une lentille est l'inverse de sa vergence.

5° Une lentille de distance focale égale à 10 cm a une vergence égale 0,1 δ.

6° Une lentille de vergence égale 10 δ a une distance focale égale à 10 cm.

2 QCM 2 (corrigés p. 21)

Quels sont les tracés corrects des trajets de rayons lumineux ?

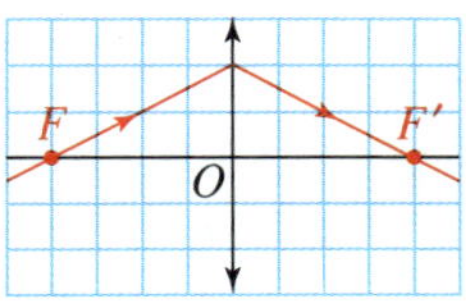

1.

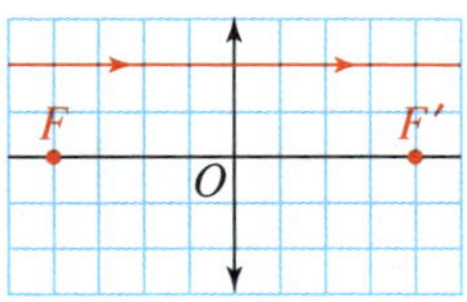

2.

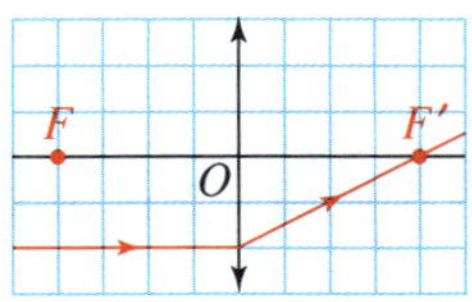

3.

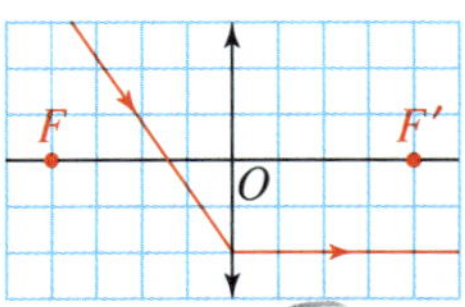

4.

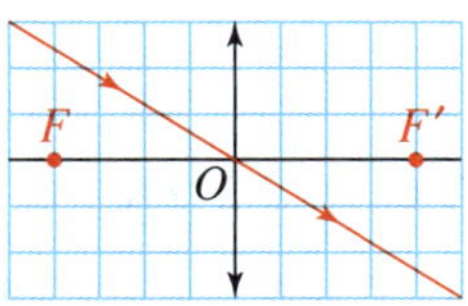

5.

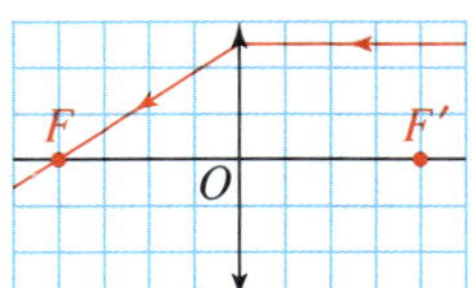

6.

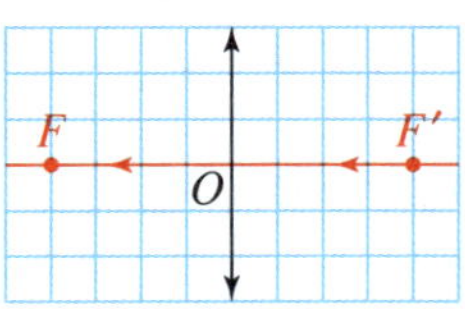

7.

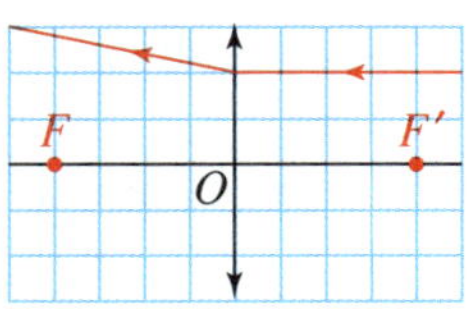

8.

3 QCM 3 (corrigés p. 21)

Parmi les affirmations suivantes, lesquelles sont vraies ?

1° Un objet situé à l'infini, d'un côté d'une lentille convergente, a son image rejetée à l'infini de l'autre coté de la lentille.

2° Un objet et son image ont des positions symétriques par rapport au centre d'une lentille convergente.

3° Si un objet est placé entre le foyer objet et le centre optique d'une lentille convergente, son image virtuelle peut être vue sans écran à travers la lentille.

4° L'image d'un objet situé au foyer objet d'une lentille convergente est rejetée à l'infini du côté du foyer image.

5° Si l'objet est situé sur le foyer objet d'une lentille convergente, alors son image se trouve sur le foyer image.

6° Pour utiliser une lentille convergente comme une loupe, il faut placer l'objet entre le foyer objet de la lentille et son centre optique.

4 QCM 4 *(corrigés p. 21)*

Parmi les affirmations suivantes, relatives au schéma ci-contre, lesquelles sont vraies ?

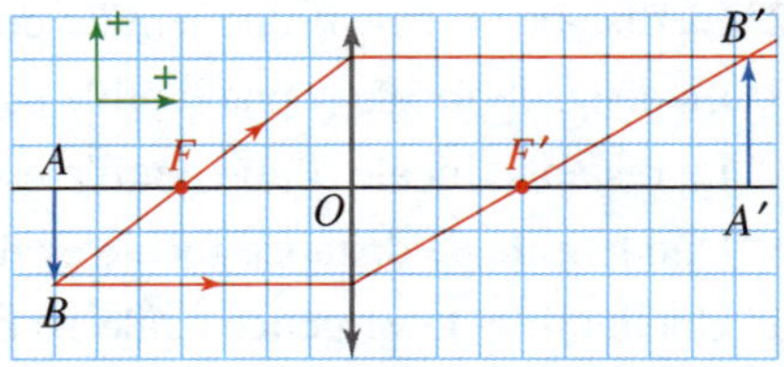

1° $\overline{AB} > 0$.

2° $\overline{A'B'} > 0$.

3° $\gamma > 0$.

4° $\gamma < -1$.

5° La construction de l'image est fausse car les rayons, pour trouver l'image, n'ont pas été tracés correctement.

Maîtriser les méthodes

Les exercices de cette rubrique font appel aux méthodes de base qu'il faut maîtriser. Ils font l'objet d'une correction guidée pas à pas, qui récapitule ces méthodes, pour mieux les mémoriser.

5 DISTANCE FOCALE ET VERGENCE D'UNE LENTILLE *(corrigés p. 21)*

Pour connaître la distance focale d'une lentille convergente, un élève utilise les rayons du Soleil et une feuille de papier. Il dispose la lentille de telle sorte que sa face soit perpendiculaire aux rayons provenant du Soleil et il éloigne progressivement la feuille de papier de façon à obtenir la plus petite tache de lumière possible.
Il mesure alors la distance qui sépare la lentille de la feuille de papier ; il trouve $d = 40$ cm.

1° Schématiser la situation.

2° Les rayons lumineux provenant du Soleil, qui entrent dans la lentille, peuvent être considérés comme parallèles à l'axe optique. Pourquoi ?

3° Où se situe le foyer image de la lentille convergente ?

4° Déterminer la distance focale de la lentille et de sa vergence.

6 CONSTRUIRE L'IMAGE D'UN OBJET PAR UNE LENTILLE CONVERGENTE

(corrigés p. 21)

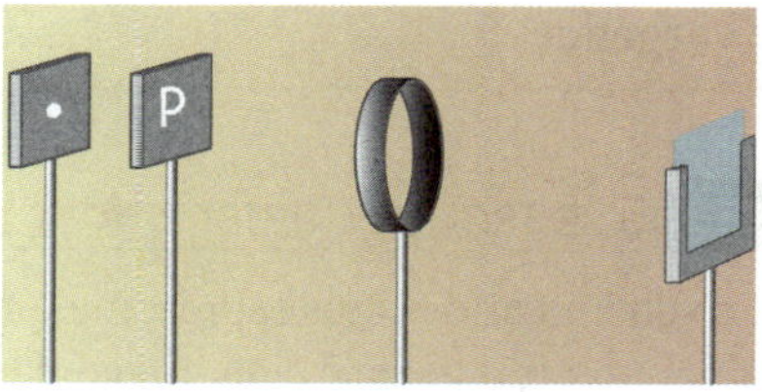

Un carton sur lequel est découpé une lettre **p**, de hauteur 4 cm, est placé perpendiculairement à l'axe optique d'une lentille convergente de distance focale $f = 40$ cm. Cet objet éclairé, situé à 80 cm de la face d'entrée de la lentille, donne une image sur un écran translucide.

1° Réaliser sur papier millimétré un schéma de la situation en représentant la lentille avec son axe optique et ses foyers, ainsi que l'objet, que l'on notera AB (A sur l'axe optique).

Échelles : – 1/10e sur l'axe optique ;
– 1/2 pour l'objet et son image.

2° Construire sur le schéma l'image, $A'B'$, de la lettre **p**.

3° Déterminer, à partir du schéma, la distance entre le centre O de la lentille et la position de l'image. Que constate-t-on ?

4° Quelle est la valeur du grandissement ? Quelle lettre peut être lue sur la face arrière de l'écran translucide ?

7 UTILISER LES FORMULES DE CONJUGAISON

(corrigés p. 22)

L'objectif d'un projecteur de diapositives peut être assimilé à une lentille mince convergente de vergence égale à 10,0 dioptries. L'appareil est placé devant un mur blanc ; la distance entre son objectif et le mur est égale à 3,50 m.

1° Quelle est, en cm, la valeur de la distance focale de la lentille ?

2° Réaliser un schéma simple comprenant la lentille de centre O et son axe optique, la diapositive et le mur, sans s'attacher à respecter les proportions de la situation. Indiquer le sens positif du trajet de la lumière.

3° Déterminer, à l'aide de la relation de conjugaison, à quelle distance de l'objectif doit être placée la diapositive (cette distance sera calculée au 1/10 de cm près) pour que l'image de la diapositive soit nette sur le mur. Positionner sur le schéma le foyer objet de la lentille du projecteur de diapositives.

4° On éloigne l'appareil de projection du mur. Comment doit être modifiée la position de la diapositive par rapport à la lentille pour mettre au point son image sur le mur ? Justifier la réponse en raisonnant à partir de la relation de conjugaison.

S'entraîner

8 QUEL EST L'OBJECTIF LE PLUS CONVERGENT ? ★ 3 min

(corrigés p. 23)

Les objectifs des appareils photographiques sont constitués de lentilles convergentes. Pour une prise de vue panoramique, ou grand angle, on doit utiliser l'objectif le plus convergent possible.

Choisir, dans la liste ci-dessous, l'objectif qui permettra d'obtenir l'image la plus panoramique.

Objectif	1	2	3	4
Distance focale	0,20 m		5 cm	28 mm
Vergence		10 δ		

9 OÙ SE TROUVE L'OBJET ? ★★ 8 min (corrigés p. 23)

Le schéma ci-dessous représente une lentille, de vergence $C = 5\ \delta$, qui donne, d'un objet non représenté, une image nette, $A'B'$, sur un écran.

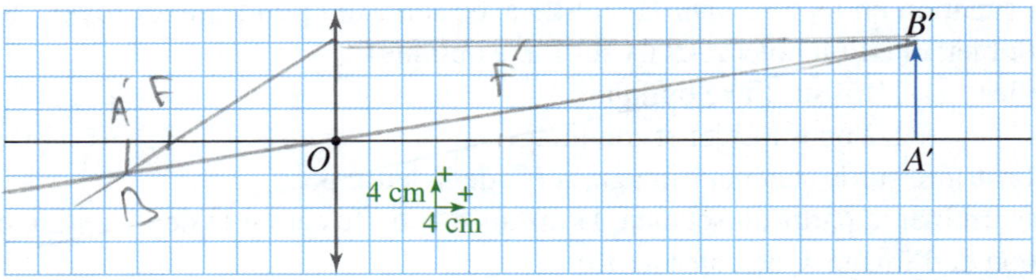

Déterminer par construction graphique la position de cet objet, et la valeur du grandissement.

10 IMAGE DU SOLEIL ★★ 6 min (corrigés p. 23)

L'angle sous lequel est vu le Soleil (son diamètre apparent) est environ égal à $\alpha = 0{,}5°$.

À l'aide d'une lentille convergente, de vergence $C = 2\ \delta$, un élève réalise une image nette du Soleil sur une feuille de papier.

1° À quelle distance de la lentille est placée la feuille de papier ?

2° Sur le schéma ci-dessous qui représente la situation sans souci d'échelle, placer la feuille de papier et représenter la marche des rayons du Soleil après la traversée de la lentille.

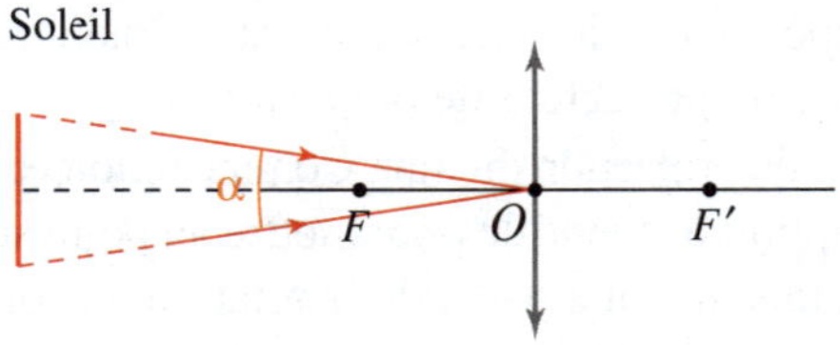

3° Quelle est la valeur du diamètre de l'image du Soleil obtenue sur la feuille ?

11 COMMENT PLACER LA LOUPE ? ★★★ 15 min (corrigés p. 24)

Un philatéliste utilise une loupe, de vergence $C = 10\ \delta$, pour observer un détail, AB, d'un timbre-poste. La position de la loupe est telle que le grandissement de l'image $A'B'$ de ce détail, observée par le philatéliste, est égal à 5. Le point A du détail est situé sur l'axe optique de la loupe.

1° Quelle est la valeur en cm de la distance focale de cette loupe ?

2° À l'aide des relations de grandissement et de conjugaison, déterminer la distance qui sépare le centre optique de la loupe du timbre-poste. (La loupe est assimilée à une lentille mince.)

3° Représenter sur le schéma ci-dessous la situation à partir des calculs : AB pour le détail du timbre, $A'B'$ pour son image, F et F' les foyers de la loupe. Vérifier que la construction graphique confirme les résultats.

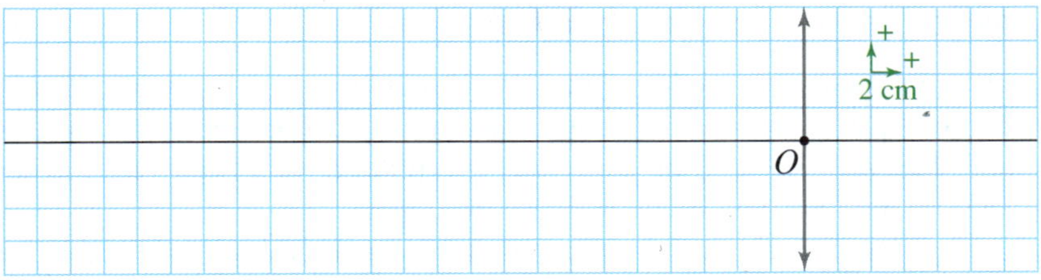

4° Où se trouve l'œil du philatéliste ? Voit-il une image réelle ou virtuelle du détail qu'il observe ?

Pour aller plus loin

12 FOYER SECONDAIRE D'UNE LENTILLE CONVERGENTE ★★★ 20 min (corrigés p. 24)

Un faisceau de lumière parallèle, délimité par les rayons R_1 et R_2, est dirigé sur la face d'entrée d'une lentille mince convergente. Le rayon R_0 montre l'inclinaison du faisceau, α, par rapport à l'axe Δ de la lentille. Les foyers image et objet de la lentille sont respectivement F' et F, sa distance focale sera notée f (schéma 1).

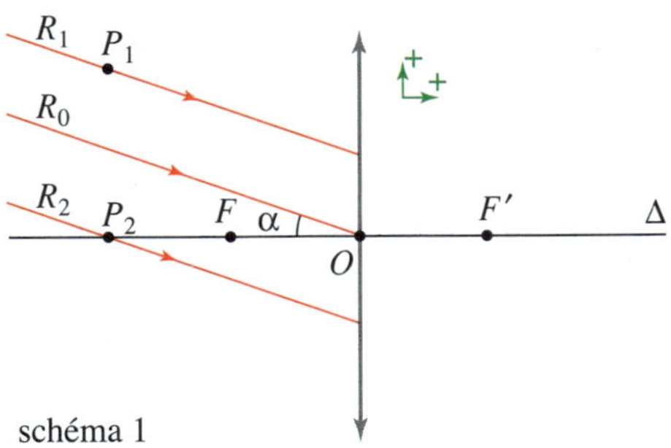

schéma 1

On souhaite trouver la forme du faisceau de lumière après sa sortie de la lentille, et pour connaître les trajets des rayons R_1 et R_2, on considère les points P_1 et P_2 de ces rayons.

1° Reproduire le schéma et tracer le trajet du rayon R_0 à la sortie de la lentille.

2° Rechercher, par construction, l'image du point P_1, puis tracer le trajet du rayon R_1.

3° Calculer la position de l'image du point P_2 à l'aide des relations de conjugaison en fonction de la distance focale de la lentille, f. Positionner le point P_2' et tracer le trajet du rayon R_2.

cours exercices interro corrigés

4° Les trois rayons concourent en un même point appelé le foyer secondaire φ' de la lentille. Comment ce foyer secondaire pourrait-il être trouvé à partir du seul rayon R_0 et de la position du foyer image ? De quoi dépend sa position ?

5° Déterminer le foyer secondaire, φ'', correspondant au rayon R du schéma 2, puis tracer le trajet du rayon R après sa traversée de la lentille.

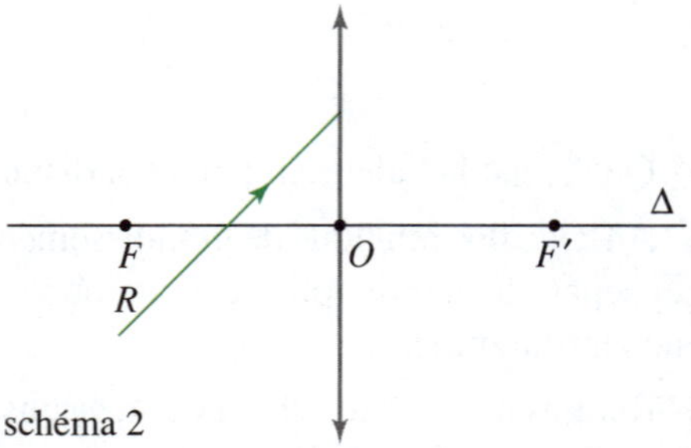

schéma 2

13 LE PRINCIPE DU MICROSCOPE ★★★★ 30 min (corrigés p. 25)

Un microscope peut être modélisé par une association de deux lentilles minces convergentes L_1 et L_2, respectivement l'objectif et l'oculaire de l'appareil d'optique. Pour observer l'image d'un petit objet AB, placé devant l'objectif, l'observateur place son œil derrière l'oculaire du microscope.

Le schéma ci-dessous représente une simulation d'un microscope réalisable sur un banc d'optique et donne les positions des deux lentilles et leurs caractéristiques, ainsi que l'objet AB observé. L'échelle du schéma est de deux carreaux pour un centimètre.

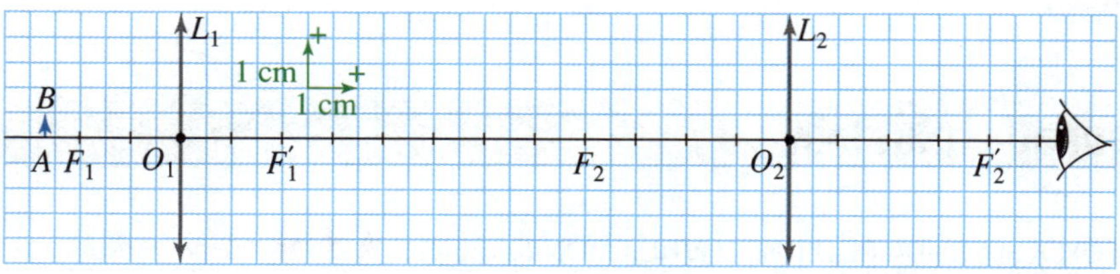

1° Quelles sont les valeurs des distances focales, f_1 et f_2 et des vergences, C_1 et C_2, de l'objectif et de l'oculaire du microscope ?

2° L'image, A_1B_1, de l'objet AB (donnée par la lentille L_1) se situe exactement sur le foyer objet de la lentille L_2.

a) Déterminer, à partir des formules de conjugaison, la position exacte $\overline{O_1A}$ de l'objet AB.

b) La taille de l'objet est $\overline{AB} = 0{,}50$ cm. Donner les caractéristiques de l'image A_1B_1 de l'objet AB.

c) Vérifier les résultats précédents en construisant sur le schéma l'image A_1B_1 de AB donnée par la lentille L_1.

3° Pour la lentille L_2, A_1B_1 est un objet.

a) Compte tenu de la position particulière de A_1B_1, quelle est la fonction de la lentille L_2 ? Où se forme l'image A_2B_2 que donne la lentille L_2 de A_1B_1 et quelle est sa nature ?

b) Retrouver ce résultat par construction graphique.

4° Le grossissement G d'un microscope est défini par la relation $G = \dfrac{\theta}{\theta'}$; θ est l'angle sous lequel on voit l'objet à l'œil nu situé à 25 cm, et θ' l'angle sous lequel on voit son image à travers l'appareil. On montre que le grossissement standard d'un microscope est donné par la formule : $G = \dfrac{\Delta}{4f_1 \cdot f_2}$.

L'intervalle optique du microscope, Δ, correspond à la distance qui sépare le foyer image de l'objectif du foyer objet de l'oculaire. Dans cette formule, les valeurs de f_1, f_2 et de Δ doivent être exprimées en mètres.
Quel est le grossissement de ce microscope ?

L'interrogation écrite

14 PROJECTIONNISTE DE CINÉMA 45 min *(corrigés p. 26)*

Avant le début de la projection d'un film, le technicien d'un cinéma doit préparer l'appareil de projection pour l'adapter au format de la pellicule du film.

I. Les formats des pellicules de films

Les pellicules de films les plus courantes ont une largeur de défilement de 35 mm et défilent dans un plan vertical. Les pellicules de la technologie IMAX sont deux fois plus larges, elles permettent de projeter des images de grande taille et d'excellente résolution (70 mégapixels par photographie), leur défilement est horizontal. Le schéma ci-dessous donne les formats des deux standards des films panoramiques les plus utilisés, ainsi que celui des films IMAX :

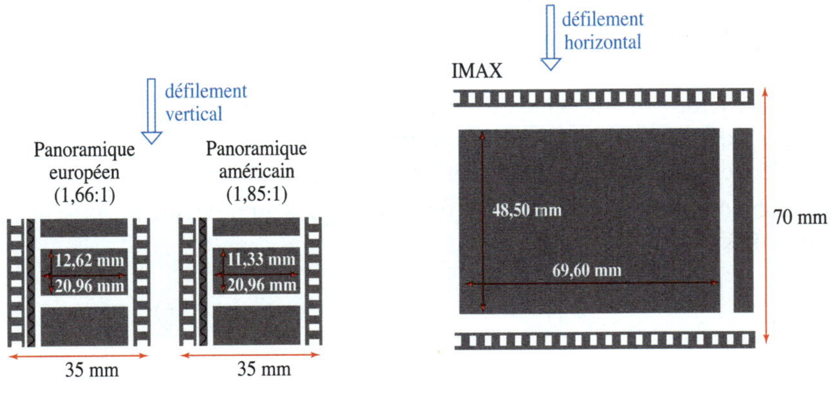

1° Montrer que les notations (1,66 :1) et (1,85 :1), données pour les films panoramiques, correspondent au rapport des dimensions des photographies des pellicules. Quelle indication donne cette notation ?

2° Quel que soit le format utilisé, le projectionniste règle la taille de l'image projetée de telle sorte qu'elle occupe toute la hauteur de l'écran. Parmi les trois formats présentés ci-dessus, quel est celui qui donnera l'image la plus large ?

II. Préparation du projecteur

La distance de projection de la salle de cinéma (D : distance entre le projecteur et l'écran E) est égale à 40 m. La hauteur de l'écran de projection est égale à 12 mètres et sa largeur à 24 mètres.
La pellicule du film à projeter est en format panoramique européen. Le projectionniste utilise un objectif de projection de distance focale réglable (entre 28,9 mm et 63,7 mm). Il choisit, pour faire un essai une distance focale $f = 35{,}0$ mm.

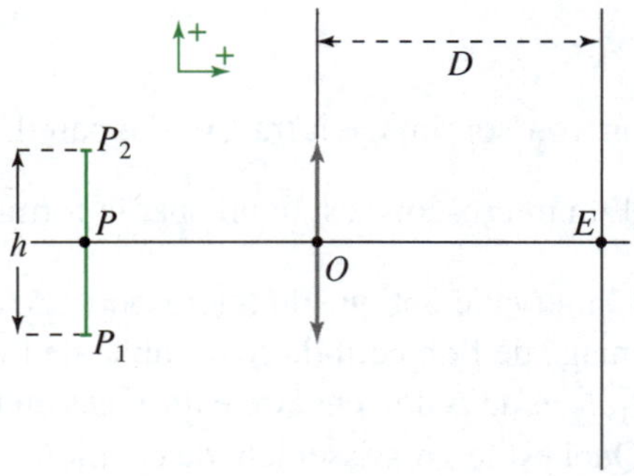

(On assimile cet objectif à une lentille mince de centre O.)

3° Sur le schéma, le foyer objet F de la lentille de projection doit-il être situé à gauche, ou à droite, du point P de la pellicule ?

4° Montrer, à l'aide des formules de conjugaison, que la distance OP à laquelle la pellicule du film doit être placée, par rapport à la lentille de projection, est très proche de la valeur de la distance focale de la lentille. Ce résultat pouvait-il être prévu ?
Placer le foyer objet de la lentille, F, sur le schéma.

5° En utilisant la relation de grandissement, calculer la hauteur de l'image, $P_1'P_2'$, du film sur l'écran.
Quel est le point, P_1' ou P_2', qui est situé en bas de l'écran ?

6° Le projectionniste constate que la hauteur de l'image excède la hauteur de l'écran. Sur quelle valeur doit-il régler la distance focale de l'objectif pour cadrer parfaitement l'image ?

7° L'écran est-il assez large pour pouvoir projeter un film au format panoramique américain ?

III. Projection IMAX

La direction du cinéma décide d'équiper prochainement cette salle d'un projecteur IMAX.
Pour équiper le projecteur IMAX d'un objectif adapté à la salle, le projectionniste consulte le catalogue d'un fabricant qui propose des objectifs dont les distances focales s'échelonnent entre 105 mm et 180 mm, par sauts de 5 mm.

8° Quel objectif doit-il choisir pour obtenir la plus grande image possible sur l'écran de la salle ?

CORRIGÉS

Tester ses connaissances

1 Affirmations **vraies : 4° ; 6°.**

2 Tracés de trajets de rayons lumineux **corrects : 3° ; 5° ; 6° ; 7°.**

3 Affirmations **vraies : 3° ; 4° ; 6°.**

4 Affirmations **vraies : 2° ; 4°.**

Maîtriser les méthodes

5 1° *Cf.* schéma.

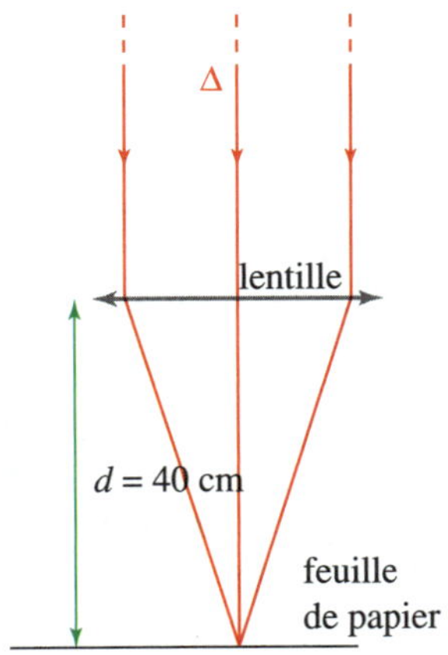

2° **Le Soleil est un objet très éloigné de la lentille, il peut être considéré comme étant à une distance infinie** : les rayons qui arrivent sur la lentille sont parallèles à l'axe optique.

3° Un faisceau incident de lumière parallèle à l'axe optique converge au foyer image de la lentille. Le foyer image de la lentille se situe donc **sur la feuille de papier**.

4° La distance focale de la lentille est f **= 0,40 m**.

La vergence de la lentille est :

$$C = \frac{1}{f} = \frac{1}{0{,}40} = \mathbf{2{,}5\ \delta.}$$

Exercice 5 : conseils à retenir

• Pour la question 3° : l'image d'un objet à l'infini (ici, le Soleil) se forme dans le plan qui contient le foyer image de la lentille (plan focal image).

• Pour la question 4° : attention aux unités ! pour calculer la vergence, la distance focale doit être exprimée en mètre.

6 1° Compte tenu de l'échelle, 1/10e sur l'axe optique, la distance focale de la lentille est de 4 cm sur la représentation et l'objet se trouve à 8 cm de O.

L'objet AB est représenté par un segment de longueur 2 cm.

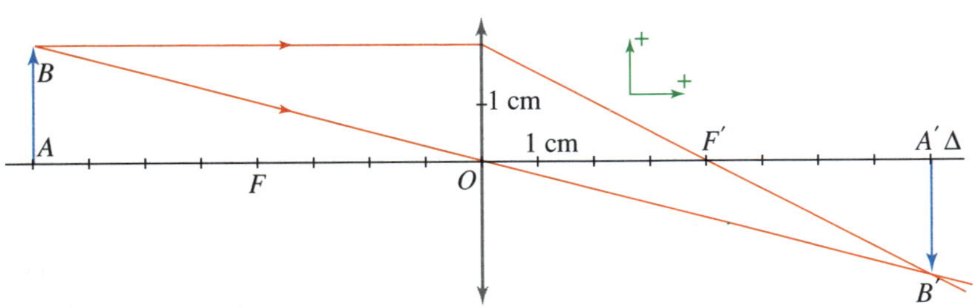

2° Pour construire l'image de AB, on utilise deux rayons particuliers issus du point B. L'un parallèle à l'axe optique se dirige vers F' à la sortie de la lentille. L'autre passe par le centre optique de la lentille et n'est pas dévié. B' se trouve à l'intersection de ces deux rayons. A' est à la verticale de B' sur l'axe optique.

3° Sur le schéma, $OA' = 8$ cm. La distance réelle est 10 fois plus grande, soit **80 cm**. **Les positions de *A* et *A′* sont symétriques par rapport à *O*.**

4° Le grandissement est donné par la relation : $\gamma = \frac{A'B'}{AB} = \frac{-2{,}0 \text{ cm}}{2 \text{ cm}} = \mathbf{-1}$.

L'image est inversée par rapport à l'objet, verticalement mais aussi horizontalement, ce qui donne : $p \to d$.

Exercice 6 : conseils à retenir

• Pour les questions 1° et 3° : les échelles de représentation permettent de réaliser des schémas de situations réelles, en réduisant ou en augmentant les dimensions, selon le cas. Elles peuvent être différentes selon les axes, comme dans cet exemple.

Il ne faut pas oublier, lorsque l'on mesure une distance sur le schéma, que la distance réelle s'obtient en effectuant l'opération inverse de celle faite pour réaliser le schéma.

• Pour la question 4° : **attention** ! pour calculer le grandissement, il faut utiliser les valeurs algébriques des grandeurs, sinon, dans cet exemple, on trouverait un grandissement égal à 1 et non −1, alors que l'image est inversée par rapport à l'objet.

7 1° La distance focale de la lentille se déduit de sa vergence : $C = \frac{1}{f}$, donc $f = \frac{1}{C} = \frac{1}{10} = 0{,}10 \text{ m} = \mathbf{10 \text{ cm}}$.

2° *Cf.* schéma.

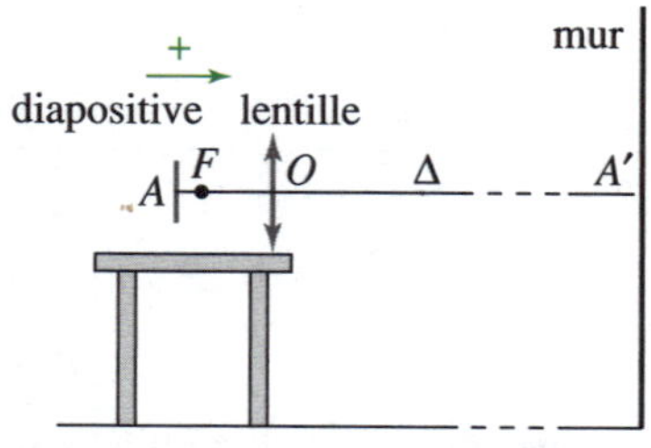

3° La diapositive est l'objet ; elle est placée avant la lentille, sa position est repérée par la mesure algébrique $\overline{OA}$.

L'image nette de la diapositive est située sur le mur, après la lentille. Sa position est repérée par la mesure algébrique $\overline{OA'}$.

La relation de conjugaison permet de calculer $\overline{OA}$:

$$\frac{1}{\overline{OA'}} - \frac{1}{\overline{OA}} = C ;$$

$$\frac{1}{\overline{OA}} = \frac{1}{\overline{OA'}} - C$$

$$= \frac{1}{3{,}50} - 10{,}0 \approx -9{,}71 \text{ m}^{-1}.$$

Soit $\overline{OA} \approx -0{,}103 \text{ m} = \mathbf{-10{,}3 \text{ cm}}$.

La diapositive se situe avant le foyer objet et tout proche, *cf.* schéma.

4° Si l'on éloigne l'appareil du mur, la distance algébrique $\overline{OA'}$ positive augmente, et son inverse diminue.

Le terme $\frac{1}{\overline{OA}}$ se rapproche de la valeur -10 m^{-1} et donc $\overline{OA}$ se rapproche de la valeur −10 cm, qui correspond à la position du foyer objet. En éloignant l'appareil de projection du mur, **la diapositive doit être rapprochée du foyer objet pour que l'image soit encore nette sur le mur**.

Exercice 7 : conseils à retenir

• Pour la question 1° : le calcul de la distance focale à partir de la vergence donne un résultat **en mètre.**

• Pour les questions 2° et 3° : penser à indiquer, et à utiliser, le sens conventionnel positif du trajet de la lumière sur un schéma. C'est lui qui permet de donner un signe, « plus » ou « moins », aux positions de l'objet ou de l'image par rapport au centre optique.

• Pour la question 4° : pour raisonner, plus rapidement, on pourra retenir le résultat suivant : l'objet et l'image donnée par une lentille convergente se déplacent dans le même sens : éloigner l'écran revient à déplacer l'image vers la droite ; l'objet (la diapositive) doit se déplacer vers la droite, donc se rapprocher du foyer objet *F* de la lentille.

Attention : dans la relation de conjugaison, $\overline{OA}$ et $\overline{OA'}$ sont **des grandeurs algébriques**.

S'entraîner

8 L'objectif le plus convergent est celui dont la distance focale est la plus courte, donc celui dont la vergence est la plus grande.

Pour comparer la vergence de ces lentilles, on utilise la relation de définition de la vergence : $C = \frac{1}{f}$, f étant exprimé en mètre.

Objectif	1	2	3	4
Distance focale	0,20 m		5 cm = 5×10^{-2} m	28 mm = 28×10^{-3} m
Vergence	**5 δ**	**10 δ**	**20 δ**	**35,7 δ**

L'objectif grand angle est le **n° 4**, de 28 mm de distance focale (**35,7 δ**).

9 1° Pour pouvoir réaliser la construction graphique de l'image, il est nécessaire de placer les foyers de la lentille. Comme sa vergence est $C = 5$ δ, sa distance focale est $f = \frac{1}{C} = \frac{1}{5} = 0{,}2$ m = 20 cm.

Comme un carreau représente 4 cm, les foyers sont situés à 5 carreaux du centre optique.

On utilise deux rayons particuliers, celui qui passe par le centre optique, O, et celui qui passe par le foyer objet.

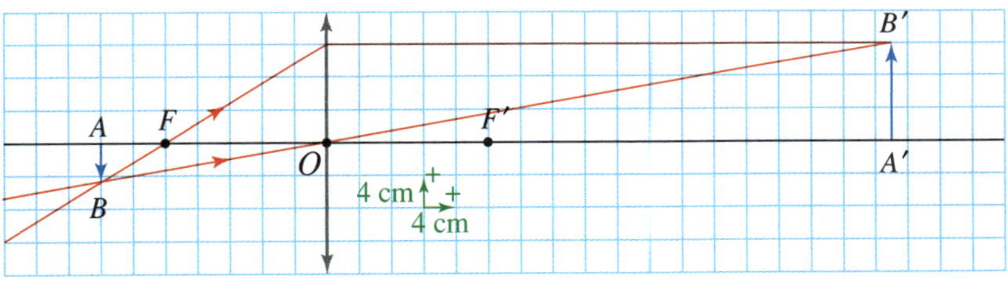

Par lecture graphique, on a :

$\overline{OA} = -28$ cm (7 carreaux, dans le sens négatif) ;

$\overline{AB} = -4{,}8$ cm (1,2 carreau dans le sens négatif).

Le grandissement est donc :

$\gamma = \frac{\overline{A'B'}}{\overline{AB}} = \frac{12 \text{ cm}}{-4{,}8 \text{ cm}} = \mathbf{-2{,}5}$. L'objet et l'image sont inversés.

La feuille de papier doit donc être placée à 50 cm de la lentille.

2° Les rayons du Soleil passent par le centre optique et ne sont pas déviés.

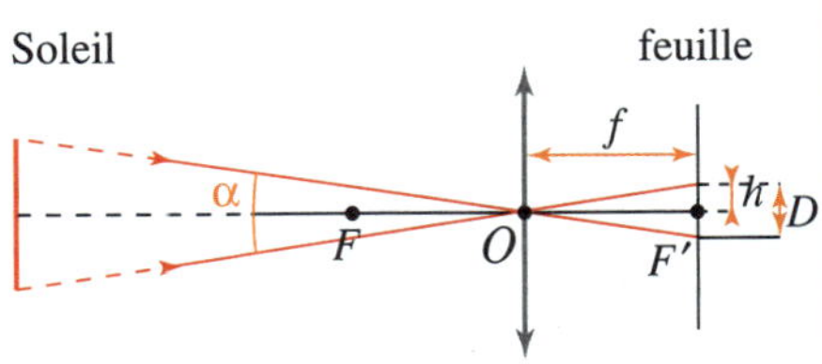

3° On a : $\tan\frac{\alpha}{2} = \frac{h}{f}$;

soit $h = f \cdot \tan\frac{\alpha}{2} = 50 \times \tan(0{,}25°)$
$\approx 0{,}22$ cm.

D'où $\boldsymbol{D} = 2\,h = \mathbf{0{,}44}$ **cm.**

10 1° Le Soleil est très éloigné, et peut donc être considéré comme un objet situé à une distance infinie de la lentille. Son image sera donc située dans le plan focal image de la lentille.

La vergence de la lentille étant égale à 2 δ, sa distance focale est $f = \frac{1}{C} = 0{,}5$ m.

11 1° On a $C = \frac{1}{f}$;

d'où $f = \frac{1}{C} = \frac{1}{10} = 0{,}10$ m = **10 cm**.

2° Comme le grandissement est égal à 5, on a : $\frac{\overline{A'B'}}{\overline{AB}} = \frac{\overline{OA'}}{\overline{OA}} = 5$;

soit $\overline{OA'} = 5\overline{OA}$.

En utilisant la relation de conjugaison, on obtient :

$$\frac{1}{\overline{OA'}} - \frac{1}{\overline{OA}} = C \; ; \qquad \frac{1}{5\overline{OA}} - \frac{1}{\overline{OA}} = 10 \; ;$$

d'où $\frac{1}{\overline{OA}} \cdot \left(\frac{1}{5} - 1\right) = 10$;

soit $\overline{\boldsymbol{OA}} = -0{,}08$ m = **– 8 cm**.

$\overline{OA'} = -5 \times 8 = -40$ cm.

3° La construction graphique, à partir d'un objet placé à 8 cm du centre optique ($\overline{OA} = -8$ cm), permet de trouver une image cinq fois plus grande située à une distance du centre optique de 40 cm ($\overline{OA'} = -40$ cm).

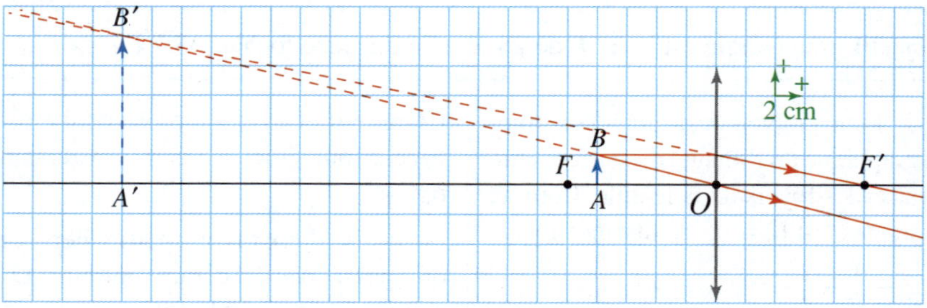

4° **L'œil de l'observateur se situe à droite de la loupe**, il observe le timbre à travers celle-ci. **Il voit une image virtuelle du détail du timbre**, $A'B'$, qui ne peut pas être recueillie sur un écran. Les rayons qui arrivent à l'œil semblent provenir des points A' et B' qui ne sont pas eux-mêmes des points qui émettent de la lumière.

Pour aller plus loin

12 1° Le rayon R_0 qui passe par le centre optique n'est pas dévié lors de la traversée de la lentille (*cf.* schéma).

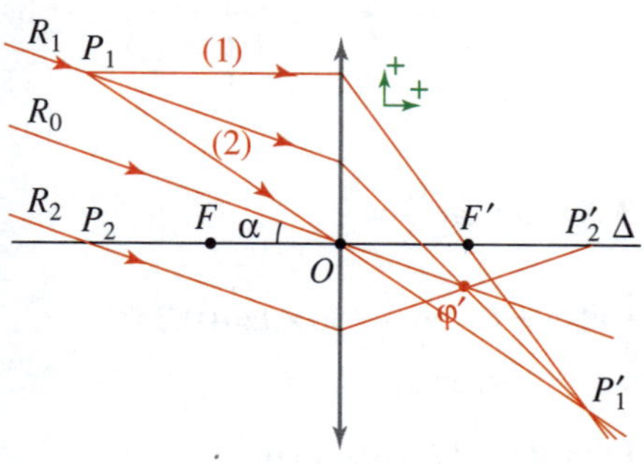

2° Pour trouver, par construction, l'image du point P_1, on trace, à partir de ce point, le trajet :

– (1) d'un rayon parallèle à l'axe optique et qui passe par le foyer image F' ;

– (2) d'un rayon qui passe par le centre optique et qui n'est pas dévié.

L'image P_1' de P_1 se trouve à l'intersection de ces deux rayons. R_1 passe par ce point (*cf.* schéma).

3° La relation de conjugaison donne, avec les notations du texte :

$$\frac{1}{\overline{OP_2'}} - \frac{1}{\overline{OP_2}} = \frac{1}{\overline{OF'}},$$

soit $\frac{1}{\overline{OP_2'}} = \frac{1}{\overline{OP_2}} + \frac{1}{\overline{OF'}}$, ;

avec $\overline{OF'} = f$; $\overline{OP_2} = -2f$ (d'après le schéma).

D'où : $\frac{1}{\overline{OP_2'}} = \frac{1}{-2f} + \frac{1}{f} = \frac{-1+2}{2f} = \frac{1}{2f}$

et $\overline{\boldsymbol{OP_2'}} = \boldsymbol{2f}$.

OP_2' se trouve donc à droite de la lentille à une distance égale à deux fois la distance focale. R_2 passe par ce point (*cf.* schéma).

On aurait pu prévoir ce résultat : lorsque l'objet est à $2f$ de la lentille, son image lui est symétrique, donc à $2f$ de l'autre côté.

4° On remarque que **le foyer secondaire φ' se trouve à l'intersection de R_0 et de la droite perpendiculaire à l'axe Δ et qui contient le foyer image F'. Sa position dépend de l'inclinaison des rayons incidents, et de la position de F'.** Le foyer secondaire se trouve dans le plan focal.

5° On trace le rayon R_0, parallèle à R et passant par O. Ce rayon coupe la droite perpendiculaire à Δ passant par F' en φ''. φ'' est le foyer secondaire correspondant à l'inclinaison du rayon R.
Le rayon R passe par φ''.

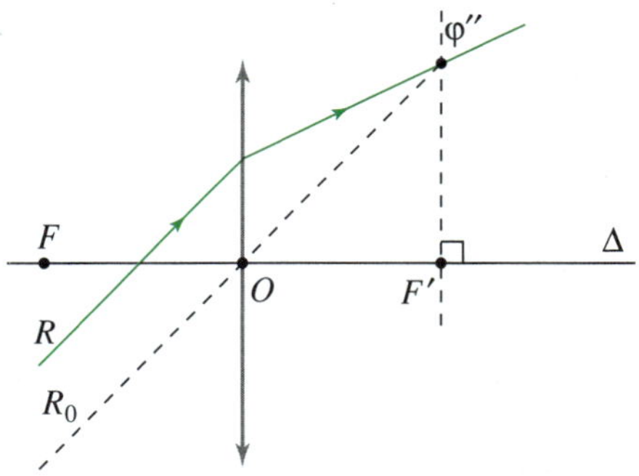

13 **1°** Pour l'objectif :

$f_1 = \overline{O_1F'_1} = +2 \text{ cm} = \mathbf{2 \times 10^{-2}\ m}$;

$C_1 = \dfrac{1}{f_1} = \mathbf{50\ \delta}$.

Pour l'oculaire :

$f_2 = \overline{O_2F'_2} = +4 \text{ cm} = \mathbf{4 \times 10^{-2}\ m}$;

$C_2 = \dfrac{1}{f_2} = \mathbf{25\ \delta}$.

2° a) L'image A_1B_1 est positionnée sur le foyer F_2. Sa position par rapport au centre optique, O_1, de la lentille L_1 est donc, par lecture sur le graphique : $\overline{O_1A_1} = \overline{O_1F_2} = +8$ cm.

La relation de conjugaison donne :

$$\frac{1}{\overline{O_1A_1}} - \frac{1}{\overline{O_1A}} = \frac{1}{\overline{O_1F'_1}} ;$$

$$\frac{1}{\overline{O_1A}} = \frac{1}{\overline{O_1A_1}} - \frac{1}{\overline{O_1F'_1}}$$

$$= \frac{1}{8} - \frac{1}{2} = -0{,}375 \text{ cm}^{-1}.$$

D'où $\overline{O_1A} = -\dfrac{1}{0{,}375} \approx \mathbf{-2{,}67\ cm.}$

b) En utilisant la relation de grandissement, on a :

$$\gamma = \frac{\overline{A_1B_1}}{\overline{AB}} = \frac{\overline{O_1A_1}}{\overline{O_1A}} = \frac{8 \text{ cm}}{-2{,}67 \text{ cm}} = -3{,}00.$$

D'où :

$\overline{A_1B_1} = -3\ \overline{AB} = -3 \times 0{,}50 = \mathbf{-1{,}50\ cm}$.

c) Voir schéma 1.

L'image A_1B_1 est bien située en F_2, elle est inversée par rapport à l'objet et mesure 1,5 cm.

3° a) **La lentille L_2 agit comme une loupe** et grossit A_1B_1. **L'image A_2B_2 est rejetée à l'infini ; elle est virtuelle.**

b) Voir schéma 2.

Les deux rayons issus de B_1 sont parallèles et se coupent à l'infini. L'œil observe une image virtuelle à travers la lentille L_2.

schéma 1

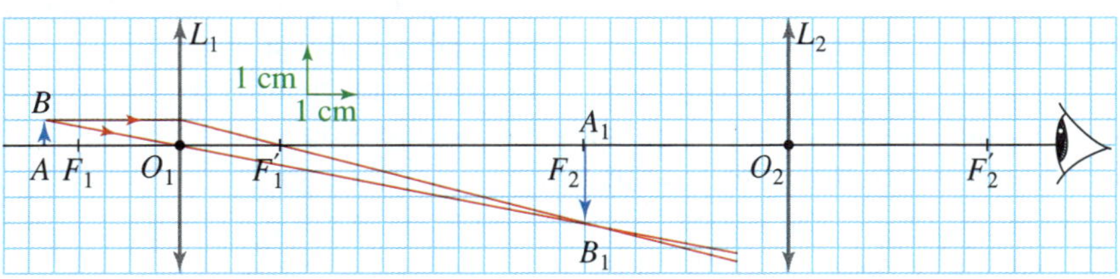

schéma 2

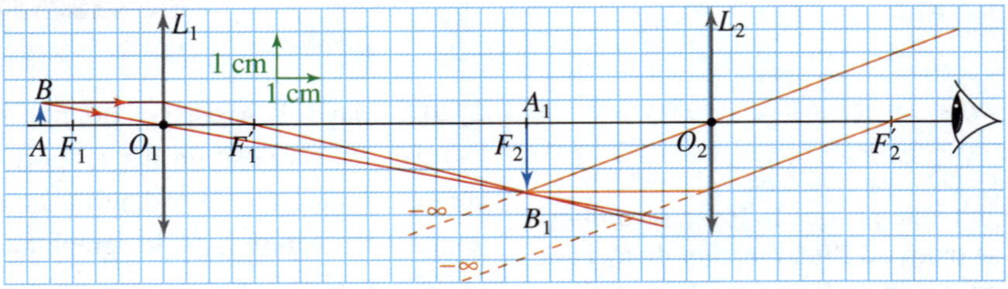

4° L'intervalle optique du microscope correspond, ici, à la distance qui sépare F'_1 de F_2.
Donc $\Delta = 6$ cm $= 6 \times 10^{-2}$ m.

$$\boldsymbol{G} = \frac{6 \times 10^{-2}}{4 \times 2 \times 10^{-2} \times 4 \times 10^{-2}} \approx \mathbf{19}.$$

L'interrogation écrite

14 **1°** Le rapport de la largeur par la hauteur de la photographie donne :

$\boldsymbol{r} = \frac{20{,}96}{12{,}26} \approx \mathbf{1{,}66}$ pour le panoramique européen ;

$\boldsymbol{r} = \frac{20{,}96}{11{,}33} \approx \mathbf{1{,}85}$ pour le panoramique américain.

Cette indication permet de connaître les proportions des dimensions des photographies de la pellicule. Elle indique que la largeur est r fois plus grande que la hauteur.

2° L'image projetée aura les mêmes proportions que celles de la photographie du film. Dans le format IMAX, le rapport de la largeur de l'image sur sa hauteur est $r = \frac{69{,}60}{48{,}50} \approx 1{,}44$.

Le rapport (largeur/hauteur) le plus élevé correspond au **standard panoramique américain**. C'est celui qui aura l'image projetée la plus large pour une même hauteur de projection.

3° La pellicule, l'objet pour la lentille de projection, doit être située à gauche du foyer objet pour pouvoir être recueillie sur l'écran de la salle. Dans le cas contraire, son image serait virtuelle et se formerait à gauche de la lentille. **Le foyer objet est** donc **entre *P* et *O*, à droite de la pellicule**.

4° En appliquant au schéma la relation des formules de conjugaison, on a :

$$\frac{1}{\overline{OE}} - \frac{1}{\overline{OP}} = \frac{1}{f};$$

d'où $\frac{1}{\overline{OP}} = \frac{1}{\overline{OE}} - \frac{1}{f} = \frac{1}{40} - \frac{1}{35 \times 10^{-3}}$.

Ce qui donne :

$\boldsymbol{\overline{OP}} \approx -0{,}035\ 03$ m $\approx \mathbf{-35{,}0}$ **mm**.

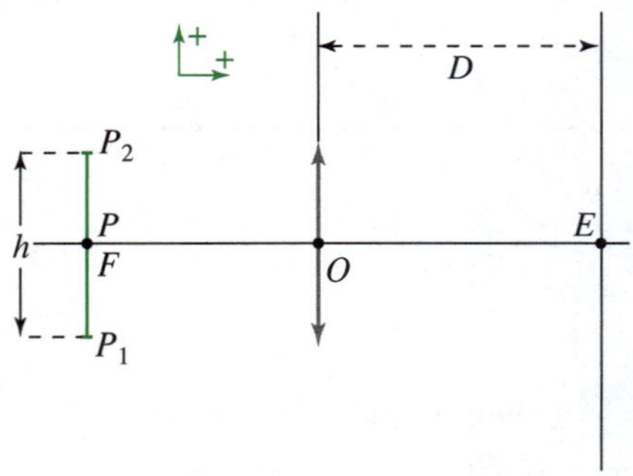

Le point P de la pellicule doit donc être placé au foyer objet de la lentille de projection. L'image se forme donc à l'infini, et, comme la distance de projection est très grande par rapport à la valeur de la distance focale, l'écran peut être considéré comme placé à l'infini.

5° La hauteur des photographies d'un film de format panoramique européen est égale à 12,62 mm. Cette hauteur correspond à P_1P_2 sur le schéma.
En adaptant la relation de grandissement aux notations du texte, on a :

$$\gamma = \frac{\overline{P'_1P'_2}}{\overline{P_1P_2}} = \frac{\overline{OE}}{\overline{OP}}.$$

D'où :

$$\overline{\boldsymbol{P_1'P_2'}} = \frac{\overline{OE}}{\overline{OP}} \cdot \overline{P_1P_2}$$
$$= \frac{40}{-35 \times 10^{-3}} \times 12{,}62 \times 10^{-3}$$
$$\approx -\mathbf{14{,}42\ m}.$$

L'image de la pellicule est inversée, le point P_2' **se situe en bas de l'écran.**

6° La hauteur de l'image est trop grande, elle doit être égale à 12 m. Comme $\overline{OP} = -f$, puisque P est confondu avec le foyer objet, la relation de grandissement donne :

$$\frac{\overline{P_1'P_2'}}{\overline{P_1P_2}} = \frac{\overline{OE}}{-f}\,;$$

$$\boldsymbol{f} = -\frac{\overline{OE} \cdot \overline{P_1P_2}}{\overline{P_1'P_2'}} = \frac{40 \times 12{,}62 \times 10^{-3}}{12}$$
$$\approx 42{,}1 \times 10^{-3}\ \text{m} = \mathbf{42{,}1\ mm}.$$

7° Avec une hauteur de l'image de 12 m, le format panoramique américain (1,85 :1) donnerait une largeur de l'image sur l'écran, $L = 12 \times 1{,}85 = 22{,}2$ m.

Ce format de film peut donc **être projeté sur cet écran de 24 m de largeur**.

8° La hauteur de la pellicule IMAX est plus grande $\overline{P_1P_2} =$ 48,50 mm.

La hauteur de l'écran et la distance de projection sont identiques, on a donc :

$$f = -\frac{\overline{OE} \cdot \overline{P_1P_2}}{\overline{P_1'P_2'}} = \frac{40 \times 48{,}50 \times 10^{-3}}{12}$$
$$= 162 \times 10^{-3}\ \text{m} = 162\ \text{mm}.$$

L'objectif de projection le plus adapté du catalogue est celui de distance focale égale à 165 mm, car avec la distance focale de 160 mm, une partie de l'image ne rentrerait pas dans la hauteur de l'écran.

Comme le format IMAX est (1,43 :1), la largeur de l'écran est suffisante pour ce type de projection :

$12\ \text{m} \times 1{,}43 = 17{,}2\ \text{m} < 24\ \text{m}.$

CHAPITRE 2

L'œil

LE COURS

L'œil humain

▶ EXERCICE D'APPLICATION 6, p. 35

▶ Anatomie de l'œil humain

L'œil humain est un globe presque sphérique formé d'une matière gélatineuse transparente, **l'humeur vitrée**, contenue dans une enveloppe flexible et résistante, **la sclérotique**. Sur sa partie frontale, on trouve :

– **L'iris et la pupille** qui jouent le rôle de diaphragme en modulant la quantité de lumière qui pénètre dans l'œil.

– Un ensemble, **cornée - humeur aqueuse - cristallin,** dont le fonctionnement est semblable à celui d'une lentille convergente de distance focale *f*. Le cristallin **a la faculté de se déformer**, ce qui modifie la distance focale *f*.

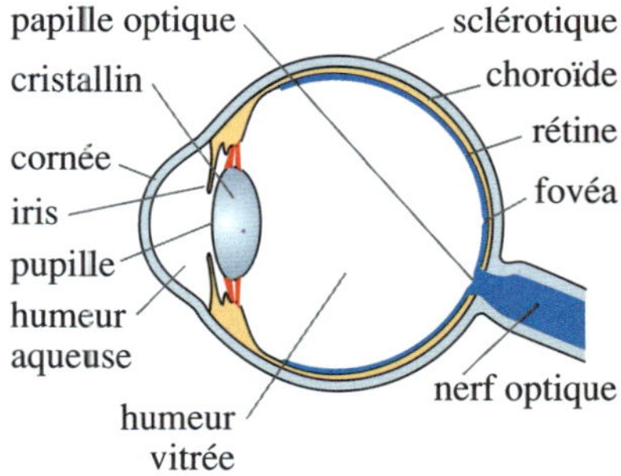

Schéma de l'œil humain

Au fond de l'œil se trouve la rétine (du latin « rete » signifiant *net*), une membrane formée de plusieurs couches de cellules sensibles à la lumière (cônes et bâtonnets) qui tapisse 65 % de la surface intérieure de l'œil. C'est sur elle que se forme l'image donnée par la lentille. **La fovéa** est le centre de la zone la plus sensible de l'œil dans laquelle la densité de cellules photoréceptrices (cônes en majorité et bâtonnets) est la plus grande.

▶ Modèle de l'œil réduit

L'œil réduit est un modèle simplifié pour l'étude de la formation d'images et de ses défauts.

Le plus simple est constitué d'un diaphragme (pupille), d'une lentille convergente de vergence variable et d'un écran (rétine) situé à **une distance fixe** de 17 mm environ du centre optique de la lentille.

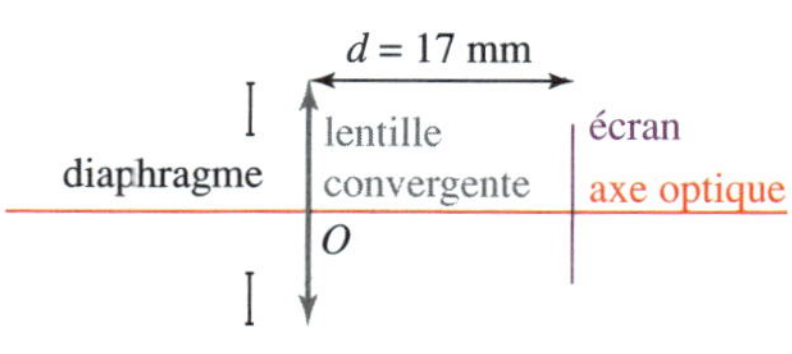

Modèle de l'œil réduit

L'accommodation de l'œil humain

▶ EXERCICE D'APPLICATION 4, p. 33

▶ Principe de l'accommodation

La mise au point de la netteté de l'image d'un objet sur la rétine, l'accommodation, est assurée par le cristallin. La distance entre le cristallin et la rétine étant fixe, les muscles qui maintiennent le cristallin modifient sa vergence en fonction de la position de l'objet.

▶ Objet à l'infini, le punctum remotum (PR)

Lorsque l'objet est situé à l'infini (distance supérieure à 5 m), les muscles sont au repos et le cristallin a alors sa forme la moins bombée : **l'œil n'accommode pas.** L'image se forme au foyer du système optique qui se situe sur la rétine.

La position de l'objet que l'œil peut voir nettement sans accommoder correspond au punctum remotum. Pour un œil emmétrope (normal), le **punctum remotum** se situe à l'infini.

L'œil est au repos, sa vergence est minimale, sa distance focale est maximale.

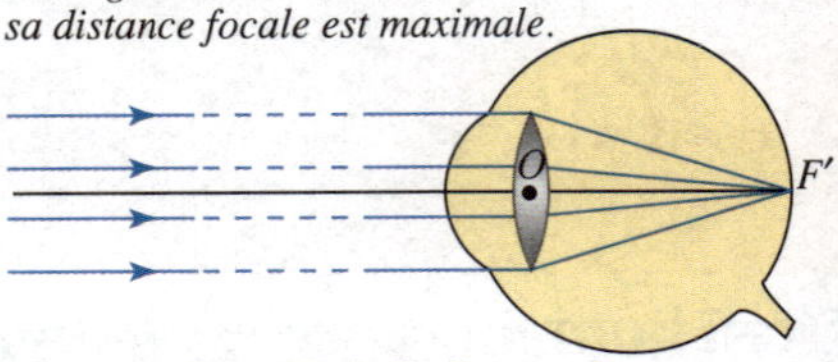

objet à l'infini : PR de l'œil normal

▶ Objet rapproché de l'œil

L'œil accommode, sa vergence augmente, sa distance focale diminue.

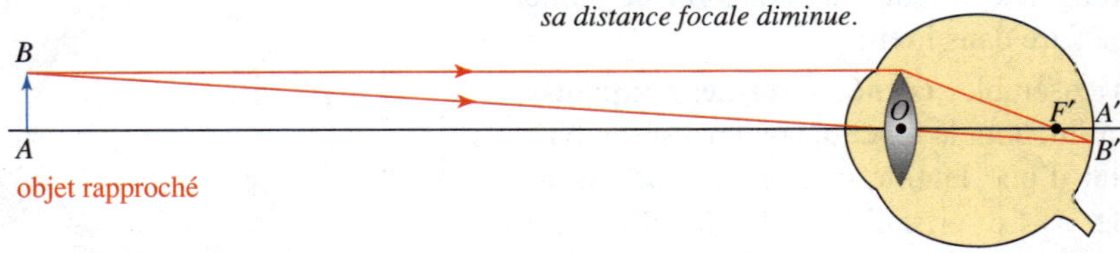

objet rapproché

Lorsque l'objet se rapproche de l'œil, et afin que son image se forme sur la rétine, les muscles se contractent, le cristallin se bombe, la distance focale du cristallin diminue : **l'œil accommode**.

▶ Objet au punctum proximum (PP)

L'œil accommode au maximum, sa vergence est maximale, sa distance focale minimale.

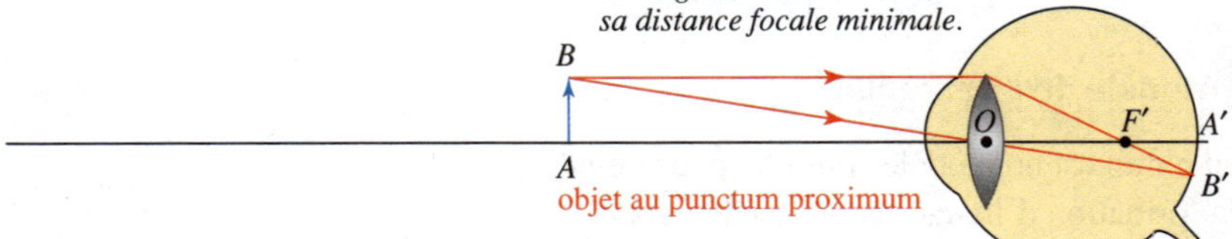

objet au punctum proximum

Le **punctum proximum** est le point le plus proche de l'œil qui peut être vu nettement. Le cristallin est bombé au maximum, **l'œil accommode au maximum** et se fatigue vite. Pour un œil normal, on admet que le PP se situe à 25 cm de l'œil. Avec l'âge, la flexibilité du cristallin diminue, le PP recule, **c'est la presbytie**.

L'appareil photographique ▶ EXERCICE D'APPLICATION 5, p. 34

▶ Principe d'un appareil photographique

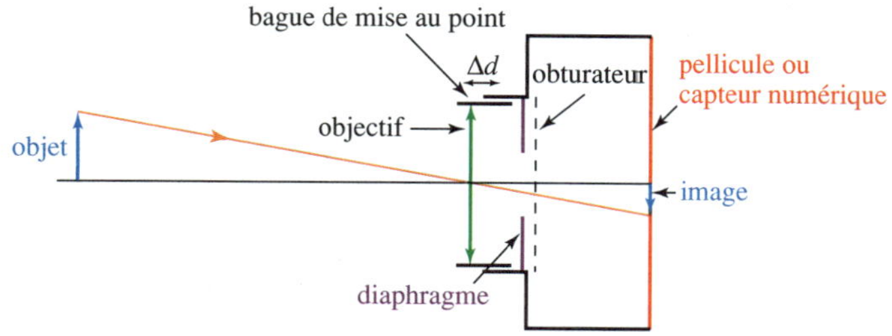

• **L'objectif,** qui peut être modélisé par une lentille mince convergente, permet d'obtenir une image sur **une pellicule ou un capteur numérique**. L'objectif peut être interchangeable, ceux de courtes distances focales permettent des prises de vue grand angle (objectif de 28 mm, prise de 65°) et les téléobjectifs (focale > 300 mm) donnent des grossissements importants.

• **La bague de mise au point** permet de régler la distance entre l'objectif et la pellicule (ou le capteur), en fonction de la distance entre l'appareil et l'objet photographié, pour que l'image soit nette.

De nombreux appareils sont munis d'un autofocus qui réalise automatiquement cette mise au point.

• **Le diaphragme et l'obturateur** permettent d'adapter la quantité de lumière à la sensibilité de la pellicule (ou des capteurs). Plus le diaphragme est ouvert, plus le temps de pose sera court et inversement.

Plus le diaphragme est ouvert, moins la profondeur de champ (plage de netteté de la photographie) sera grande.

Plus le temps de pose est grand, plus le risque de flou lié aux déplacements de l'objet photographié est important.

Le photographe recherche un compromis dans la détermination de ces deux paramètres.

▶ Comparaison avec l'œil

La différence essentielle entre l'œil et l'appareil photographique se situe dans la façon dont la netteté de l'image est obtenue :

– **l'œil accommode en modifiant la distance focale du cristallin** en fonction de la position de l'objet, car la distance entre le cristallin et la rétine est fixe ;

– **la mise au point** d'un appareil photographique se fait en **modifiant la distance entre l'objectif et la pellicule**, car la distance focale d'un objectif est fixe.

LA DIFFICULTÉ DU CHAPITRE

Utiliser le modèle de l'œil réduit

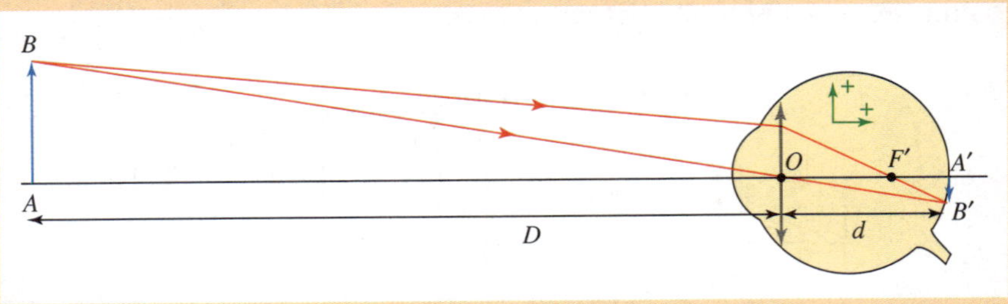

Lorsqu'un œil accommode, l'image d'un objet, situé dans les limites de vision distinctes (PR-PP), se forme sur la rétine.

La connaissance de la distance entre le centre optique de la lentille, du modèle réduit de l'œil, et l'écran (la rétine) permet de déterminer la vergence de l'œil à l'aide des formules de conjugaison :

$$\frac{1}{\overline{OA'}} - \frac{1}{\overline{OA}} = \frac{1}{\overline{OF'}} = C.$$

Si d est la distance entre le centre optique de la lentille et la rétine et D la position de l'objet devant l'œil, on a :

$$\frac{1}{d} - \frac{1}{-D} = \frac{1}{\overline{OF'}} = C, \quad \text{soit} \quad C = \frac{1}{d} + \frac{1}{D}.$$

EXERCICES

Tester ses connaissances

1 QCM 1 (corrigés p. 40)

Parmi les affirmations suivantes, lesquelles sont vraies ?

1° La pupille de l'œil joue le rôle de diaphragme.

2° La sclérotique est la partie de l'œil sensible à la lumière.

3° Seul le cristallin a un effet sur la déviation de la lumière qui entre dans l'œil.

4° La fovéa est la zone la moins sensible de l'œil.

2 QCM 2 (corrigés p. 40)

Parmi les affirmations suivantes, lesquelles sont vraies ?

1° Le punctum remotum d'un œil normal se situe à 25 cm de l'œil.

2° Lorsque l'œil observe à l'infini, la vergence du cristallin est maximale.

3° Si l'on rapproche un objet de l'œil, la vergence du cristallin augmente.

4° Si l'on éloigne un objet de l'œil, la distance focale du cristallin diminue.

3 QCM 3 (corrigés p. 40)

Parmi les affirmations suivantes, lesquelles sont vraies ?

1° Le diaphragme d'un appareil photographique a le même rôle que la pupille de l'œil.

2° Le principe de mise au point de la netteté de l'image est identique pour l'œil et l'appareil photographique.

3° Si l'objet photographié se situe à l'infini, la distance, entre la pellicule et l'objectif de l'appareil photographique, est réglée à son maximum.

4° Si l'objet se rapproche de l'appareil photographique, l'autofocus déplace l'objectif vers l'extérieur de l'appareil.

Maîtriser les méthodes

Les exercices de cette rubrique font appel aux méthodes de base qu'il faut maîtriser. Ils font l'objet d'une correction guidée pas à pas, qui récapitule ces méthodes, pour mieux les mémoriser.

4 LA PLAGE D'ACCOMMODATION D'UN ŒIL EMMÉTROPE (corrigés p. 40)

Un œil emmétrope au repos est schématisé ci-après. La distance, d, entre le centre O de la lentille qui modélise son système optique et le fond de l'œil où est située la fovéa, F_0, est égale à 17,0 mm. Pour accommoder, l'œil modifie la vergence du cristallin de telle sorte que la vergence de son système optique peut varier sur une plage $\Delta C = 4{,}00$ dioptries, entre sa valeur maximale et sa valeur minimale.

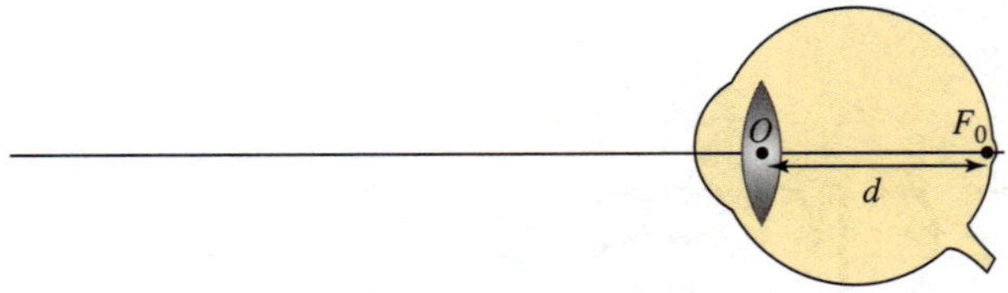

1° Déterminer la vergence de cet œil, C_∞, lorsqu'il accommode à l'infini.
2° Comment varie la vergence de l'œil emmétrope en fonction de la position de l'objet ?
3° Quelle est la valeur de la vergence de cet œil, C_{PP}, lorsqu'il accommode pour voir distinctement un objet placé à son punctum proximum ?
4° À quelle distance, D, du centre de la lentille du modèle de l'œil se trouve le punctum proximum ?
5° Représenter sur un axe la plage de vision distincte de cet œil, en positionnant son punctum proximum (PP) et son punctum remotum (PR), sans contrainte d'échelle.

5 LA MISE AU POINT D'UN APPAREIL PHOTOGRAPHIQUE *(corrigés p. 40)*

Un boîtier d'appareil photographique argentique est équipé d'un objectif de distance focale $f = 50$ mm, qui donne des images peu déformées, proches de ce qui est vu par l'œil. Cet objectif est assimilé dans l'exercice à une lentille mince de centre optique O.
Une bague de réglage de la distance d, entre le centre O et la pellicule, permet de réaliser la mise au point.

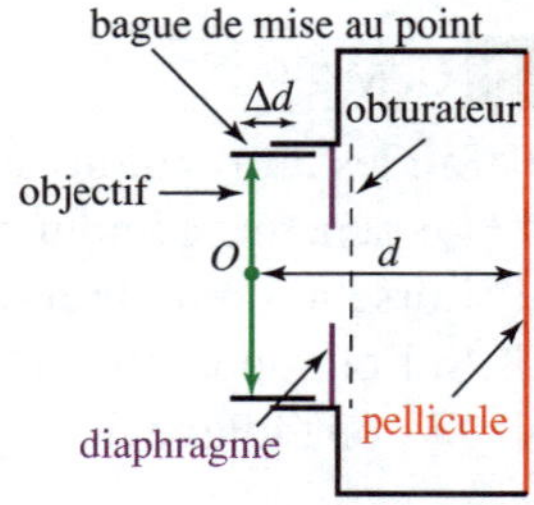

Cette bague permet de faire varier d entre une valeur maximale, d_{max}, et une valeur minimale, d_{min}, telles que :

$$\Delta d = d_{max} - d_{min} = 7{,}00 \text{ mm}.$$

1° Un photographe fait la mise au point de l'appareil pour la prise de vue d'un paysage lointain. Quelle est la valeur de d pour cette prise de vue ?
2° À partir de ce réglage, le photographe souhaite réaliser une photographie d'un groupe de personnes proches de lui.
a) À partir des schémas ci-dessous, construire l'image donnée par une lentille mince convergente d'un objet situé à l'infini, puis d'un objet rapproché.

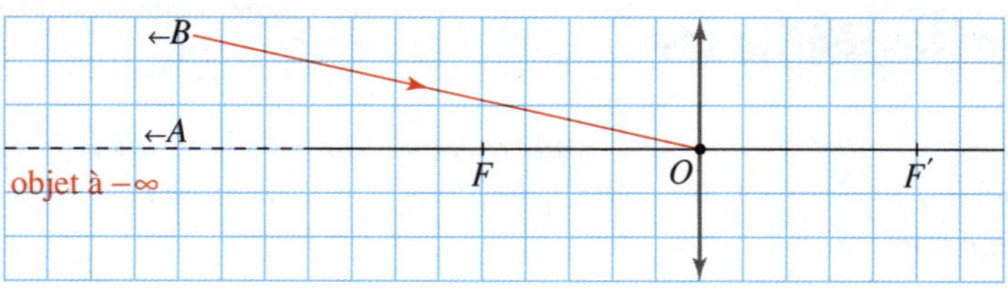

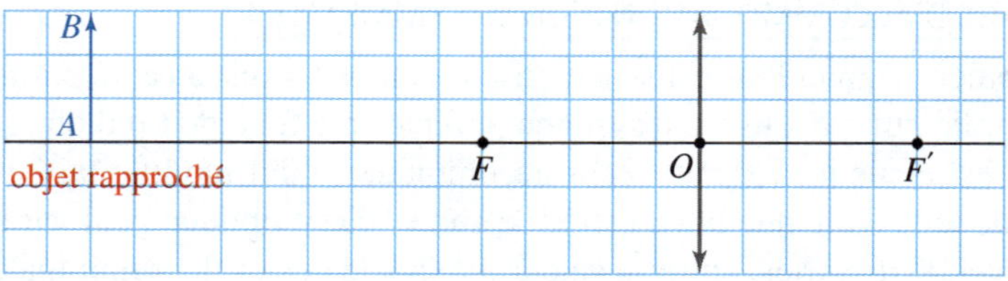

b) Indiquer, à partir des constructions précédentes, si le photographe doit, pour réaliser la mise au point, augmenter ou diminuer *d*.

3° Pour réaliser la photographie d'une fleur, le photographe se rapproche de la fleur et joue sur la bague. Jusqu'à quelle distance peut-il s'approcher pour avoir une image toujours nette ?

4° À quel point particulier, utilisé pour définir la plage d'accommodation de l'œil, correspond la position de la fleur devant l'objectif de l'appareil photographique ?

6 ACUITÉ VISUELLE, OU POUVOIR SÉPARATEUR DE L'ŒIL (corrigés p. 41)

Si deux points *A* et *B* sont trop proches l'un de l'autre leurs images sur la rétine, *A′* et *B′* se formeront sur une seule cellule photosensible de la rétine, et l'observateur ne verra qu'un seul point.

Il est donc nécessaire que les images *A′* et *B′* soient suffisamment espacées pour qu'il y ait entre elles au moins une cellule photoréceptrice de la rétine non impressionnée par la lumière afin que le cerveau puisse séparer les deux points, comme l'illustre le schéma ci-contre.

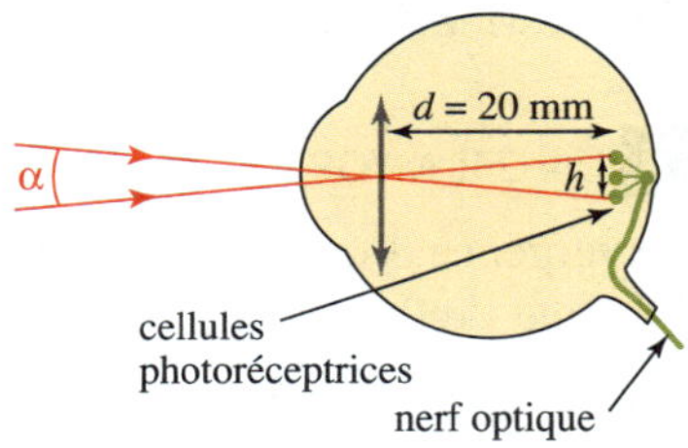

Aide :
Pour des angles petits exprimés en radian, $\alpha < 0{,}1$ rad, on peut faire l'approximation suivante : $\alpha \approx \tan\alpha \approx \frac{h}{d}$.

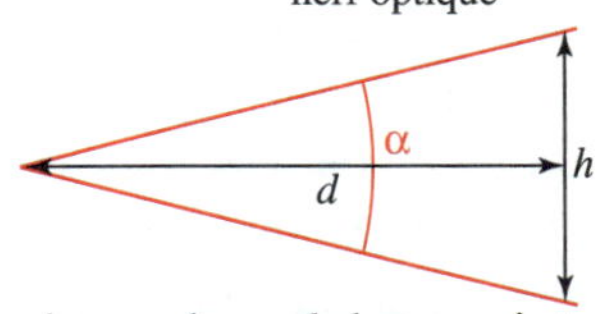

L'angle limite de résolution de l'œil est l'angle α minimal pour lequel deux points ponctuels peuvent être vus distinctement. Pour un sujet jeune, cet angle est voisin de 3×10^{-4} radian.

1° Déterminer l'ordre de grandeur du diamètre, d_{cel}, d'une cellule photoréceptrice de l'œil.

2° Une personne de 60 ans souhaite vérifier l'état de sa vue. Pour cela, elle trace sur une feuille de papier blanc deux traits noirs séparés de 1 mm, puis s'éloigne progressivement de la feuille et constate que la distance limite pour percevoir les deux traits est voisine de 1,65 m.
Quel est l'angle limite de résolution des yeux de cette personne ?

3° L'acuité visuelle d'un œil est liée à son angle limite de résolution selon le tableau ci-dessous.

Acuité visuelle	$\frac{10}{10}$	$\frac{8}{10}$	$\frac{5}{10}$	$\frac{2{,}5}{10}$	$\frac{1}{10}$
Angle limite de résolution (en minute d'arc)	1′	1,25′	2′	4′	10′

Aide : $2\pi \text{rad} = 360°$; $1° = 60′$.

a) Exprimer les valeurs des angles limites de résolution du tableau en radian.

b) Quelle est l'acuité visuelle de la personne de 60 ans ?

7 PHOTOGRAPHIE PRISE AVEC UN TÉLÉOBJECTIF ★★ 10 min

(corrigés p. 42)

Un photographe, au cours d'une randonnée en montagne, prend un cliché d'un isard, situé à 50 m de lui, avec un appareil photographique équipé d'un téléobjectif de 500 mm. Le format de la pellicule qu'il utilise est de 24 mm × 36 mm.

On assimilera le système optique du téléobjectif à une lentille mince de centre O et de distance focale $f = \overline{OF'} = +\,500$ mm.

1° Montrer qu'après la mise au point faite sur l'isard, la distance entre le centre optique de l'objectif et la pellicule est pratiquement égale à f.

2° La taille de l'isard, de la tête à la queue, est d'environ $L = 1$ mètre.
Quelle est la taille, l, de l'image de l'isard sur la pellicule ?

3° Le photographe souhaite utiliser un papier de grand format (100 cm × 150 cm) pour l'impression de la photographie. Quelle sera la taille de l'isard sur la photographie ?

8 UN ŒIL MYOPE ★★ 15 min

(corrigés p. 42)

La vergence d'un œil myope peut varier de 4 dioptries, comme un œil emmétrope.
Lorsque l'œil est au repos, sa vergence est minimale et sa valeur est :
$C_{min} = 61{,}5$ dioptries.
La distance qui sépare son centre optique O de sa rétine est égale à 17 mm.

1° Montrer que la position de l'objet vu nettement, lorsque la vergence de l'œil est minimale (le punctum remotum, PR), ne se situe pas à l'infini.

2° Quelle est la vergence maximale, C_{max}, de cet œil myope ? En déduire la position de son punctum proximum, PP.

3° Représenter qualitativement sur un schéma le domaine de vision nette de cet œil myope.

4° Lorsque l'œil est au repos, où se forme l'image d'un objet à l'infini par rapport à la position de la rétine ? Un œil myope est-il trop convergent ou pas assez ?

9 ÉTOILES DOUBLES ★★ 15 min

(corrigés p. 43)

Albiréo du Cygne est une étoile binaire, constituée de deux étoiles liées par la gravitation, située dans la constellation du Cygne. Elle a été découverte par Bradley en 1755.

L'étoile principale, Albiréo A, dont le diamètre est vingt fois plus grand que celui de notre Soleil, est de couleur jaune-orangé. Albiréo B, plus petite et plus chaude, est de couleur bleu-vert.

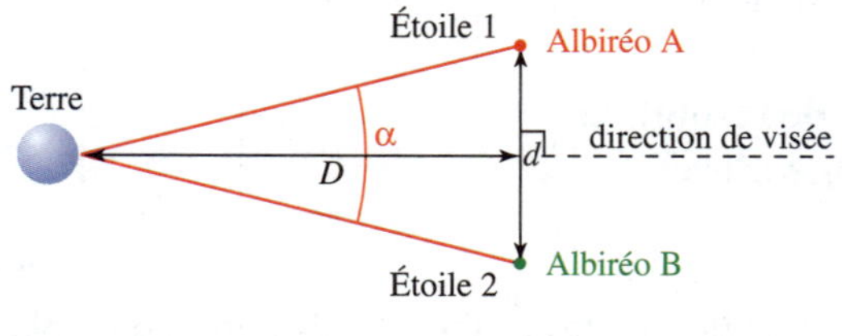

La direction de visée est perpendiculaire à la droite joignant les deux étoiles.

Aide 1 :

Si $\dfrac{d}{D} \leqslant 0{,}1$, alors : $\alpha\,(\text{rad}) \approx \dfrac{d}{D}$.

Aide 2 :

G est défini par la relation $G = \dfrac{\theta'}{\theta}$.

θ : angle sous lequel on voit l'objet à l'œil nu.

θ' : angle sous lequel on voit son image à travers l'appareil.

Ces deux étoiles se trouvent à 386 années-lumière de la Terre et sont séparées l'une de l'autre d'environ 4 040 UA.

Données : 1 UA = $1{,}50 \times 10^8$ km ; 1 al = $9{,}46 \times 10^{15}$ m.

1° Calculer, en radian, l'angle α qui sépare ces deux étoiles vues depuis la Terre (voir **aide 1**).

2° Le pouvoir séparateur de l'œil permet au mieux, dans de bonnes conditions de contraste et de luminosité, de distinguer deux points vus sous un angle de 3×10^{-4} radian. Les deux étoiles d'Albiréo sont-elles discernables à l'œil nu ?

3° Galilée (1564-1642) avait construit des lunettes astronomiques de grossissement, G, compris entre 20 et 30 (voir **aide 2**).

Aurait-il pu découvrir le système double d'Albiréo ?

10 UN MODÈLE EXPÉRIMENTAL DE L'ŒIL SUR BANC OPTIQUE ★★★ 30 min

(corrigés p. 43)

Pour comprendre le principe de l'accommodation, un élève réalise un modèle sur un banc optique en utilisant une lentille de 5,0 dioptries et place un écran à 20 cm de la lentille.

Il vise un objet lumineux situé au fond de la classe, à une distance de 5,0 m, que l'on peut considérer comme étant à l'infini. Sur l'écran, il observe une image nette de 4,0 mm de hauteur, et inversée par rapport à l'objet.

1° Justifier la position de l'image.

2° Calculer la taille de l'objet et justifier le fait que l'image soit inversée.

3° Il rapproche ensuite l'objet de la lentille à une distance D = 1,00 m de son centre optique.

a) Réaliser un schéma de la situation en prenant une échelle de 1 carreau pour 5 cm sur l'axe optique et sur l'axe vertical. Placer les foyers de la lentille.

b) Déterminer, par le calcul, la nouvelle position de l'image sur l'axe optique et sa taille.

c) Retrouver, par construction, les résultats de la question précédente. L'image peut-elle se former à l'endroit prévu par le calcul ? L'élève observe-t-il une image nette sur l'écran ?

4° L'élève dispose d'un lot de lentilles convergentes dont les vergences sont : 3, 4, 5, 6, 7 et 8 dioptries. Il doit choisir l'une de ces lentilles pour remplacer celle du montage de 5,0 dioptries pour simuler l'accommodation de l'œil.

a) *A priori*, la vergence de la lentille que doit choisir l'élève est-elle supérieure ou inférieure à 5 dioptries ?

b) Calculer la vergence de la lentille que doit choisir l'élève.

11 DES LUNETTES POUR UN HOMME ÂGÉ ★★★ 15 min (corrigés p. 44)

Un homme âgé est atteint de presbytie. Un examen réalisé par un ophtalmologiste montre que la vergence de ses yeux varie entre 60 et 62 dioptries, alors que, pour un œil emmétrope, la vergence varie entre 60 et 64 dioptries.

1° L'homme âgé a-t-il des difficultés pour lire un journal ou pour voir des objets éloignés ? Justifier la réponse et préciser quelle est la cause de ce problème de vue.

2° Lorsque deux lentilles minces de vergences C_1 et C_2 sont accolées, l'ensemble peut être remplacé par une lentille mince de vergence $C = C_1 + C_2$.
Une boîte de lentilles minces convergentes contient quatre lentilles, de distances focales respectives +100 cm, + 50 cm, + 25 cm et +10 cm.
Indiquer comment on pourrait obtenir un système optique dont la vergence serait égale à 11 dioptries.

3° Quelle est la vergence des verres des lunettes que prescrit l'ophtalmologiste à son patient ?

Pour aller plus loin

12 L'HYPERMÉTROPIE ★★★★ 30 min (corrigés p. 44)

Pour corriger l'hypermétropie des yeux d'un patient, l'ophtalmologiste prescrit des lentilles de vergence égale à +3 δ. Pour accommoder, la vergence des yeux peut varier de 4 δ. La distance entre le centre du système optique de l'œil et la rétine est égale à 16,7 mm.

Après correction, les yeux voient net à l'infini sans accommodation.

Donnée : on admettra que la vergence de l'ensemble {œil + lentille} est égale à la somme des vergences de l'œil et de la lentille.

1° Déterminer la distance focale, f_{PR}, et la vergence, C_{PR}, de l'ensemble {œil + lentille} lors de la vision au punctum remotum (PR) situé à l'infini ?

2° Quelle est la valeur de la vergence de l'œil corrigé au punctum proximum (C_{PP}) ?

3° En déduire les valeurs de la vergence de l'œil hypermétrope, sans correction, au punctum proximum ($C_{o\,PP}$) et au punctum remotum ($C_{o\,PR}$).

4° Déterminer la position du punctum proximum de l'œil hypermétrope du patient avant correction.

5° L'œil hypermétrope du patient pouvait-il voir nettement un objet à l'infini sans accommoder ? Justifier la réponse.

6° Un œil emmétrope (normal) voit nettement des objets placés devant lui entre l'infini et 25 cm (*doc*.a). Indiquer qualitativement, sur le *doc*.b, la position du PP de l'œil avant correction et le domaine réel de vision distincte.

7° Résumer, en quelques lignes, les caractéristiques et les conséquences de l'hypermétropie.

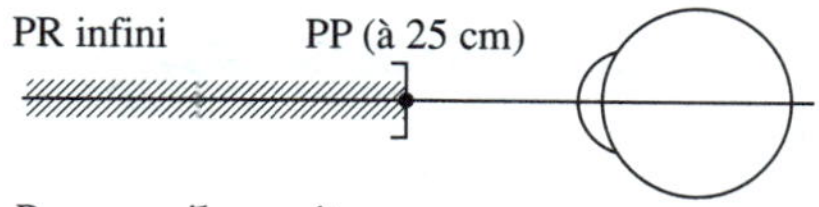

Doc. a : œil emmétrope

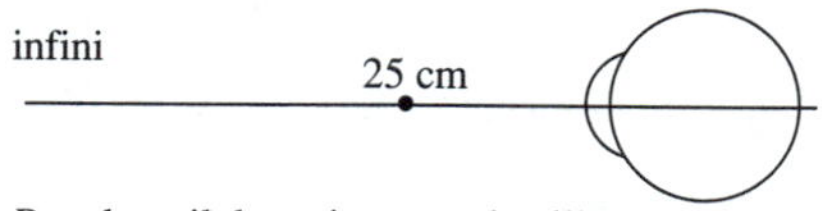

Doc. b : œil du patient sans lentille correctrice

L'interrogation écrite

13 L'ŒIL D'UN JEUNE ENFANT 30 min *(corrigés p. 45)*

On modélise l'œil au repos, d'un jeune enfant emmétrope, par une lentille mince de vergence égale à $C_\infty = 60{,}00$ dioptries et de centre O. La rétine, au fond de l'œil, est à 16,67 mm du centre optique de la lentille.

1° Montrer que l'image d'un objet situé à 40 m de l'œil se fait sur la rétine.

2° L'objet AB est maintenant rapproché de l'œil de l'enfant dont le cristallin est encore très flexible, comme indiqué sur le schéma ci-dessous. AB se situe à 8,00 cm devant O.

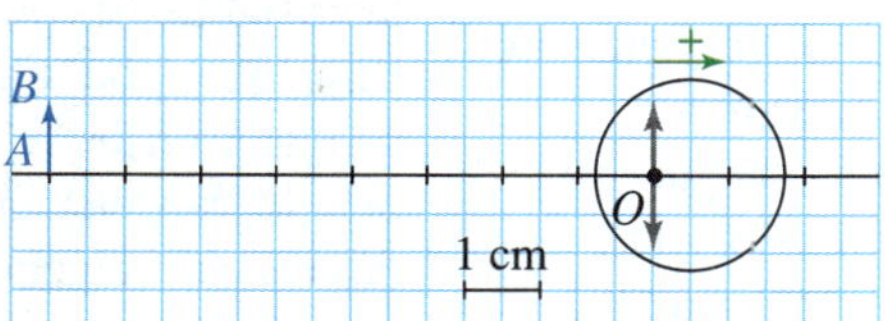

a) Déterminer par le calcul la position de l'image $A'B'$ de l'objet si la vergence du cristallin est toujours égale à 60,00 δ.

b) Positionner, sur le schéma de l'œil, le point A' de l'image $A'B'$ de l'objet et tracer la marche des rayons issus du point B. Où se situe l'image par rapport à la rétine ?

c) Comment est perçue cette image par l'enfant ? Justifier la réponse.

3° Le cerveau agit sur l'œil pour que l'image soit perçue nettement.

a) Indiquer ce que doit faire l'œil pour que l'objet soit vu nettement ?

b) Quelle sera alors la vergence de l'œil, C_{max} ?

4° Cette position de l'objet correspond au punctum proximum de l'enfant.

a) Donner la définition du punctum proximum d'un œil.

b) La souplesse du cristallin diminue avec l'âge. Comment va évoluer le punctum proximum de cet enfant avec le temps ? Justifier la réponse.

CORRIGÉS

Tester ses connaissances

1 Affirmation **vraie : 1°.**

2 Affirmation **vraie : 3°.**

3 Affirmations **vraies : 1° et 4°.**

Maîtriser les méthodes

4 **1°** Lorsque l'objet est à l'infini, son image se forme au foyer du système optique qui se trouve confondu avec la fovéa, F_0. La distance focale de la lentille qui schématise le système optique est donc égale à :
$f = 17{,}0 \text{ mm} = 1{,}70 \times 10^{-2}$ m.
La vergence du système optique de l'œil, lorsqu'il accommode à l'infini, est donc : $C_\infty = \frac{1}{f} = \frac{1}{1{,}70 \times 10^{-2}} \approx$ **58,8 δ.**

2° Lorsque l'**objet** est situé **à l'infini, la vergence d'un œil emmétrope est minimale**, l'œil est au repos. Pour voir un **objet proche, l'œil augmente la vergence du cristallin**, et lorsque l'**objet** se situe **au punctum proximum, la vergence de l'œil atteint sa valeur maximale.**

3° La vergence de l'œil lorsque l'objet est placé au PP est maximale, soit :
$C_{PP} = C_\infty + 4 = 58{,}8 + 4{,}00 =$ **62,8 δ.**

4° Si le sens du trajet de la lumière est pris comme sens positif, de la gauche vers la droite du schéma :
– l'image du PP se fait sur la fovéa, soit à la distance $+ d$ du centre optique O ;
– la position du PP par rapport à O est $-D$, en valeur algébrique.

En utilisant la relation de conjugaison des lentilles minces, $\frac{1}{\overline{OA'}} - \frac{1}{\overline{OA}} = C$, on a :

$$\frac{1}{d} - \frac{1}{-D} = C_{PP} \,;$$

$$\frac{1}{D} = C_{PP} - \frac{1}{d} = 62{,}8 - \frac{1}{1{,}70 \times 10^{-2}} = 4 \text{ m}^{-1}.$$

D'où : $D = \frac{1}{4} = 0{,}25$ m.

Le punctum proximum est positionné à 25 cm en avant de cet œil.

5°

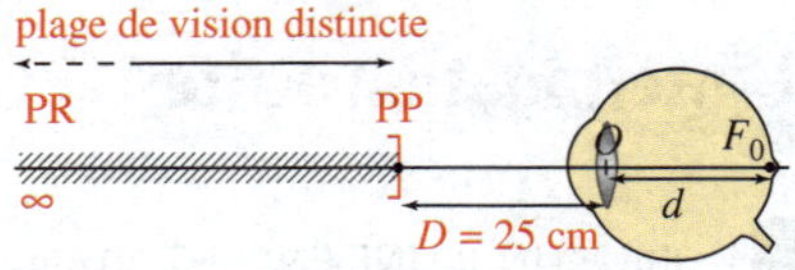

L'œil peut voir distinctement les objets situés entre le PR (l'infini) et le PP (à 25 cm devant l'œil).

Exercice 4 : conseils à retenir

- L'image d'un objet à l'infini se forme toujours au foyer image d'une lentille convergente.
- Plus l'objet est proche de l'œil et plus le cristallin est convergent.
- Lorsque l'on utilise la relation de conjugaison des lentilles minces, il faut bien se rappeler que l'on doit utiliser des mesures algébriques.

5 **1°** Comme l'objet se situe à l'infini, son image se forme dans le plan contenant le foyer image de la lentille, le plan focal image. La distance d, entre O et la pellicule, est donc égale à la distance focale de l'objectif, soit **50 mm**.

2° a)

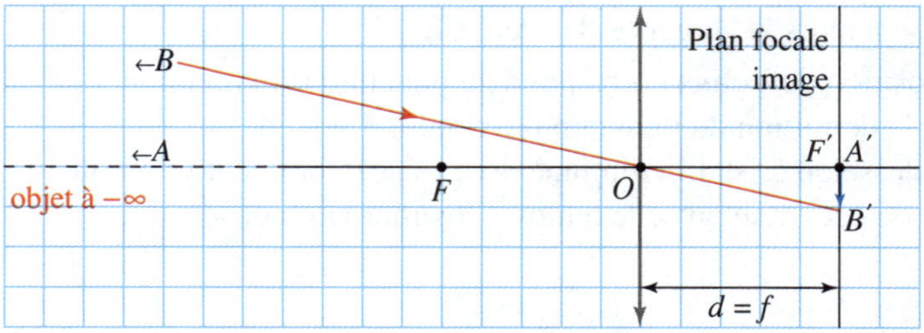

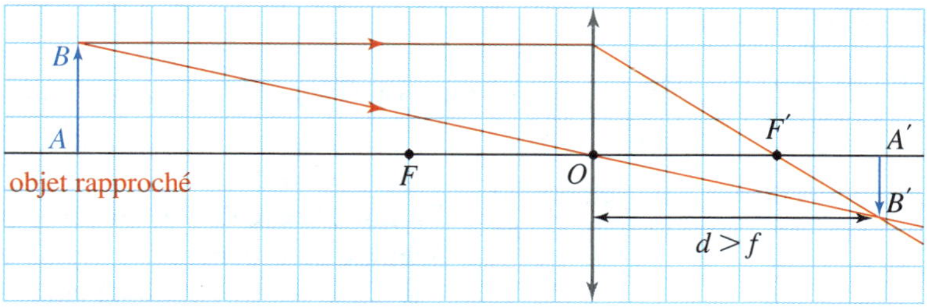

b) Par rapport au réglage précédent, l'objet à photographier est plus proche de l'objectif, son image se fait donc à une distance du centre optique supérieure à la distance focale. Il faut **augmenter *d*** pour que l'image soit située sur la pellicule.

3° Pour photographier la fleur, le photographe écarte au maximum l'objectif de la pellicule.

La distance d est alors maximale :

$d_{max} = f + \Delta d = 50 + 7 = 57$ mm
$= 5{,}7 \times 10^{-2}$ m.

On connaît la position de l'image par rapport au centre optique, $\overline{OA'} = d_{max}$, ainsi que la distance focale de la lentille $\overline{OF'} = f$. La relation de conjugaison des lentilles minces permet de déterminer la position de l'objet, $\overline{OA} = -D$:

$$\frac{1}{\overline{OA'}} - \frac{1}{\overline{OA}} = \frac{1}{\overline{OF'}} ;$$

$$\frac{1}{\overline{OA}} = \frac{1}{\overline{OA'}} - \frac{1}{\overline{OF'}}$$

$$= \frac{1}{5{,}7 \times 10^{-2}} - \frac{1}{5{,}0 \times 10^{-2}}$$

$$\approx -2{,}456 \text{ m}^{-1}.$$

$\overline{OA} \approx -0{,}41$ m, soit $D = 41$ cm.

Le photographe peut donc placer l'**objectif** de son appareil photographique à **41 cm de la fleur**.

4° La position de la fleur par rapport à l'objectif de l'appareil photographique correspond au **punctum proximum de l'œil : le point le plus proche de l'œil qui permet une vision nette**.

Exercice 5 : conseils à retenir

Pour réaliser la netteté de l'image d'un objet qui se rapproche :
– l'œil accommode en augmentant la vergence de son cristallin ;
– le photographe réalise la mise au point en augmentant la distance qui sépare l'objectif de la pellicule.

6 **1°** En utilisant l'approximation proposée, on peut déterminer la distance h qui sépare deux cellules séparées par une troisième :

$$\alpha \approx \frac{h}{d} ; \; h = \alpha \cdot d, \text{ avec } \alpha \text{ en radian.}$$

Comme h correspond à deux fois le diamètre d'une cellule on a : $d_{cel} \approx \frac{1}{2} \alpha \cdot d$.

Soit : $d_{cel} \approx 0{,}5 \times 3 \times 10^{-4} \times 2 \times 10^{-2}$
$\approx 3 \times 10^{-6}$ m.

L'ordre de grandeur du **diamètre des cellules photoréceptrices de l'œil humain** est **de l'ordre de trois micromètres**.

2° La même relation permet de déterminer l'angle limite de résolution de l'œil de la personne :

$$\alpha \approx \frac{h}{d} = \frac{1 \times 10^{-3}}{1{,}65} \approx \mathbf{6 \times 10^{-4}} \textbf{ rad}.$$

3° a) Comme un angle de 2π rad vaut 360° et que 1° = 60′, nous avons :

$$1° = \frac{2\pi}{360} \text{ rad} ;$$

$$1' = \frac{1°}{60} = \frac{2\pi}{360 \times 60} \approx 2{,}91 \times 10^{-4} \text{ rad}$$
$$\approx 3 \times 10^{-4} \text{ rad}.$$

Acuité visuelle	$\frac{10}{10}$	$\frac{8}{10}$	$\frac{5}{10}$	$\frac{2,5}{10}$	$\frac{1}{10}$
Angle limite de résolution (en minute d'arc)	1′	1,25′	2′	4′	10′
Angle limite de résolution (en radian)	$\mathbf{3 \times 10^{-4}}$	$\mathbf{3,8 \times 10^{-4}}$	$\mathbf{6 \times 10^{-4}}$	$\mathbf{12 \times 10^{-4}}$	$\mathbf{30 \times 10^{-4}}$

b) L'angle limite de résolution étant égal à 6×10^{-4} rad, son **acuité visuelle** est de **5 dizièmes**.

Exercice 6 : conseils à retenir

- Lorsqu'un angle α est petit, on a alors $\tan\alpha \approx \alpha$, si l'angle est exprimé en radian ;
- Rappels : 2π rad = 360° ; 1° = 60′ ; 1′ = 60″.

S'entraîner

7 1° Si A est la position de l'isard et A' la position de la pellicule, on a, en utilisant la relation de conjugaison des lentilles minces :

$$\frac{1}{\overline{OA'}} - \frac{1}{\overline{OA}} = \frac{1}{\overline{OF'}} \; ; \quad \frac{1}{\overline{OA'}} = \frac{1}{\overline{OA}} + \frac{1}{\overline{OF'}}.$$

avec $\overline{OF'} = 500$ mm = 0,500 m

et $\overline{OA} = -50$ m.

D'où $\frac{1}{\overline{OA'}} = \frac{1}{-50} + \frac{1}{0{,}500} = 1{,}98\ \text{m}^{-1}$.

$$\overline{OA'} = \frac{1}{1{,}98} \approx 0{,}505\ \text{m} \approx f.$$

2° En utilisant la relation de grandissement des lentilles minces, on a :

$$\gamma = \frac{\overline{A'B'}}{\overline{AB}} = \frac{\overline{OA'}}{\overline{OA}} = \frac{0{,}5}{-50} = -1{,}0 \times 10^{-2}.$$

Le signe « moins » du grandissement montre que l'image est inversée par rapport à l'objet.

La taille de l'image $A'B'$ est :

$l = 1{,}0 \times 10^{-2} \times L = 1{,}0 \times 10^{-2}$ m

= 10 mm.

3° Les dimensions de la photographie sont environ quarante-deux fois plus grandes que celles de la pellicule :

42 × 24 mm = 1 008 mm ≈ 1 m ;

42 × 36 mm = 1 512 mm ≈ 1,5 m.

La taille finale de l'isard sur la photographie sera donc 42 fois plus grande que sur la pellicule, soit **42 cm**.

8 1° Si A est la position de l'objet et A' la position de son image donnée par l'œil, A' se situe sur la rétine. En appliquant la relation de conjugaison des lentilles minces, on a :

$$\frac{1}{\overline{OA'}} - \frac{1}{\overline{OA}} = C_{\min} \; ;$$

$$\frac{1}{\overline{OA}} = \frac{1}{\overline{OA'}} - C_{\min} = \frac{1}{17 \times 10^{-3}} - 61{,}5$$

$$\approx -2{,}68\ \text{m}^{-1}.$$

$$\overline{OA} \approx -\frac{1}{2{,}68} \approx -0{,}37\ \text{m} = -37\ \text{cm}.$$

Le punctum remotum, au lieu de se situer à l'infini, est très proche de l'œil, à 37 cm.

2° La vergence maximale de cet œil est

$C_{\max} = C_{\min} + 4 = 61{,}5 + 4$

$= \mathbf{65{,}5}$ **dioptries.**

Le calcul de la position du PP est similaire à celui du PR en remplaçant $C_{\min}$ par $C_{\max}$:

$$\frac{1}{\overline{OA}} = \frac{1}{\overline{OA'}} - C_{\max} = \frac{1}{17 \times 10^{-3}} - 65{,}5$$

$$= -6{,}68\ \text{m}^{-1}.$$

$$\overline{OA} \approx -\frac{1}{6{,}68} \approx -0{,}15\ \text{m} = -15\ \text{cm}.$$

Le punctum proximum de cet œil myope se situe à 15 cm devant celui-ci.

Il est plus proche de l'œil que pour un œil emmétrope dont le punctum proximum se situe à 25 cm devant l'œil.

3° **Le domaine de vision distincte de l'œil myope est compris entre 15 cm (PP) et 37 cm (PR) en avant de l'œil.**

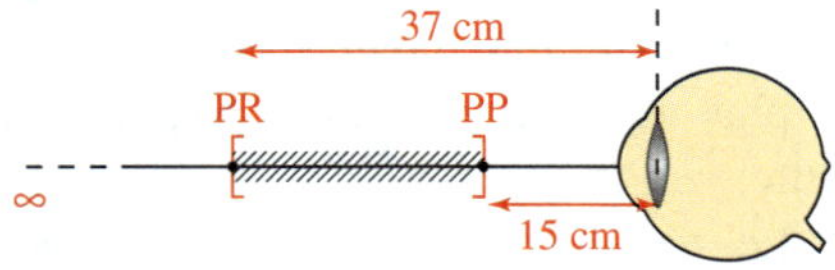

4° Lorsque l'œil est au repos, sa vergence est minimale.
L'image d'un objet à l'infini se forme au foyer image de l'œil, donc :

$$\overline{OA'} = \frac{1}{C_{min}} = \frac{1}{61,5} \approx 0,016 \text{ m} = 16 \text{ mm}.$$

Pour un œil myope, l'image d'un objet à l'infini se forme en avant de la rétine et paraît donc floue. L'œil myope est trop convergent.

Un œil myope peut être corrigé par des lentilles divergentes qui diminueront la vergence trop élevée de l'œil.

9 **1°** Soit d la distance qui sépare les deux étoiles :

$$d = 4\,040 \text{ UA} = 4\,040 \times 1,50 \times 10^{8}$$
$$= 6,06 \times 10^{11} \text{ km}$$
$$= 6,06 \times 10^{14} \text{ m}.$$

Soit D la distance qui sépare la Terre de ces planètes doubles :

$$D = 386 \times 9,46 \times 10^{15} \approx 3,65 \times 10^{18} \text{ m}.$$

On a : $\frac{d}{D} = \frac{6,06 \times 10^{14}}{3,65 \times 10^{18}} \approx 1,7 \times 10^{-4}$.

Comme ce rapport est inférieur à 10^{-1}, on peut faire l'approximation indiquée pour calculer l'angle sous lequel les étoiles doubles sont vues depuis la Terre :

$\alpha \approx \frac{d}{D}$; $\boldsymbol{\alpha \approx 1,7 \times 10^{-4}}$ **rad.**

2° L'angle α est inférieur à la valeur minimale du pouvoir séparateur de l'œil, 3×10^{-4} rad. **Ces deux étoiles ne sont** donc **pas discernables à l'œil nu depuis la Terre.**

3° L'angle α' sous lequel Galilée aurait pu voir ce système double avec une de ses lunettes de grossissement 20, le plus faible, est :

$$\alpha' = \alpha \times 20 = 1,7 \times 10^{-4} \times 20$$
$$= 3,4 \times 10^{-3} \text{ rad}.$$

Cet angle est supérieur au pouvoir séparateur de l'œil. **Ce système double aurait pu être découvert par Galilée.**

10 **1°** L'objet pouvant être considéré comme positionné à l'infini, son image se forme dans le plan focal image de la lentille convergente. La vergence de la lentille, $C = 5\ \delta$, permet de calculer sa distance focale :

$$f = \frac{1}{C} = \frac{1}{5,0} = 0,20 \text{ m} = 20 \text{ cm}.$$

On constate que **l'écran est bien situé au niveau du plan focal image de la lentille.**

2° La relation de grandissement permet de calculer la taille de l'objet :

$$\gamma = \frac{\overline{A'B'}}{\overline{AB}} = \frac{\overline{OA'}}{\overline{OA}} \,;\quad \overline{AB} = \overline{A'B'} \cdot \frac{\overline{OA}}{\overline{OA'}}.$$

Avec les conventions de signes habituelles, sens positif sur l'axe optique dans le sens des rayons lumineux et sens positif vers le haut pour la verticale, on a :

$\overline{A'B'} = -4,0$ mm ; $\overline{OA} = -5,0$ m ;

$\overline{OA'} = +20$ cm $= +0,20$ m.

On obtient $\overline{\boldsymbol{AB}} = -4,0 \times \frac{-5,0}{+0,20}$

$= +100$ mm $=$ **10 cm.**

$\overline{\boldsymbol{AB}}$ **et** $\overline{\boldsymbol{A'B'}}$ **sont de signes contraires : l'image est inversée par rapport à l'objet.**

3° a)

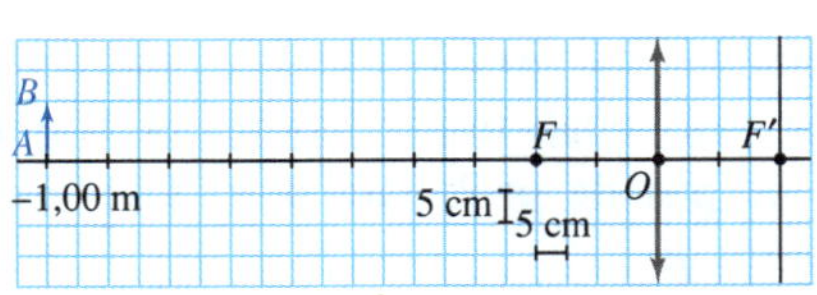

b) La relation de conjugaison donne :

$$\frac{1}{\overline{OA'}} - \frac{1}{\overline{OA}} = \frac{1}{\overline{OF'}} \,;\quad \frac{1}{\overline{OA'}} = \frac{1}{\overline{OA}} + \frac{1}{\overline{OF'}}.$$

Avec : $\overline{OA} = -1{,}00$ m

et $\overline{OF'} = +0{,}20$ m,

on obtient :

$$\frac{1}{\overline{OA'}} = \frac{1}{-1{,}00} + \frac{1}{+0{,}20} = 4{,}0 \text{ m}^{-1} ;$$

$\overline{OA'} = 0{,}25$ m = 25 cm.

La relation de grandissement donne :

$$\overline{A'B'} = \overline{AB} \cdot \frac{\overline{OA'}}{\overline{OA}} = 10 \times \frac{0{,}25}{-1{,}00}$$

$$= \mathbf{-2{,}5 \text{ cm.}}$$

c)

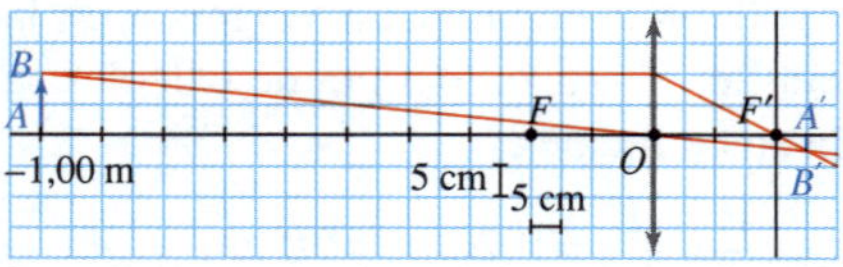

On observe sur le schéma que l'image devrait se former après l'**écran** ; or celui-ci **intercepte les rayons lumineux issus de l'objet avant leur convergence. L'élève ne pourra** donc **pas voir une image nette sur l'écran**, ce qu'il observera sera flou.

4° a) Pour que l'image de l'objet se forme sur l'écran, il faut utiliser une lentille plus convergente, donc de **vergence supérieure à 5 dioptries**.

b) La vergence de la lentille qui permettra d'obtenir une image nette de l'objet sur l'écran se trouve à l'aide de la relation de conjugaison :

$$C = \frac{1}{\overline{OA'}} - \frac{1}{\overline{OA}} = \frac{1}{0{,}20} - \frac{1}{-1{,}00}$$

$$= \mathbf{+\,6{,}0\ \delta.}$$

11 1° L'œil est au repos pour la vision de loin, sa vergence est alors minimale. Les résultats de l'examen montrent que les yeux de **l'homme âgé** ont une vergence minimale de 60 dioptries, comme celle des yeux emmétropes (normaux). Il **n'a** donc **pas de problème pour la vision lointaine**.

En revanche, la vergence maximale de ses yeux, 62 dioptries, est bien inférieure à celle, 64 dioptries, d'un œil normal qui permet une vision de près normale (punctum proximum à 25 cm de l'œil). Ceci est dû au fait qu'avec l'âge, le cristallin s'épaissit et devient moins souple. **L'homme âgé** a donc **des difficultés pour lire son journal** qu'il doit éloigner le plus possible pour avoir une vision nette.

2° Les vergences des lentilles de la boîte sont obtenues en utilisant la relation $C = \frac{1}{f}$, f étant exprimé en mètre :

f	100 cm = 1 m	50 cm = 0,50 m
C	**1,0 δ**	**2,0 δ**

f	25 cm = 0,25 m	10 cm = 0,10 m
C	**4,0 δ**	**10,0 δ**

Les vergences des lentilles minces accolées s'additionnent. Pour obtenir une vergence égale à 11 dioptries, il suffit **d'accoler la lentille de distance focale f = 100 cm (1,0 δ) avec la lentille de distance focale f = 10 cm (10 δ).**

3° Pour la vision de près, les yeux de l'homme âgé ne sont pas assez convergents. À son maximum d'accommodation, la vergence des yeux n'atteint que 62 dioptries, alors qu'elle devrait atteindre 64 dioptries. Pour la lecture, l'ophtalmologiste doit lui prescrire des verres de lunettes de vergence égale **2 dioptries** (62 + 2 = 64).

Pour aller plus loin

12 1° L'image d'un objet à l'infini se forme au foyer, qui est confondu avec la rétine située à 16,7 mm du centre optique cristallin. On en déduit que, pour la vision à l'infini, la distance focale de l'œil corrigé est :

f_{PR} = 16,7 mm = $\mathbf{16{,}7 \times 10^{-3}}$ **m.**

D'où :

$$C_{PR} = \frac{1}{f'_{PR}} = \frac{1}{16{,}7 \times 10^{-3}} \approx \mathbf{60\ \delta.}$$

2° La vergence du cristallin peut varier de 4 δ. Au punctum proximum, la vergence de l'œil corrigé sera donc augmentée de 4 δ :

$C_{PP} = C_{PR} + 4 = 60 + 4 = \mathbf{64\ \delta}$.

3° La lentille permet d'augmenter la vergence de l'œil de 3 dioptries. Les valeurs des vergences de l'œil sont donc inférieures de trois dioptries par rapport à l'œil corrigé :

$C_{o\ PR} = C_{PR} - 3 = 60 - 3 = \mathbf{57\ \delta}$ et

$C_{o\ PP} = C_{PP} - 3 = 64 - 3 = \mathbf{61\ \delta}$.

4° La vergence de l'œil hypermétrope au ponctum proximum est $C_{o\ PP}$.

Si O est le centre optique de l'œil, A_{PP} la position du punctum proximum et A'_{PP} son image qui se forme sur la rétine, on a, en appliquant les formules de conjugaison :

$$\frac{1}{\overline{OA'_{PP}}} - \frac{1}{\overline{OA_{PP}}} = C_{o\ PP}\ ;$$

$$\frac{1}{\overline{OA_{PP}}} = \frac{1}{\overline{OA'_{PP}}} - C_{o\ PP}.$$

Avec :

$\overline{OA'_{PP}} = 16{,}7\ \text{mm} = 1{,}67 \times 10^{-2}\ \text{m}$,

et $C_{o\ PP} = 61\ \delta$,

$$\frac{1}{\overline{OA_{PP}}} = \frac{1}{1{,}67 \times 10^{-2}} - 61 \approx -1{,}12\ \text{m}^{-1}\ ;$$

$\overline{OA_{PP}} \approx -0{,}89$ m.

Le punctum proximum de l'œil hypermétrope, sans correction, se situe à environ 90 cm en avant de l'œil.

5° Pour voir nettement un objet à l'infini, la vergence de l'œil doit être égale à 60 dioptries. Or, l'œil hypermétrope au repos a une vergence inférieure :

$$C_{o\ PR} = 57\ \delta.$$

Un hypermétrope doit donc accommoder (augmenter la vergence de son cristallin) **pour voir nettement un objet à l'infini.**

6°

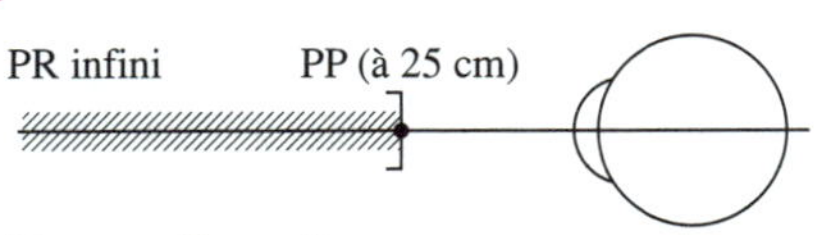

Doc. a : œil emmétrope

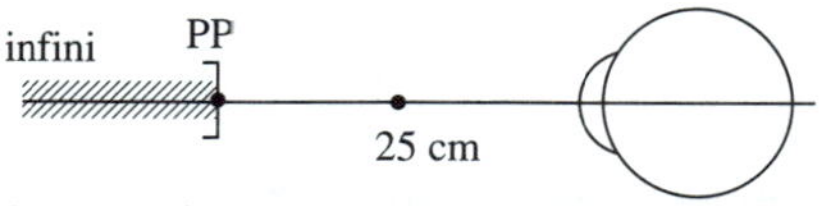

Doc. b : œil du patient sans lentille correctrice

7° **Un œil hypermétrope n'est pas assez convergent. Son punctum proximum est repoussé. Le patient ne voit pas distinctement les objets proches ; de plus, lors de la vision à l'infini, l'œil n'est pas au repos, les muscles qui agissent sur le cristallin sont contractés, ce qui provoque une fatigue oculaire. Pour corriger un œil hypermétrope, il convient de porter des verres convergents.**

L'interrogation écrite

13 1° La position d'un objet situé à 40 m de l'œil peut être considérée comme à l'infini. Son image se forme donc au foyer de la lentille.

La vergence de la lentille est, par définition,

$$f = \frac{1}{C_\infty} = \frac{1}{60{,}00} \approx 16{,}7 \times 10^{-3}\ \text{m}$$

$= \mathbf{16{,}67\ mm}$.

2° a) Pour déterminer la position de l'image, on utilise la relation de conjugaison des lentilles minces :

$$\frac{1}{\overline{OA'}} - \frac{1}{\overline{OA}} = C_\infty,$$

ce qui donne : $\dfrac{1}{\overline{OA'}} = \dfrac{1}{\overline{OA}} + C_\infty$.

Dans cette relation, les distances doivent être exprimées en mètre et sont algébriques :

$\overline{OA} = -8{,}00\ \text{cm} = -8{,}00 \times 10^{-2}$ m.

On a donc :

$$\frac{1}{\overline{OA'}} = \frac{1}{-8{,}00 \times 10^{-2}} + 60{,}00$$

$= 47{,}5\ \text{m}^{-1}$;

$\overline{OA'} \approx 2{,}11 \times 10^{-2}\ \text{m} = \mathbf{2{,}11\ cm}$.

b)

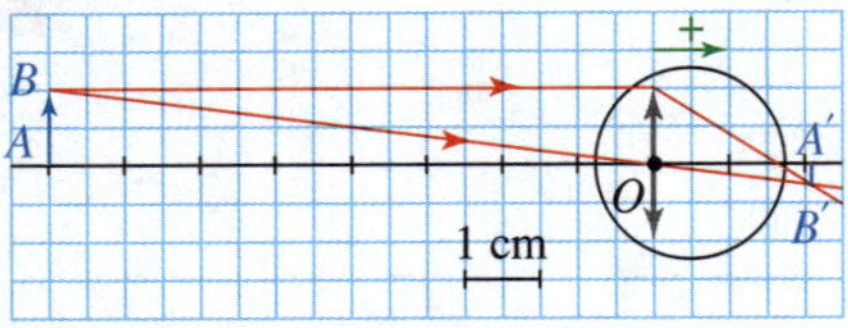

L'image $A'B'$ se situerait derrière la rétine.

c) Cette image est floue. En effet, **les rayons issus du point B forment une tache sur la rétine, et non un point.**

3° a) L'œil doit accommoder. Le cristallin, sous la contraction des muscles qui le maintiennent, **va se bomber, sa vergence va augmenter jusqu'à ce que l'image de l'objet se forme sur la rétine.**

b) Comme l'image se fait sur la rétine, nous connaissons la distance entre le centre de la lentille et l'image :

$\overline{OA'} = +16{,}67 \text{ mm} = +1{,}667 \times 10^{-2} \text{ m}.$

$$C_{max} = \frac{1}{\overline{OA'}} - \frac{1}{\overline{OA}}$$

$$= \frac{1}{16{,}67 \times 10^{-3}} - \frac{1}{-8{,}00 \times 10^{-2}}$$

$$= 60{,}00 + 12{,}5$$

$$= \mathbf{72{,}5\ \delta.}$$

4° a) Le punctum proximum correspond à la position d'un objet la plus proche de l'œil pour qu'il soit vu nettement. L'œil est alors à son maximum d'accommodation, sa vergence est maximale.

b) Comme la souplesse du cristallin diminue avec l'âge, le maximum de vergence de celui-ci diminuera. **Le punctum proximum s'éloignera progressivement**, la distance minimale de vision distincte étant de l'ordre de 25 cm à l'âge adulte.

CHAPITRE 3

Sources de lumière colorée

LE COURS

Ondes électromagnétiques et lumière

▶ EXERCICE D'APPLICATION 4, p. 53

• **La lumière est une onde électromagnétique** se propageant dans le vide à la vitesse $c = 3{,}00 \times 10^8\ m \cdot s^{-1}$, et dans les milieux transparents à une vitesse, v, inférieure à c.

Si n ($n > 1$) est l'indice du milieu transparent, on a : $v = \frac{c}{n}$.

• Ces ondes sont caractérisées par **leur longueur d'onde, λ (m), ou leur fréquence, ν (hertz),** qui sont reliées à la période, T (s) : $\nu = \frac{1}{T}$; $\lambda = c \cdot T$; $\lambda = \frac{c}{\nu}$.

• Le spectre des ondes électromagnétiques, très étendu, est divisé **en sept domaines** :

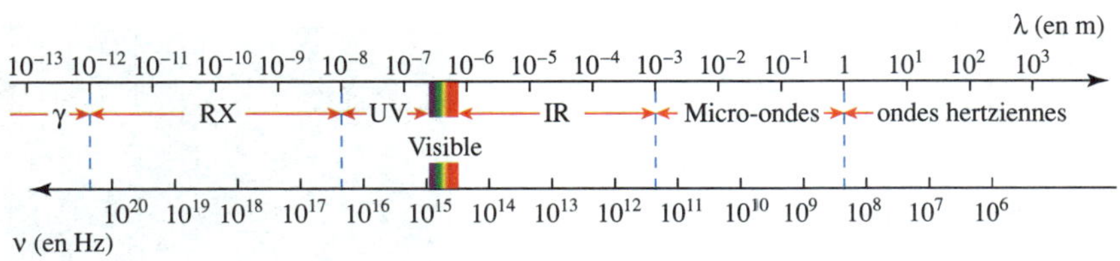

• **La lumière est le domaine des ondes électromagnétiques** que l'œil humain voit, soit environ : **400 nm < λ < 800 nm**.

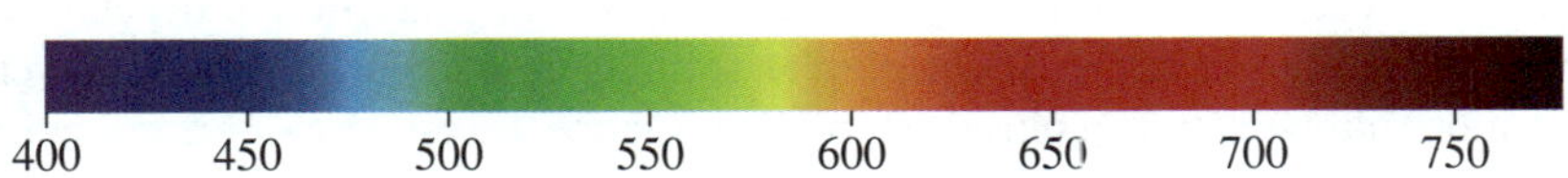

Ce domaine est encadré par le domaine des infrarouges ($\lambda > 800$ nm) et par celui des ultraviolets ($\lambda < 400$ nm).

Quelques caractéristiques des domaines des ondes électromagnétiques

Ondes radio **$\lambda > 1$ cm**	Les ondes hertziennes permettent de transmettre des informations (images, sons, données numériques…) pour la télévision, la radio, le téléphone portable…
Micro-ondes **1 mm $< \lambda <$ 1 cm**	Elles sont utilisées pour chauffer les aliments, mais aussi en télécommunication, réseau Wi-Fi sans fils…
Infrarouges **800 nm $< \lambda <$ 1 mm**	Les IR sont émis par les corps chauds. Plus leur température est élevée, plus la longueur d'onde est courte. Les IR sont utilisés en médecine, bâtiment…
Visible **400 nm $< \lambda <$ 800 nm**	La lumière correspond à la bande étroite des O.E.M. à laquelle notre œil est sensible. Grâce à la photosynthèse, ce rayonnement transforme 2×10^{11} tonnes de CO_2 par an en molécules organiques complexes.
Ultraviolets **10 nm $< \lambda <$ 400 nm**	Les UV causent le bronzage de la peau et activent la synthèse de la vitamine D. Ils détruisent la rétine. Les UV de courte longueur d'onde ($\lambda <$ 280 nm) sont très dangereux (cancers de la peau…)
Rayons X **10^{-3} nm $< \lambda <$ 10 nm**	Très pénétrants ces rayonnements sont utilisés en radiographie, pour des diagnostics médicaux (tomographie), ou le repérage de fissures dans les matériaux.
Rayons γ **$\lambda < 10^{-3}$ nm**	Les rayons gamma sont produits dans des conditions énergétiques extrêmes : accélérateurs de particules, réactions nucléaires, … Très énergétiques et très pénétrants, ils sont utilisés pour le traitement des cancers.

Spectre de la lumière blanche ▶ EXERCICE D'APPLICATION 7, p. 55

• Pour connaître la composition d'une lumière émise par une source, **on réalise son spectre** à l'aide d'un spectroscope qui permet de déterminer les longueurs d'onde des radiations lumineuses qu'elle contient. Le spectroscope peut être à prisme ou à réseau.

• **La lumière blanche** correspond au spectre visible de la lumière du Soleil. Ce spectre comprend toutes les radiations lumineuses comprises entre environ 400 nm et 750 nm. Il est **continu et polychromatique**.

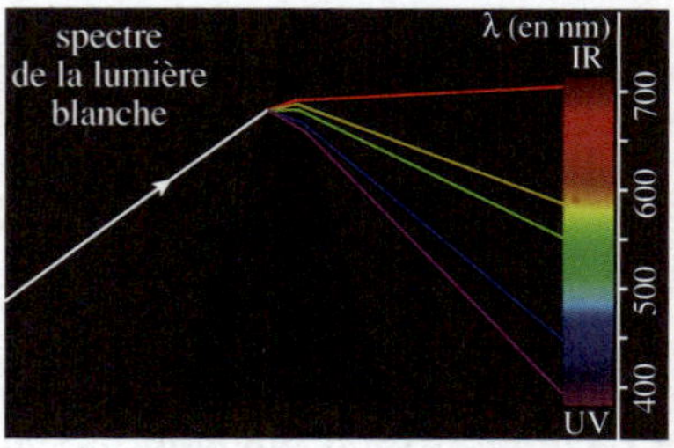

Lumière des corps chauds ▶ EXERCICE D'APPLICATION 8, p. 55

• Tous les corps émettent **un rayonnement électromagnétique** qui dépend de leur température. Plus le corps est chaud, plus son spectre d'émission est décalé vers les radiations ultraviolettes, et plus il est froid, plus le spectre est décalé vers les radiations infrarouges. Pour une température de 6 000 K (surface du Soleil), le maximum d'intensité de la lumière émise se situe vers 500 nm (bleu-vert), alors que, pour une température de 3 000 K (filament d'une lampe à incandescence), ce maximum se situe vers 1 000 nm (infrarouge).

- **La loi de Wien** permet de relier la température T d'un corps, exprimée en kelvin (K), à la longueur d'onde de la radiation qui correspond au maximum d'intensité du spectre d'émission, λ_m, par la relation :

$\lambda_m \cdot T = A$, avec $A = 2{,}898 \times 10^{-3}$ m · K ; T (en K) ; λ_m (en m).

- À température ambiante (300 K), les objets et le corps humain émettent dans le domaine des grandes longueurs d'onde, l'infrarouge (IR), avec $\lambda_m \approx 10$ µm.

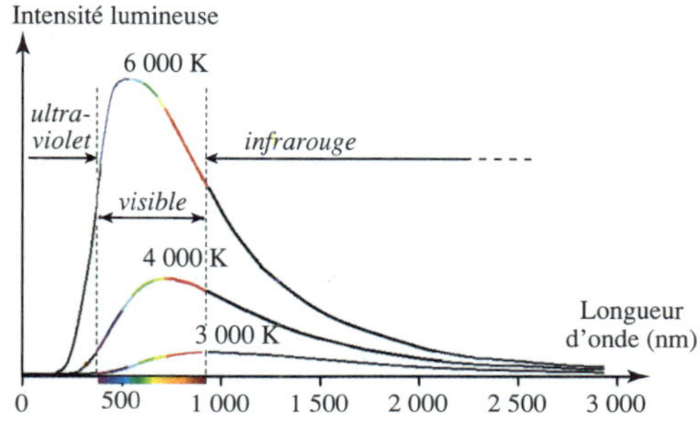

- Les lampes à incandescence sont constituées d'une ampoule de verre contenant un gaz inerte et un filament en tungstène chauffé par le passage d'un courant électrique. La température du filament est comprise entre 2 800 K et 3 200 K (lampes halogènes), et le spectre émis a un maximum d'intensité situé dans le domaine infrarouge. Le rendement lumineux de ces lampes est faible ; moins de 15 % de l'énergie électrique consommée est transformée en lumière visible.

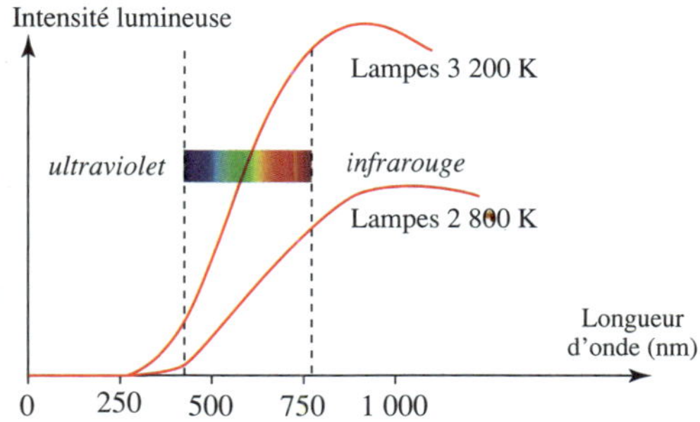

- La couleur apparente des étoiles est liée à leur température de surface. Plus la température de l'étoile est élevée, plus son spectre est riche en radiations de courtes longueurs d'onde, et elle apparaît de couleur bleue. À l'inverse, les étoiles froides sont de couleur jaune-orangé ou rouge.

Étoile bleutée, de type B (10 000 à 25 000 K), comme l'étoile Rigel.

Étoile orangée, de type K (3 550 à 5 000 K), comme Aldébaran.

La lumière des lampes à décharge

▶ EXERCICE D'APPLICATION 9, p. 56

▶ Principe de fonctionnement

Les lampes à décharge électrique utilisent un gaz à faible pression (atomes de mercure, de néon, de sodium ou de xénon) qui, sous l'effet d'une décharge électrique entre des électrodes situées dans l'ampoule, s'ionise et émet des **spectres de raies** caractéristiques des atomes (*cf. chapitre* 5).

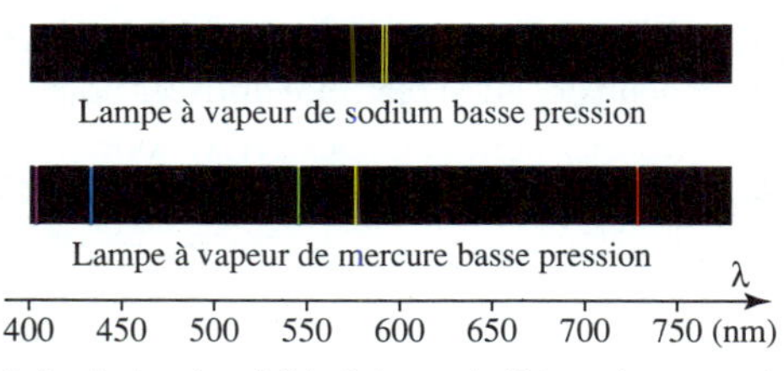

Raies du domaine visible de lampes à décharge basse pression

► Les différents types de lampes à décharge

– Les lampes à décharge basse pression produisent des lumières colorées et ne donnent pas un bon rendu des couleurs, mais elles ont un bon rendement énergétique. C'est le cas des lampes à vapeur de sodium utilisées pour l'éclairage des routes.

– Les lampes à décharge haute pression ont un spectre d'émission plus riche qui donne un meilleur rendu des couleurs, et sont utilisées pour l'éclairage public.

– Les lampes et les tubes fluorescents sont des lampes à décharge à vapeur de mercure. Le verre de l'ampoule est recouvert d'une matière fluorescente qui convertit le rayonnement ultraviolet émis par le gaz en lumière visible. Elles ont un bon rendement énergétique et permettent des économies d'énergie.

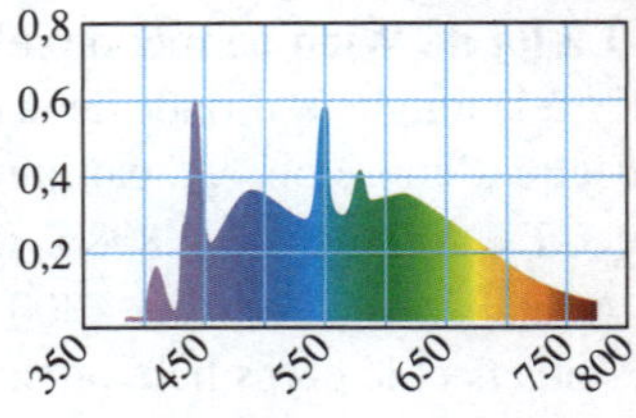

La lumière des diodes électroluminescentes (DEL ou LED)

► EXERCICES D'APPLICATION 5 ET 13, pp. 53 et 59

► Principe de fonctionnement

Une lampe DEL (diode électroluminescente) est constituée d'un matériau semi-conducteur qui, lorsqu'il est parcouru par un courant électrique, émet un spectre lumineux. La nature du spectre dépend de celle du semi-conducteur utilisé. Le spectre des DEL monochromes s'étale sur une bande étroite de longueurs d'onde.

On arrive actuellement à fabriquer des DEL émettant de la lumière blanche.

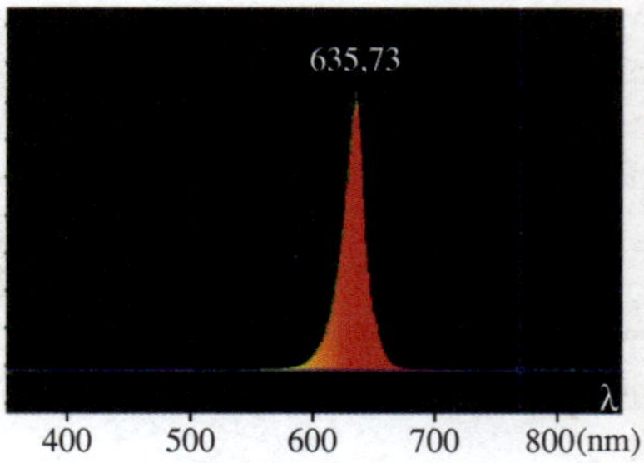

Spectre d'une DEL rouge (phospho-arséniure de gallium)

► La lampe de demain

Les DEL ont un excellent rendement lumineux et pourront aussi bien être utilisées pour les écrans des portables, des télévisions…, que pour l'éclairage domestique ou l'éclairage industriel.

Une DEL

La lumière des lasers ▶ EXERCICE D'APPLICATION 5, p. 53

▶ Principe de fonctionnement

« LASER » signifie « *Light Amplification by Stimulated Emission of Radiation* » (amplification de la lumière par l'émission stimulée d'un rayonnement).

Les atomes d'un cristal (laser à solides) ou d'un gaz (laser à gaz), enfermés entre deux miroirs semi-réfléchissants, sont excités par une énergie électrique ou une lumière (diodes lasers). Une seule radiation monochromatique de la lumière émise par les atomes excités (*cf. chapitre* 5) est amplifiée et synchronisée lors des allers-retours entre les deux miroirs avant de sortir à travers l'un d'eux.

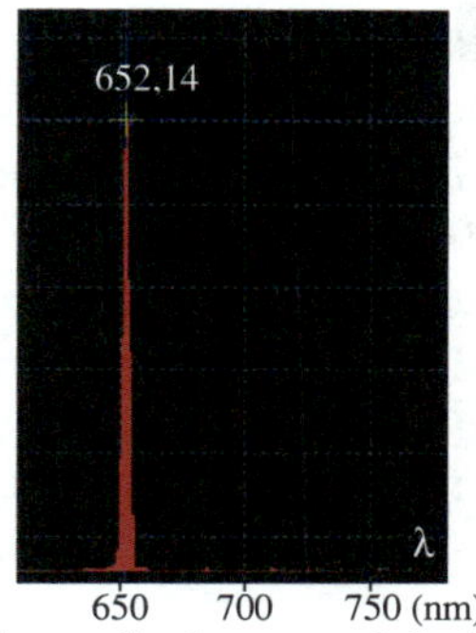

Spectre d'un laser rouge de lycée

▶ Les caractéristiques du faisceau de lumière laser

Le faisceau laser a des caractéristiques très particulières :
- il est monochromatique ;
- très fin et très directif, le rayon se disperse peu avec la distance ;
- il peut être très puissant et permettre la découpe de tissus, de métaux…, et remplacer le scalpel en chirurgie.

LA DIFFICULTÉ DU CHAPITRE

Savoir utiliser la loi de Wien

La loi de Wien permet de calculer la température de surface d'un corps en connaissant la longueur d'onde correspondant au maximum d'intensité lumineuse de son spectre, ou l'inverse :

$$\lambda_m \cdot T = A \Leftrightarrow \lambda_m = \frac{A}{T} \Leftrightarrow T = \frac{A}{\lambda_m}$$

$A = 2,898 \times 10^{-3}$ m · K, avec **λ_m en mètre (m)** et **T en kelvin (K)**.

Attention : la température doit être exprimée en kelvin et non en °C !

Le changement d'unités entre °C et K s'effectue à l'aide de la relation suivante :

$$T(\text{K}) = \theta(°\text{C}) + 273,15.$$

Dans les applications numériques, on utilise la relation simplifiée :

$$T = \theta + 273.$$

La longueur d'onde doit être exprimée en mètre !

Les longueurs d'onde sont souvent exprimées en micromètres et nanomètres, les conversions sont :

$$1\ \mu\text{m} = 10^{-6}\ \text{m} ; 1\ \text{nm} = 10^{-9}\ \text{m}.$$

cours
exercices
interro
corrigés

EXERCICES

Tester ses connaissances

1 QCM 1

(corrigés p. 61)

Choisir les affirmations vraies.

1° Les longueurs d'onde des radiations visibles sont comprises entre 400 µm et 800 µm.

2° Une radiation de longueur d'onde 550 nm est jaune.

3° Une radiation bleue a une longueur d'onde plus grande qu'une radiation rouge.

4° Les rayons X sont des ondes électromagnétiques.

5° Les rayons γ sont situés dans l'infrarouge.

6° Les ondes de télévision sont des ondes électromagnétiques, comme la lumière.

2 QCM 2

(corrigés p. 61)

Choisir les bonnes propositions.

1° La longueur d'onde correspondant à l'intensité lumineuse maximale est proportionnelle à la température absolue.

2° La longueur d'onde correspondant à l'intensité lumineuse maximale est proportionnelle à la température en degré Celsius.

3° La longueur d'onde correspondant à l'intensité lumineuse maximale est inversement proportionnelle à la température absolue.

4° Lorsqu'on élève la température d'un corps, la longueur d'onde correspondant à l'intensité lumineuse maximale se déplace vers les courtes longueurs d'onde.

5° Soit un corps chaud qui émet un rayonnement dont la longueur d'onde de l'intensité lumineuse maximale se situe dans le visible. Si on abaisse la température de ce corps, l'intensité lumineuse maximale se déplace vers le rouge.

6° Sachant que la longueur d'onde correspondant à l'intensité lumineuse maximale d'un corps porté à 5 800 K est de 500 nm, une longueur d'onde correspondant à l'intensité lumineuse maximale de 600 nm correspond à une température de :

a) 4 830 K ;

b) 5 330 K ;

c) 6 130 K.

3 QCM 3

(corrigés p. 61)

Choisir les affirmations vraies.

1° Un spectre dont les raies sont régulièrement réparties est un spectre continu.

2° Un lampe à incandescence émet un spectre continu.

3° La lumière émise par une lampe à décharge a un spectre continu.

4° Une lampe DEL émet de la lumière par incandescence.

5° Le rendement lumineux d'une lampe DEL est supérieur à celui d'une lampe basse consommation.

6° Le spectre de la lumière rouge du laser du lycée se réduit à une seule raie.

Maîtriser les méthodes

Les exercices de cette rubrique font appel aux méthodes de base qu'il faut maîtriser. Ils font l'objet d'une correction guidée pas à pas, qui récapitule ces méthodes, pour mieux les mémoriser.

4 SPECTRES ET SOURCES DE LUMIÈRE (corrigés p. 61)

À l'aide d'un spectroscope, on observe les spectres de quatre lumières, décrits ci-dessous :
– Spectre n° 1 : présente toutes les couleurs, du violet au rouge.
– Spectre n° 2 : comporte, sur fond noir, des raies de couleurs fines et espacées entre le violet et le rouge.
– Spectre n° 3 : montre, sur fond noir, une raie jaune.
– Spectre n° 4 : est composé seulement de la bande des radiations de couleur rouge du spectre n° 1. Les couleurs voilette, bleue, verte, jaune et orange du spectre de la lumière blanche sont absentes.

1° Identifier et expliquer les erreurs que comportent les propositions suivantes :

a) Le spectre n° 1 est un spectre continu de raies.

b) Les spectres n° 2 et n° 3 sont monochromatiques.

c) Le spectre n° 4, qui ne comporte pas toutes les couleurs, n'est pas continu.

d) Sur les quatre spectres, seuls deux sont polychromatiques.

2° Recopier et compléter le tableau ci-dessous, en associant à chaque spectre des sources de lumière de la liste proposée, qui pourraient lui convenir. Justifier les choix.

Spectre	Source de lumière	Justifications
n° 1		
n° 2		
n° 3		
n° 4		

Sources de lumière proposées *: laser, lampe à vapeur de sodium basse pression, lampe à vapeur de mercure, lampe à incandescence, braises rougeoyantes d'un feu de bois, Soleil, DEL de couleur rouge.*

5 COMPARAISON DES SPECTRES D'UNE DEL ET D'UN LASER (corrigés p. 61)

À l'aide d'un spectrophotomètre, on analyse la lumière émise par une diode électroluminescente (DEL), puis celle émise par un laser. Les deux pics correspondent à des longueurs d'onde de 635,73 nm et 652,14 nm.

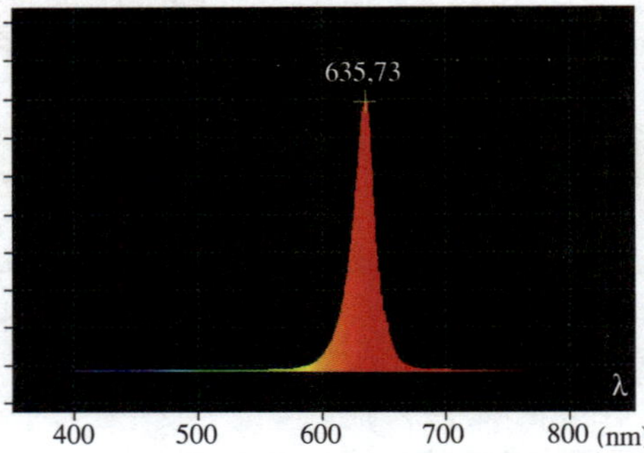

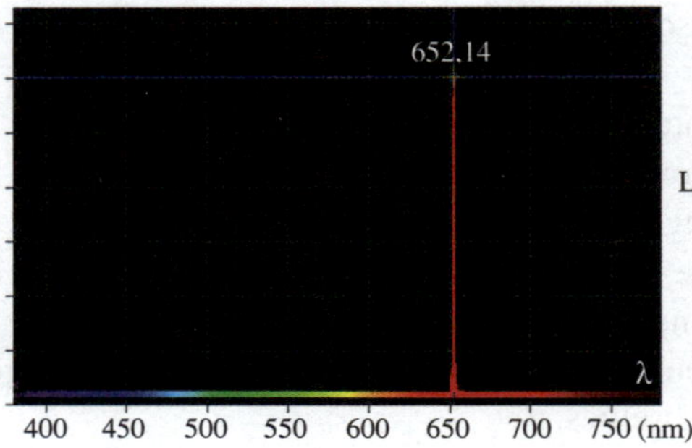

1° a) Décrire la lumière émise par ces deux sources de lumière.

b) Représenter leur spectre, observé avec un spectroscope à prisme ou à réseau, en mettant en évidence les différences entre ces deux spectres.

c) Décrire ces spectres (dans la description, devront figurer les expressions : « monochromatique », « polychromatique », « raie », « bande »).

2° Déterminer les fréquences et les périodes des radiations correspondant à leurs pics.

Donnée : $c = 2{,}998 \times 10^{8}\ \text{m} \cdot \text{s}^{-1}$.

6 LOI DE WIEN *(corrigés p. 62)*

La loi de Wien relie la température absolue d'un corps chaud à la longueur d'onde λ_m (m) correspondant à l'intensité lumineuse maximale : $\lambda_m \cdot T = A$.

A est une constante qui est la même pour tous les corps, quelle que soit leur nature : $A = 2\,898 \times 10^{-6}$ dans le système international des unités.

1° Préciser l'unité de A.

2° Donner la valeur de A si λ_m est exprimée en nanomètre et T en kelvin.

3° La température θ du filament en tungstène d'une lampe à incandescence est de 2 800° C.

a) Calculer la longueur d'onde λ_m, en nm, correspondante.

b) Quel est le domaine du spectre associé à cette radiation ?

4° Pour la lumière solaire, $\lambda_m = 485$ nm. À quelle température, exprimée en degré Celsius, devrait-on porter un corps pour obtenir une telle valeur de λ_m ? Est-ce envisageable avec un métal comme le fer ou le tungstène ?

5° a) Calculer les températures θ (°C) correspondant aux valeurs de λ_m égales à 700 nm et à 400 nm.

b) Proposer une conclusion dans laquelle figureront les termes « températures », « °C », « longueur d'onde correspondant à l'intensité lumineuse maximale λ_m » et « domaine visible ».

S'entraîner

7 LA LUMIÈRE DU SOLEIL ET DU CIEL ★★ 10 min (corrigés p. 63)

Le spectre 1 ci-dessous donne la composition de la lumière du Soleil obtenue en orientant le capteur de lumière d'un spectrophotomètre dans la direction Soleil, un jour de beau temps.

Le spectre 2, enregistré le même jour à quelques secondes d'intervalle, donne le spectre de la lumière provenant d'une région du ciel éloignée de la position du Soleil.

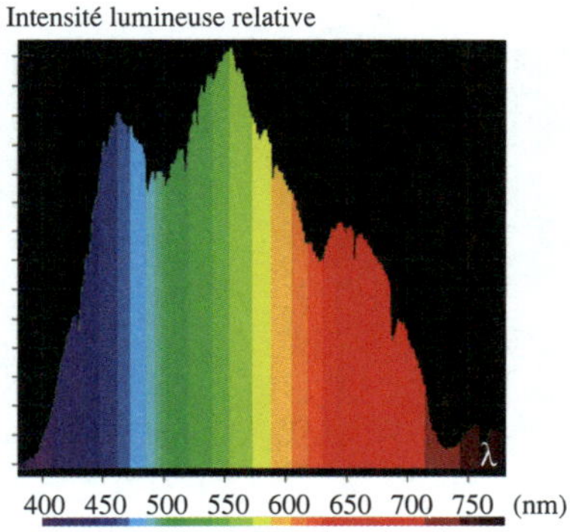

Spectre 1. Capteur dirigé vers le Soleil

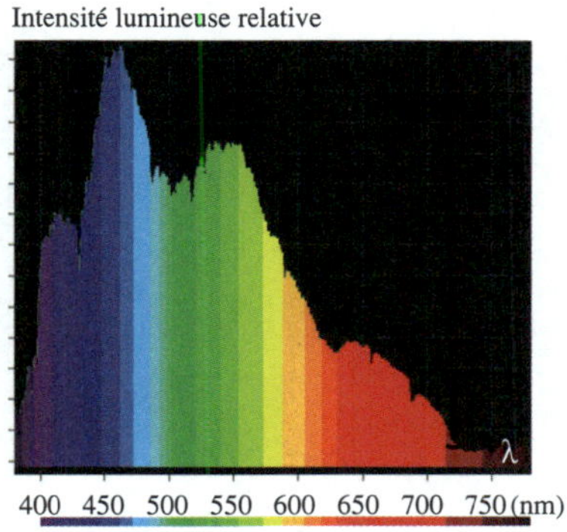

Spectre 2. Capteur dirigé vers une région du ciel

1° Qualifier, en le justifiant, ces deux spectres. Quel domaine de longueurs d'onde est analysé par le spectrophotomètre ?

2° Indiquer les différences que l'on peut noter quant à la composition de ces deux spectres.

3° De quelle couleur était le ciel ce jour-là ?

8 LUMIÈRE D'UNE LAMPE À INCANDESCENCE ★★★ 15 min (corrigés p. 63)

Les deux spectres *A* et *B* ci-dessous sont ceux de la même lampe à incandescence. Un des deux spectres correspond à la lumière émise par la lampe en fonctionnement sous sa tension nominale, 230 V ; l'autre est le spectre de la lumière de la lampe alimentée sous une tension inférieure à sa tension nominale, 110 V.

Le spectrophotomètre utilisé n'est sensible qu'aux radiations comprises entre 350 nm et 780 nm, les spectres d'émission ne sont donc pas complets.

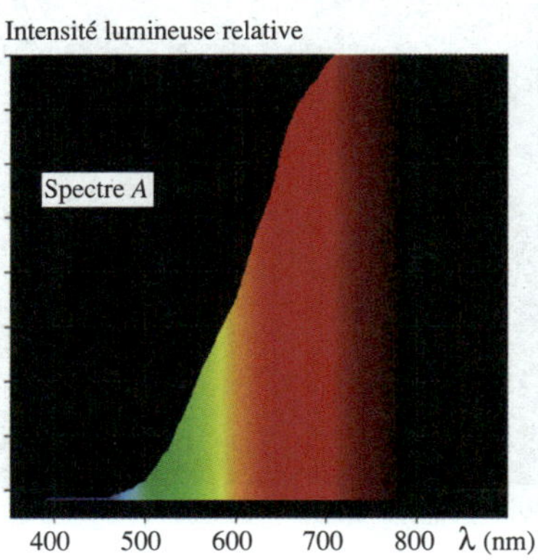

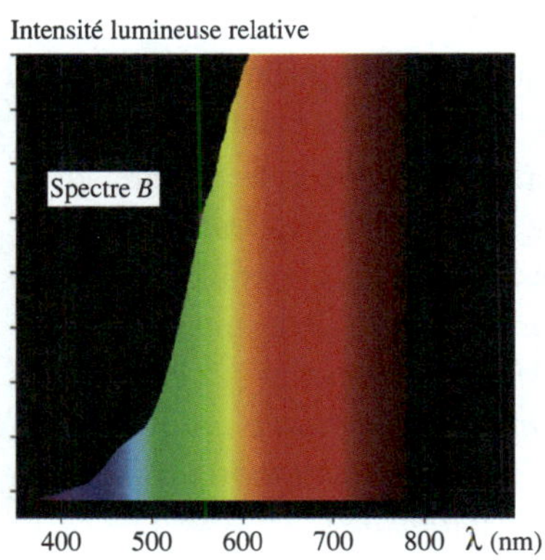

1° Les spectres d'émission de la lampe, enregistrés par le spectrophotomètre dans les deux conditions de fonctionnement, sont incomplets. Pourquoi, et dans quel domaine se situent les radiations manquantes ?

2° Quelle différence peut-on observer entre ces deux spectres dans le domaine visible ?

3° Quel est le spectre qui correspond à la lumière émise par la lampe alimentée sous sa tension nominale de fonctionnement ? Justifier la réponse.

4° La température du filament de la lampe sous sa tension nominale est de l'ordre de 2 450 °C. Quelle est la valeur, λ_m, de la longueur d'onde de la radiation qui correspond au maximum d'intensité de son spectre ?

5° Compléter les deux spectres *A* et *B* du graphique ci-dessous, sur lequel est seulement tracé la partie visible de ces spectres, selon la démarche suivante :
– indiquer sur le graphique la position de λ_m calculée à la question **4°** ;
– positionner qualitativement λ'_m du spectre de la lampe alimentée en 110 V ;
– tracer qualitativement l'allure des deux spectres au-delà de 800 nm.

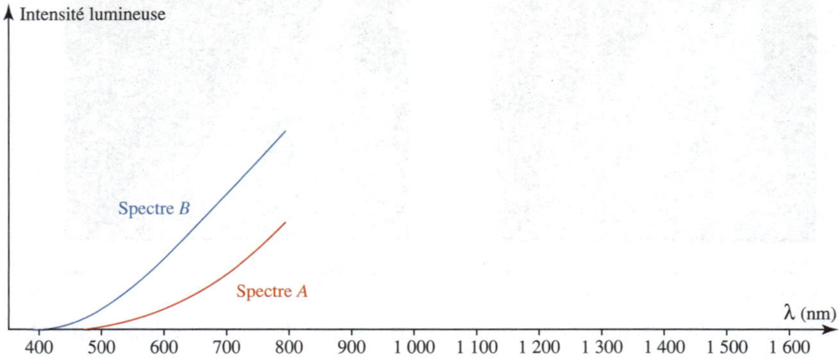

9 LES LAMPES À DÉCHARGE ★★★ 15 min

(corrigés p. 63)

Le spectre d'une lampe à vapeur de mercure basse pression, donné ci-dessous, montre les radiations dans le domaine visible qui sont émises par les atomes de mercure excités par des décharges électriques. Deux autres radiations électromagnétiques, non observables sur ce spectre, contiennent 65 % de l'énergie libérée par la désexcitation des atomes de mercure. Leurs longueurs d'onde sont égales à 184,9 nm et 253,7 nm.

1° À quel domaine des ondes électromagnétiques appartiennent les radiations citées dans le texte et qui n'apparaissent pas sur le spectre ?

2° De quel côté du spectre (à droite ou à gauche) se situent ces radiations ?

3° Décrire brièvement le spectre et la lumière de la lampe à vapeur de mercure en choisissant le plus possible de termes appropriés dans la liste suivante.

***Proposition de termes** : continu, de raies, monochromatique, polychromatique, émission, radiations, longueur d'onde, nanomètres.*

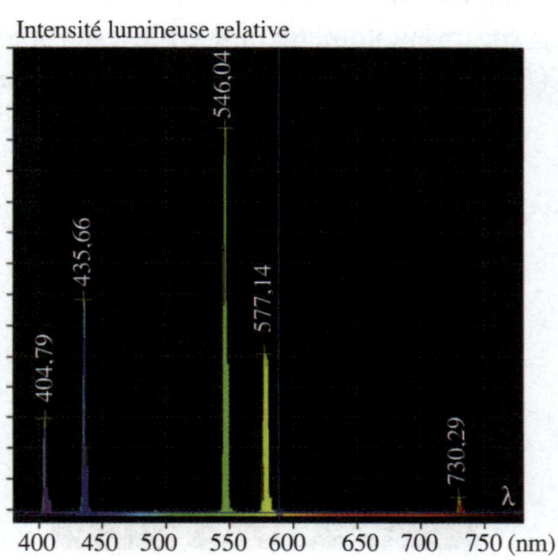

4° Les spectres de deux lampes d'éclairage à décharge, tube fluorescent et lampe fluocompacte, sont donnés ci-dessous.

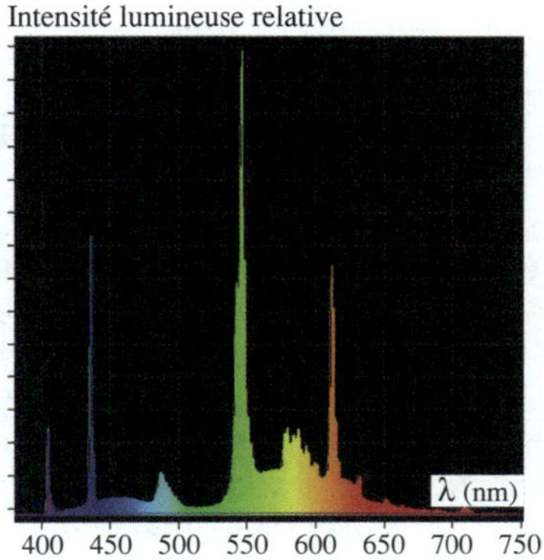

Spectre d'un tube fluorescent de plafond

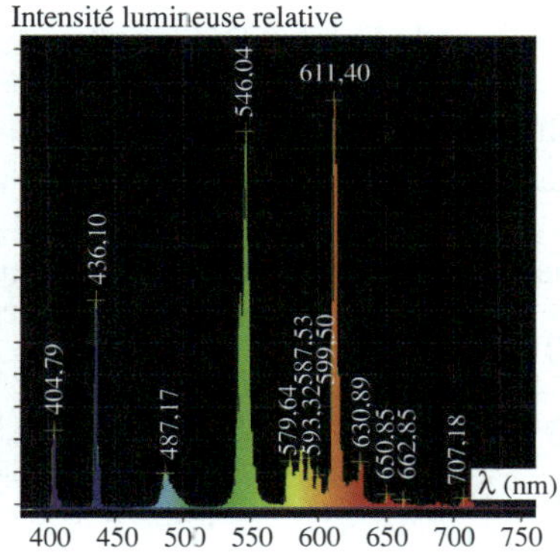

Spectre d'une lampe fluocompacte

a) Montrer que ces lampes à décharge contiennent du mercure.
b) Quelle différence notable observe-t-on entre le spectre de la lampe à mercure basse pression et les spectres des lampes d'éclairage domestique ?
c) Rappeler le principe de fonctionnement des lampes fluorescentes et justifier la différence observée entre les spectres, à la question précédente.
5° Une lumière donne une ambiance chaude lorsque son spectre est riche en radiations de grandes longueurs d'onde, et froide dans le cas contraire. Quelle est, entre la lampe fluocompacte et le tube fluorescent, la source de lumière la plus chaude ?

10 ÉTUDE EXPÉRIMENTALE DE LA LOI DE WIEN ★★★ 20 min (corrigés p. 64)

Pour retrouver expérimentalement la loi de Wien, on augmente progressivement la température T d'un filament de tungstène. Pour chacune des températures, on mesure la longueur d'onde pour laquelle l'intensité lumineuse est maximale. On obtient les résultats suivants :

T (K)	1 000	1 500	2 000	2 500	2 800
λ_m (nm)	2 900	1 950	1 450	1 160	1 040

1° T et λ_m sont-elles deux grandeurs proportionnelles ?
2° a) Tracer le graphique représentant T en fonction de $\frac{1}{\lambda_m}$ (en m^{-1}).
b) Ces deux grandeurs sont-elles proportionnelles ?
3° Établir l'équation de la courbe obtenue. Montrer qu'elle correspond à la loi de Wien qui peut s'écrire : $T = \frac{A}{\lambda_m}\cdot$ En déduire la valeur de A et son unité.
4° Cette loi peut être appliquée à la lumière provenant d'une étoile. Que permet-elle alors de connaître ?

Pour aller plus loin

11 CLASSE SPECTRALE DES ÉTOILES ★★★ 30 min (corrigés p. 64)

Une étoile de température θ (en °C) émet une lumière dont le spectre présente un maximum d'intensité pour la longueur d'onde λ_{max} (en nm).

Ces deux grandeurs sont liées par la relation : $\theta = \dfrac{2{,}9 \times 10^6}{\lambda_m} - 273$.

Les astrophysiciens répartissent les étoiles en sept classes spectrales selon la température de leur surface :

Classe	Température de surface (°C)	Couleur de l'étoile
O	> 24 700	bleue
B	9 700 – 24 700	bleue blanche
A	7 200 – 9 700	bleue blanche
F	5 700 – 7 200	blanche
G	4 700 – 5 700	jaune
K	3 200 – 4 700	orange
M	< 3 200	rouge

1° Donner un encadrement des longueurs d'onde λ_m pour les étoiles de chaque catégorie.

2° Recopier et compléter le tableau suivant :

Étoile	Classe	λ_{max} (nm)	Température de surface (°C)
Véga		300	
Capella			≈ 5 400
Proxima du Centaure		959	

12 L'UNIVERS EN INFRAROUGE ★★★★ 30 min (corrigés p. 65)

Le site Internet de la Cité de l'espace « enjoyspace.com » présente les télescopes Herschel et Planck lancés de Kourou le 14 mai 2009 ; en voici des extraits.

Le rayonnement infrarouge de l'espace intéresse les astronomes, car :

– « … *les objets trop froids n'émettent pas de lumière dans le visible et seuls des détecteurs sensibles à l'infrarouge peuvent les voir. C'est donc tout un pan caché de l'Univers qui se révèle à nous avec des télescopes comme Herschel.* »

– « … *l'infrarouge, contrairement à la lumière visible, traverse bien plus facilement les nuages de gaz et de poussière… Les astronomes espèrent ainsi mieux déterminer quels éléments sont présents dans les nuages interstellaires, comprendre la formation des étoiles et des galaxies.* »

– « … la lumière des galaxies les plus lointaines se décale vers le rouge en raison de l'expansion de l'Univers … Les scientifiques pourront donc épier les premières galaxies, qui se sont formées il y a plus de 12 milliards d'années. »

– « Il y a 13 milliards d'années, 380 000 ans après le big-bang, lorsque la température de l'Univers est passée sous les 3 000 °C (elle excédait le milliard de degrés avant...), la matière commença à s'organiser, ce qui permit à la lumière de se frayer enfin un passage.

Du fait de l'expansion de l'Univers et de la distance parcourue, cette lumière nous parvient considérablement affaiblie et des 3 000 °C de départ il ne reste qu'un faible signal à −270 °C. »

1° Quels sont les intérêts pour les astronomes d'observer l'Univers dans le domaine de l'infrarouge ?

2° Quel est la longueur d'onde, λ_m, du rayonnement fossile de l'Univers ? À quel domaine appartient-il ?

3° Quelle est la fréquence de ce rayonnement ?

4° Les capteurs des instruments d'optique de ces télescopes spatiaux sont sensibles à des rayonnements de 857 GHz jusqu'à 30 GHz. Quelle température minimale de l'Univers peuvent-ils observer ?

5° Les instruments d'optique de ces satellites sont refroidis à 0,1 °K au-dessus du zéro absolu. Pourquoi ?

13 TECHNOLOGIE DES DEL BLANCHES ★★ 15 min *(corrigés p. 66)*

Sur le site Internet http://www.led-fr.net, on donne la technologie des DEL blanches :

« Le principe est le suivant : il s'agit d'exciter du phosphore à l'aide d'une radiation bleue, qui va ensuite produire une émission jaune. Une seule partie de l'émission bleue est absorbée par le phosphore de telle sorte que se superposent les deux émissions en sortie de la DEL, donnant l'impression d'une lumière blanche. »

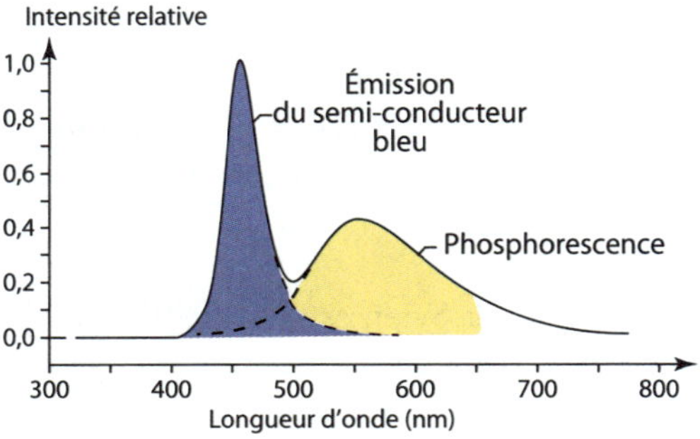

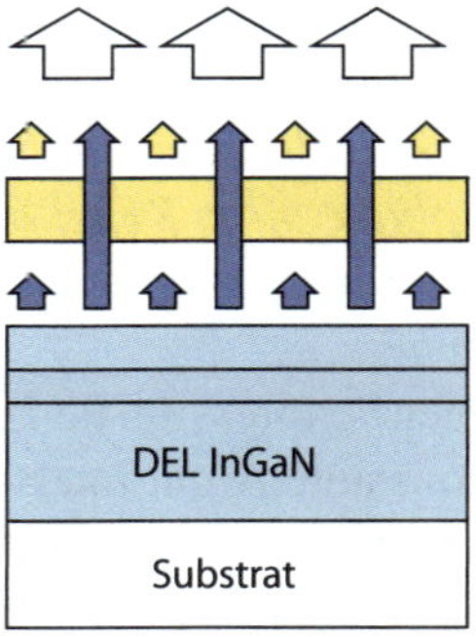

Afin de vérifier ces données, on réalise, au laboratoire de physique du lycée, l'enregistrement du spectre d'une telle DEL.

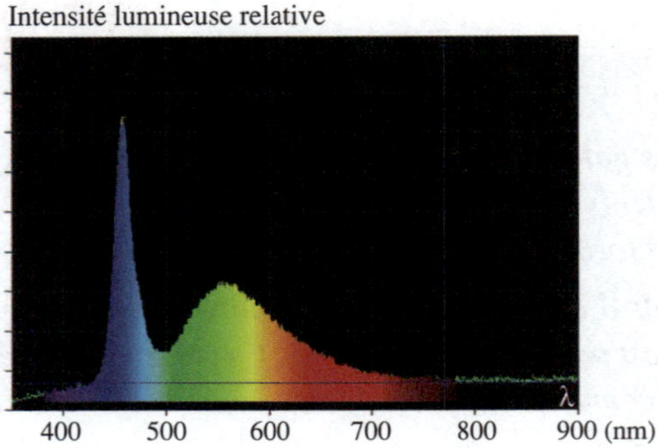

1° L'enregistrement confirme-t-il les données du site Internet ?

2° Quelle est la différence essentielle par rapport au spectre de la lumière émise par une lampe à incandescence ?

3° Cette différence est-elle un avantage ou un inconvénient ?

4° Actuellement, une nouvelle technologie diminue l'intensité du pic bleu tout en maintenant à la même position l'autre pic.

a) Évaluer la longueur d'onde correspondant à ce second pic.

b) À quelle température, en °C, devrait-on porter un corps pour qu'il émette des radiations dont le maximum d'intensité corresponde à ce pic ?

Donnée : constante de la loi de Wien : $A = 2\,898 \times 10^{-6}$ m · K.

L'interrogation écrite

14 ANALYSE D'UN TEXTE SCIENTIFIQUE 20 min *(corrigés p. 66)*

Lire le texte suivant :

Il découle de la loi de Wien que plus un objet est chaud, plus la longueur d'onde maximale du rayonnement qu'il émet est courte (1).

Par exemple, la température de surface du Soleil est 5 700 °C, ce qui correspond à un maximun d'émission vers 500 nm, au milieu du spectre visible (du violet au rouge) (2). Les étoiles plus chaudes émettent à des longueurs d'onde plus courtes et apparaissent bleutées ; les étoiles plus froides nous semblent rougeâtres (3).

Notre environnement a une température d'environ 300 K et émet ainsi dans l'infrarouge moyen (4). Cela a de multiples conséquences, par exemple :

– La plupart des caméras à vision nocturne fonctionnent sur le principe de la détection de ce rayonnement thermique.

– Les astronomes ont du mal à observer dans l'infrarouge moyen car le rayonnement ambiant se mêle au signal provenant de l'objet étudié.

Cela explique aussi l'effet de serre sur Terre. C'est grâce à cette loi qu'on comprend pourquoi la Terre émet des rayonnements infrarouges, piégés ensuite par l'atmosphère…

1° Donner l'expression de la loi de Wien.

2° La constante A qui intervient dans la loi de Wien est $A = 2\,898 \times 10^{-6}$ m · K. Montrer que la longueur d'onde donnée dans la phrase (2) est conforme à la loi de Wien.

3° Justifier la phrase (3).

4° Justifier le domaine du rayonnement émis par notre environnement ambiant, phrase (4).

5° Quelle est l'origine de l'effet de serre sur Terre ?

CORRIGÉS

Tester ses connaissances

1 Affirmations **vraies** : **1°**, **2°**, **4°** et **6°**.

2 Affirmations **vraies** : **3°**, **4°**, **5°** et **6° a)**.

3 Affirmations **vraies** : **2°**, **5°**, et **6°**.

Maîtriser les méthodes

4 **1° a)** Le spectre n° 1 est bien un spectre continu.

b) Un spectre monochromatique est par définition un spectre qui ne comporte qu'une seule couleur.

Seul le spectre n° 3 répond à cette condition.

c) Un spectre est continu lorsqu'il est constitué de toutes les radiations comprises entre des limites qui ne sont pas nécessairement celles du domaine visible. C'est le cas du spectre n° 4 qui est continu de toutes les radiations de couleur rouge.

d) Seul le spectre n° 3 est monochromatique.

Il y a donc trois spectres polychromatiques.

2°

Spectre	Source de lumière	Justifications
n° 1	Soleil, lampes à incandescence	Ces deux sources de lumière présentent un spectre continu sur tout le domaine visible.
n° 2	lampes à vapeur de mercure	Cette lumière donne un spectre comportant plusieurs raies de couleurs situées dans le domaine visible.
n° 3	laser, lampe à vapeur de sodium	La lumière laser peut être considérée comme monochromatique au sens strict (une seule longueur d'onde), et il existe des lasers de couleur jaune. La lampe à vapeur de sodium émet aussi une raie fine de couleur jaune.
n° 4	braises d'un feu, DEL rouge	Les braises rouges d'un feu émettent des infrarouges et une partie seulement du spectre de la lumière visible (le rouge), car leur température n'est pas assez élevée pour obtenir des radiations de longueurs d'onde plus courtes. Une DEL rouge émet aussi une bande de radiations de longueurs d'onde centrées dans la partie rouge du spectre visible.

Exercice 4 : conseils à retenir

• Une lumière est monochromatique au sens strict lorsque son spectre n'est composé que d'une radiation d'une longueur donnée.
Une lumière d'une seule couleur est monochrome, mais peut être polychromatique.

• Une lumière polychromatique n'a pas nécessairement un spectre continu, elle peut être composée de plusieurs raies, chacune monochromatique.

5 **1° a)** Ces deux sources de lumière émettent de la **lumière rouge**.

b) Spectres observés :

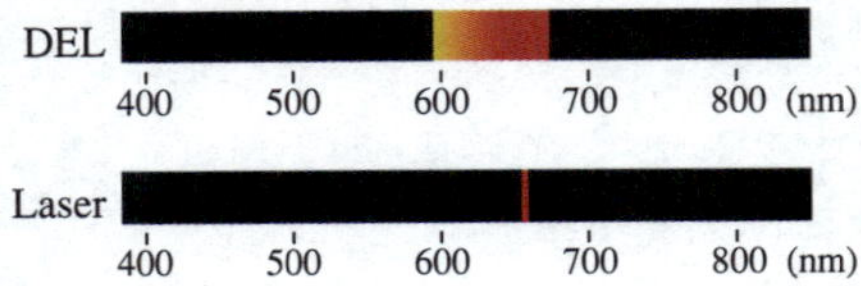

c) **Le spectre de la DEL est un spectre de bande. C'est un spectre continu, s'étendant de l'orangé au rouge foncé. La lumière émise par la DEL est polychromatique.**
Le spectre du laser présente une seule raie dans le rouge. La lumière émise est monochromatique.

2° Des relations $\lambda = c \cdot T = \frac{c}{\nu}$, on déduit :
$\nu = \frac{c}{\lambda}$ et $T = \frac{\lambda}{c}$.
Numériquement, on trouve :
– pour $\lambda = 635{,}73$ nm,
$\nu = 4{,}715\,8 \times 10^{14}$ Hz,
puis $T = 2{,}120\,5 \times 10^{-15}$ s.
– pour $\lambda = 652{,}14$ nm,
$\nu = 4{,}597\,2 \times 10^{14}$ Hz,
puis $T = 2{,}175\,3 \times 10^{-15}$ s.

Exercice 5 : conseils à retenir

• Pour la question **1° b)** : c'est la finesse du pic qui permet de conclure que la lumière du laser est monochromatique : le spectre se réduit à une seule raie.
Un spectre de bande est nécessairement polychromatique.

• Pour la question **2°** : dans les relations $\lambda = c \cdot T = \frac{c}{\nu}$, la longueur d'onde λ est exprimée en mètre (1 nm = 10^{-9} m), la vitesse de la lumière en mètre par seconde, la fréquence en hertz (Hz) et la période en seconde (s).

6 **1°** Dans le système international d'unités, A s'exprime en **m · K**.
2° Si λ_m est exprimée en nm et T en kelvin,
$A = 2\,898 \times 10^{-6} \times 10^{9}$
$= \mathbf{2\,898 \times 10^{3}}$ **nm · K**.
3° a) La température absolue de ce filament est $T = \theta + 273 = 2\,800 + 273$, soit $T = 3\,073$ K.
D'après la loi de Wien : $\lambda_m \cdot T = A$, soit $\lambda_m = \frac{A}{T}$.
Numériquement :
$\boldsymbol{\lambda_m} = \frac{2\,898 \times 10^{3}}{3\,073} = \mathbf{943}$ **nm.**
b) Cette longueur d'onde se situe dans l'**infrarouge** (d'où le mauvais rendement de ces lampes).
4° On applique encore la relation
$\lambda_m \cdot T = A$, soit $T = \frac{A}{\lambda_m}$.
Numériquement :
$T = \frac{2\,898 \times 10^{3}}{485} = 5\,975$ K.
Exprimons cette température en degré Celsius : $\theta = T - 273$, soit une température voisine de **5 700 °C**.
Cette température n'est pas envisageable avec le fer et le tungstène, car elle est supérieure à la température de vaporisation de ces métaux.
5° a) On applique à nouveau la relation
$\lambda_m \cdot T = A$, soit $T = \frac{A}{\lambda_m} = \frac{2\,898 \times 10^{3}}{\lambda_m}$,
avec λ_m en nm.
Pour $\lambda_m = 400$ nm, on trouve :
$T = 7\,245$ K, soit $\boldsymbol{\theta} = \mathbf{6\,972}$ **°C.**
Pour $\lambda_m = 700$ nm, on trouve :
$T = 4\,140$ K, soit $\boldsymbol{\theta} = \mathbf{3\,867}$ **°C.**
b) Les corps portés à des températures comprises entre 6 972 °C et 3 867 °C émettent un rayonnement dont la longueur d'onde correspondant à l'intensité lumineuse maximale, λ_m, est située dans le domaine visible.

Exercice 6 : conseils à retenir

• Pour la question **2°** : utiliser la relation 1 m = 10^9 nm.

• Pour la question **3°** : dans la loi de Wien, c'est la température absolue qui intervient : $T = \theta + 273$.

• Pour la question **4°** : la dernière partie de la question fait appel à la culture générale et au bon sens : à 5 700 °C, la température de la couronne solaire, la matière est sous forme de plasma. La température de vaporisation du fer est 2 860 °C et celle du tungstène 5 550 °C.

S'entraîner

7 1° Ces deux spectres sont des **spectres continus d'émission**. Les spectres contiennent l'ensemble des longueurs d'onde du **domaine visible, de 400 nm à 800 nm**.

2° L'intensité des radiations rouges est plus importante pour le spectre 1, qui correspond à la lumière provenant directement du Soleil. À l'inverse, dans le spectre 2, qui correspond à la lumière provenant d'une zone du ciel éloignée du Soleil, on note une plus grande intensité des radiations bleues et violettes.

3° Le spectre 2 (de la lumière du ciel) contient des radiations bleues et violettes intenses et des radiations rouges peu intenses en comparaison avec celui de la lumière du Soleil reçue directement au sol. On peut en déduire que **la couleur de la lumière provenant de l'atmosphère terrestre est teintée de bleu**.

8 1° Les spectres sont incomplets car **le domaine de sensibilité du spectrophotomètre est limité au domaine de la lumière visible**. Les spectres des lampes à incandescence sont essentiellement constitués de radiations qui sont situées dans le **domaine des infrarouges qui n'est pas représenté ici**.

2° On peut observer que **le spectre *B* est plus riche, et plus intense, que le spectre *A* en radiations de courtes longueurs d'onde, violet, bleu et vert**.

3° Le spectre d'un corps chaud s'enrichit du côté des radiations de courtes longueurs d'ondes lorsque sa température augmente. **Le spectre *B* correspond donc à celui de la lumière émise par la lampe sous sa tension nominale, 230 V.**

4° La loi de Wien donne : $\lambda_m = \frac{A}{T}$, avec $A = 2{,}898 \times 10^{-3}$ m · K.

et $T = \theta + 273 = 2\,450 + 273 = 2\,723$ K,

$$\lambda_m = \frac{2{,}898 \times 10^{-3}}{2\,723} \approx 1{,}06 \times 10^{-6} \text{ m.}$$

$\lambda_m = 1{,}06$ µm $= 1\,060$ nm.

1 µm = 1 000 nm.

5°

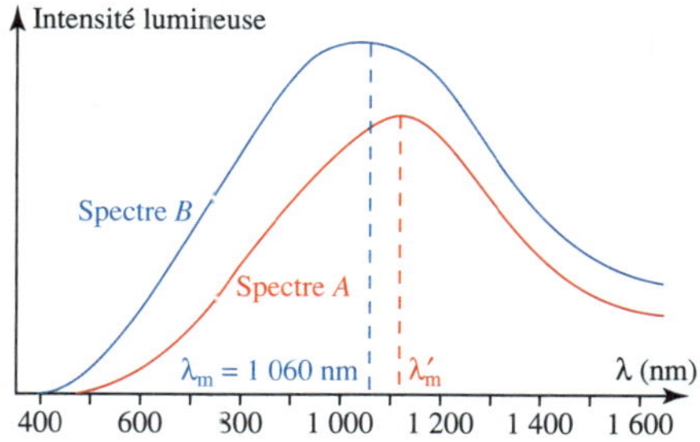

9 1° Ces radiations, de longueurs d'onde inférieures à 400 nm, appartiennent aux **UV**.

2° Elles se situent **à gauche du spectre** du côté des courtes longueurs d'onde, en dessous de 400 nm.

3° Le spectre du mercure est un spectre de raies monochromatiques, dont les longueurs d'onde s'étalent entre 184,9 nm et 730,3 nanomètres. La lumière émise par la lampe à vapeur de mercure est polychromatique.

À une raie correspond une radiation de longueur d'onde déterminée.

4° a) Les deux lampes fluorescentes contiennent dans leurs spectres des **raies d'émission dont les longueurs d'onde sont identiques à celles du spectre de la lampe à mercure (violet : 404,79 nm ; vert : 564,04 nm**…). Comme les raies d'émission sont caractéristiques d'un atome (c'est sa signature), on peut en déduire que les deux lampes d'éclairage à décharge contiennent des vapeurs de mercure.

Se reporter au cours de la classe de Seconde.

b) **Les spectres des deux lampes d'éclairage ont des raies beaucoup plus larges que la lampe à mercure**

basse pression. De plus, **pour le tube fluorescent, on note un fond de spectre continu entre 400 et 650 nm, combiné avec le spectre des raies du domaine visible du mercure.**

c) Une matière fluorescente permet de convertir le rayonnement UV en un rayonnement de plus grande longueur d'onde. Les ampoules des lampes fluorescentes sont recouvertes d'une telle matière. **Le fond continu du spectre du tube fluorescent, comme l'élargissement des raies de la lampe fluocompacte, proviennent de cette conversion de radiations UV émises par le mercure en radiations du domaine visible.**

5° On observe que le spectre de la lampe fluocompacte est plus riche, en proportion, en radiations de couleurs orangées et rouges que le spectre du tube fluorescent. **La lumière qui donnera l'ambiance de couleur la plus chaude est donc la lampe fluocompacte.**

10 1° Lorsque la température augmente, la longueur d'onde diminue : **ces deux grandeurs ne sont pas proportionnelles.**

2° a) et b)

T (K)	1 000	1 500	2 000	2 500	2 800
λ_m (nm)	2 900	1 950	1 450	1 160	1 040
λ_m (m)	$2{,}9 \times 10^{-6}$	$1{,}95 \times 10^{-6}$	$1{,}45 \times 10^{-6}$	$1{,}16 \times 10^{-6}$	$1{,}04 \times 10^{-6}$
$\frac{1}{\lambda_m}$ (m^{-1})	$3{,}45 \times 10^5$	$5{,}13 \times 10^5$	$6{,}90 \times 10^5$	$8{,}62 \times 10^5$	$9{,}62 \times 10^5$

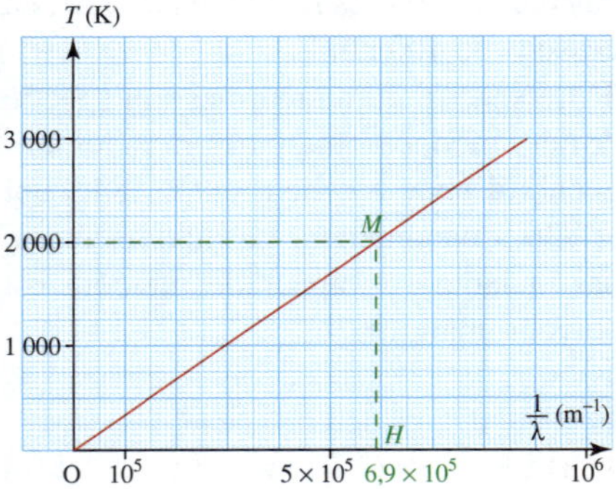

Le graphe T en fonction de $\frac{1}{\lambda_m}$ est une droite qui passe par l'origine.

Ces deux grandeurs sont proportionnelles.

3° Comme ces grandeurs sont proportionnelles, on peut écrire $T = A \cdot \frac{1}{\lambda_m}$, A étant le coefficient de proportionnalité entre T et $\frac{1}{\lambda_m}$.

Cette relation correspond à la loi de Wien : $T \cdot \lambda_m = A$.

Le coefficient directeur de la droite est égal à A. Pour le déterminer, prenons un point M quelconque sur cette droite :

$$A = \frac{MH}{OH} = \frac{2\,000}{(6{,}9 \times 10^5)} = \mathbf{2{,}9 \times 10^{-3}\ m \cdot K.}$$

La détermination du coefficient directeur ne dépend pas du point M choisi sur la droite.

4° Cette relation permet de déterminer la valeur de la **température** à la surface d'une étoile à partir de la connaissance de λ_m (que l'on déduit du profil spectral de l'étoile).

Pour aller plus loin

11 1° De la relation :

$\theta = \frac{2{,}9 \times 10^6}{\lambda_m} - 273$, on déduit :

$$\lambda_m = \frac{2{,}9 \times 10^6}{\theta + 273}.$$

D'où le tableau suivant :

Classe	Température de surface (°C)	Couleur de l'étoile	Encadrement des λ_m
O	> 24 700	bleue	$\lambda_m < 116$ nm
B	9 700 – 24 700	bleue blanche	116 nm $< \lambda_m <$ 290 nm
A	7 200 – 9 700	bleue blanche	290 nm $< \lambda_m <$ 388 nm
F	5 700 – 7 200	blanche	388 nm $< \lambda_m <$ 485 nm
G	4 700 – 5 700	jaune	485 nm $< \lambda_m <$ 583 nm
K	3 200 – 4 700	orange	583 nm $< \lambda_m <$ 835 nm
M	< 3 200	rouge	$\lambda_m > 835$ nm

2° Tableau :

Étoile	Classe	λ_m (nm)	Température de surface (°C)
Véga	**A**	300	≈ 9 400
Capella	**G**	509	≈ 5 400
Proxima du Centaure	**M**	959	≈ 2 750

12 **1°** L'observation de l'Univers en infrarouge présente trois intérêts principaux :

– il permet de « voir » des objets froids qui n'émettent pas de lumière visible ;

– les IR traversent mieux que les autres radiations électromagnétiques les nuages de poussières ;

– la lumière des galaxies se décale, du fait de l'expansion de l'Univers, vers les grandes longueurs d'onde (rouge et infrarouge).

2° D'après la loi de Wien : $\lambda_m \cdot T = A$,

soit : $\lambda_m = \frac{A}{T}$;

$T = -270 + 273,15 = 3,15$ K.

Numériquement :

$$\lambda_m = \frac{2\,898 \times 10^{-6}}{3,15} = 9,2 \times 10^{-4} \text{ m},$$

soit **0,92 mm.**

Ce rayonnement se situe à la frontière des IR et des micro-ondes (1 mm).

3° La fréquence d'une radiation est reliée à sa longueur d'onde dans le vide par la relation :

$$\nu = \frac{c}{\lambda_m},$$

avec $c = 3,00 \times 10^8 \text{ m} \cdot \text{s}^{-1}$ et $\lambda_m = 9,2 \times 10^{-4}$ m.

Numériquement :

$$\nu = \frac{3,00 \times 10^8}{9,2 \times 10^{-4}} = 3,26 \times 10^{11} \text{ Hz}$$

$$= \mathbf{326\ GHz.}$$

4° Un calcul en sens inverse des deux questions précédente donne :

$$\lambda_m = \frac{c}{\nu} \ ;\ T = \frac{A}{\lambda_m} = \frac{A \cdot \nu}{c}.$$

Numériquement :

– pour 30 GHz :

$$T = \frac{2\,898 \times 10^{-6} \times 30 \times 10^9}{3,00 \times 10^8} \approx 0,29 \text{ K} ;$$

– pour 857 GHz :

$$T' = \frac{2\,898 \times 10^{-6} \times 857 \times 10^{9}}{3{,}00 \times 10^{8}} \approx 8{,}28\text{ K.}$$

La température la plus froide de l'Univers qui peut être observée est voisine de **0,3 K.**

5° Le rayonnement émis par l'appareil d'optique lui-même, du fait de sa température, ne doit pas perturber les observations. Or, les rayonnements que sonde le télescope correspondent à des températures minimales de 0,3 K. **L'appareil doit être plus froid que cette température.**

13 1° L'enregistrement confirme les données du site Internet : **présence d'un maximum d'intensité lumineuse important (pic) dans le bleu et un autre moins marqué dans le jaune.**

2° **Le spectre d'une lampe à incandescence ne présente pas ce pic dans le bleu.**

3° **Cette différence est un inconvénient pour l'œil,** car les radiations bleues, proche des radiations ultraviolettes, sont dangereuses à forte intensité. D'autre part, la lumière est un blanc « froid », c'est-à-dire riche en bleu. C'est pour cette raison que de nouvelles recherches ont été entreprises pour palier cet inconvénient.

4° a) L'intensité de ce second maximum se situe vers **560 nm**.

b) D'après la loi de Wien : $\lambda_m \cdot T = A$, soit $T = \frac{A}{\lambda_m}$.

Numériquement :

$$T = \frac{2\,898 \times 10^{-6}}{560 \times 10^{-9}} = 5\,175\text{ K.}$$

En °C : $\theta = T - 273 = 4\,902$ °C, soit **4 900 °C environ**.

L'interrogation écrite

14 1° Expression de la loi de Wien :

$$\boldsymbol{\lambda_m \cdot T = A.}$$

2° D'après la loi de Wien : $\lambda_m \cdot T = A$, soit $\lambda_m = \frac{A}{T}$.

$T = 5\,700 + 273 = 5\,973$ K.

Numériquement :

$$\lambda_m = \frac{2\,898 \times 10^{-6}}{5\,973} = 4{,}85 \times 10^{-7}\text{ m}$$

soit **485 nm**.

Cette valeur correspond bien à l'affirmation : « *ce qui correspond à un maximum d'émission vers 500 nm* ».

3° D'après la loi de Wien, les longueurs d'onde des maximums d'émission sont inversement proportionnelles à la température absolue.

Donc :

– si la température est grande (étoiles chaudes), les longueurs d'onde sont petites (couleur bleutée) ;

– si la température est plus petite (étoiles plus froides), les longueurs d'onde sont plus grandes (couleur rouge).

4° D'après la loi de Wien : $\lambda_m \cdot T = A$, soit $\lambda_m = \frac{A}{T}$.

Numériquement :

$$\lambda_m = \frac{2\,898 \times 10^{-6}}{300} = 9{,}7 \times 10^{-6}\text{ m, soit}$$

10 µm environ.

Cette radiation fait partie du **domaine infrarouge**.

5° D'après la loi de Wien, **la Terre émet, de part sa température de surface, un rayonnement infrarouge qui est piégé par l'atmosphère. L'énergie de ce rayonnement est fournie à l'atmosphère, ce qui a pour effet d'élever la température de cette dernière.**

CHAPITRE 4

La couleur des objets

Observer

LE COURS

La sensibilité de l'œil aux radiations lumineuses

► EXERCICE D'APPLICATION 10, p. 74

• L'œil est sensible aux radiations lumineuses, dont les **longueurs d'ondes dans le vide** sont **comprises entre 400 nm et 800 nm** environ, grâce à des récepteurs photosensibles qui tapissent la rétine : les cônes et les bâtonnets.

• **Les bâtonnets**, très sensibles à la lumière, **permettent la vision de nuit** et la perception des mouvements (vision scotopique). Ils ne sont pas sensibles aux couleurs et donnent une perception visuelle en noir et blanc (panchromatique).

• **Trois types de cônes permettent la perception des couleurs le jour** (vision photopique), grâce à des sensibilités différentes aux longueurs d'ondes. **La couleur perçue dépend ainsi de la composition spectrale de la lumière qui pénètre dans l'œil.**

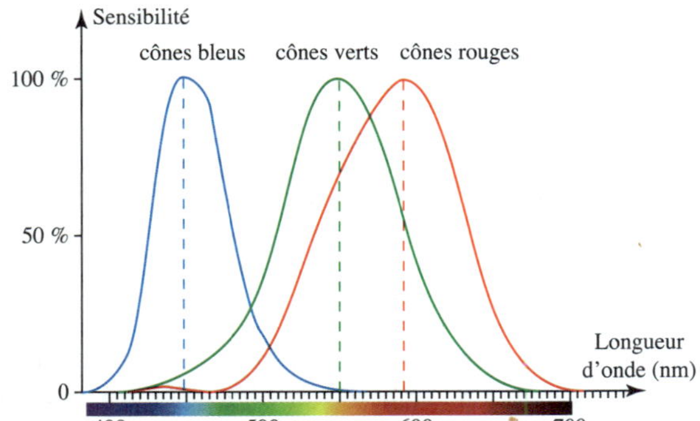

• Le **daltonisme** est une anomalie de la perception des couleurs due à un dysfonctionnement, ou une absence, d'un (ou plusieurs) type de cônes. La forme la plus fréquente, la deutéranopie, provient d'une absence des cônes de réception du vert, ce qui rend impossible la différenciation des couleurs rouges et vertes.

Les synthèses additive et soustractive des couleurs

▶ EXERCICES D'APPLICATION 4 ET 6, pp. 71 et 72

▶ La synthèse additive des couleurs

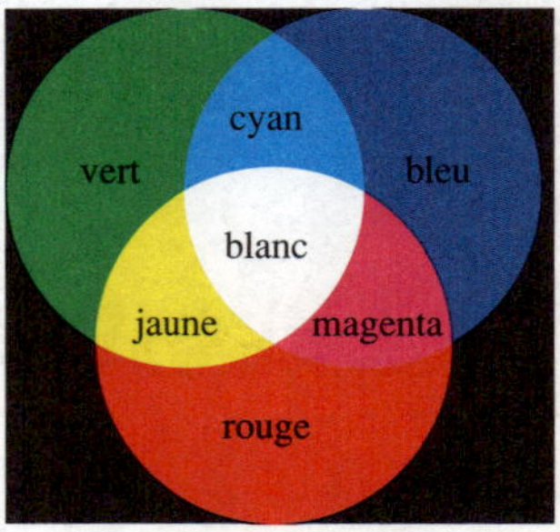

• La synthèse additive des couleurs permet de reconstituer les couleurs en combinant, dans des proportions adaptées, les lumières des **trois couleurs primaires *additives* : le bleu, le rouge et le vert.**

Les **couleurs secondaires *additives*** obtenues sont :
– le cyan = lumière verte + lumière bleue ;
– le magenta = lumière rouge + lumière bleue ;
– le jaune = lumière verte + lumière rouge.

• La **couleur blanche** correspond à l'addition des lumières des trois couleurs primaires sur un écran blanc.

• **Les couleurs des écrans (postes de télévision, téléphones portables…) sont obtenues par synthèse additive** : chaque pixel est constitué de trois « sous-pixels », des diodes ou des chromophores, qui émettent une lumière rouge, bleu ou verte, et dont les intensités lumineuses sont réglables.

▶ La synthèse soustractive des couleurs

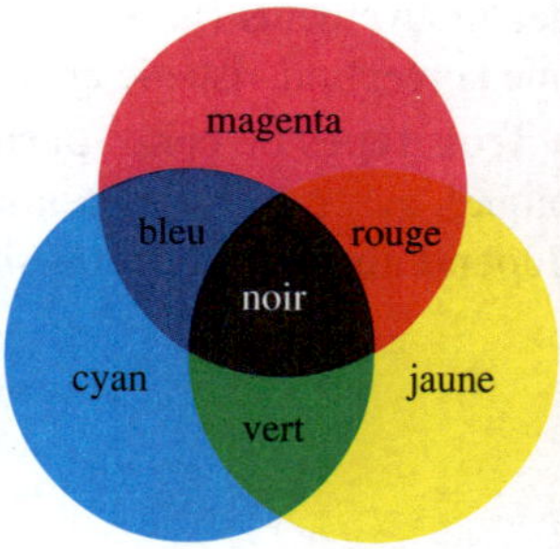

La synthèse soustractive permet de reconstituer les couleurs à l'aide de filtres colorés, ou de pigments de peintures et de teintures, qui absorbent des couleurs de la lumière blanche.

Les **couleurs primaires *soustractives*** de la peinture et de l'imprimerie sont :
– **le magenta**, qui absorbe le vert ;
– **le cyan**, qui absorbe le rouge ;
– **le jaune**, qui absorbe le bleu.

Les **couleurs secondaires *soustractives*** obtenues sont donc le bleu, le rouge et le vert. Le noir est obtenu en superposant les trois filtres ou les trois pigments.

▶ Les couleurs complémentaires

• Deux couleurs de lumières sont complémentaires lorsqu'elles donnent une lumière blanche par synthèse additive. En synthèse soustractive, filtres ou pigments, la superposition de deux couleurs complémentaires donne du noir.

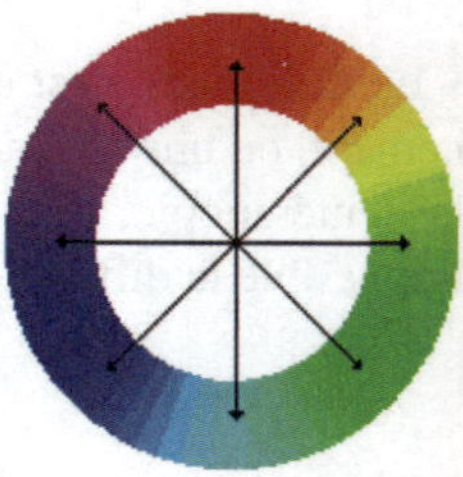

• Le **cercle chromatique** permet de connaître les couples de couleurs complémentaires, qui sont diamétralement opposées.

Chaque couleur du cercle chromatique est située entre les deux qui permettent de la créer :
– cyan = vert + bleu (en synthèse additive),
– bleu = cyan + magenta (en synthèse soustractive).

La vision et la couleur des objets

▶ EXERCICE D'APPLICATION 6, p. 72

La vision des objets

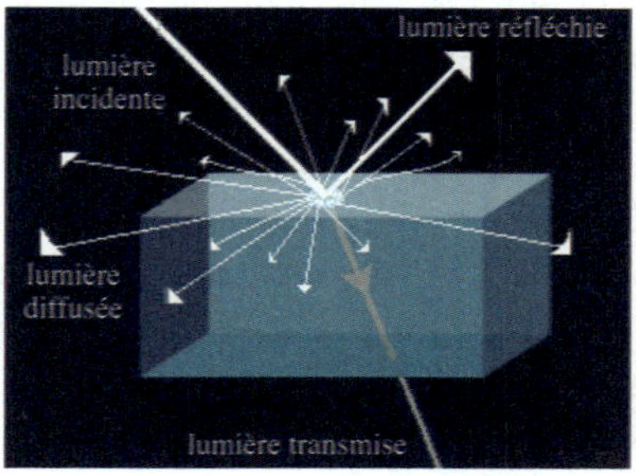

Nous voyons un objet si la lumière provenant de cet objet pénètre dans notre œil.

- L'objet peut produire sa propre lumière : c'est une **source primaire**. C'est le cas des lampes, des DEL, du Soleil ou des étoiles.
- Généralement, l'objet vu n'est pas une source primaire. Celui-ci renvoie tout ou partie de la lumière qui l'éclaire, par réflexion et diffusion sur sa surface, et par transmission si la lumière le traverse : c'est une **source secondaire**.

C'est principalement **la lumière** que diffuse l'objet qui permet de le voir, car elle est **émise par tous les points de sa surface et dans toutes les directions**.

- Éclairées par le Soleil, la Lune et les planètes diffusent la lumière solaire : c'est ce qui nous permet de les observer dans le ciel.

La couleur de la lumière réfléchie

La lumière réfléchie ne pénètre pas l'objet sur plus d'une épaisseur d'une demi-longueur d'onde, et n'est pas absorbée. Sa couleur est identique à celle de la lumière incidente, quel que soit l'objet.

La couleur de la lumière transmise

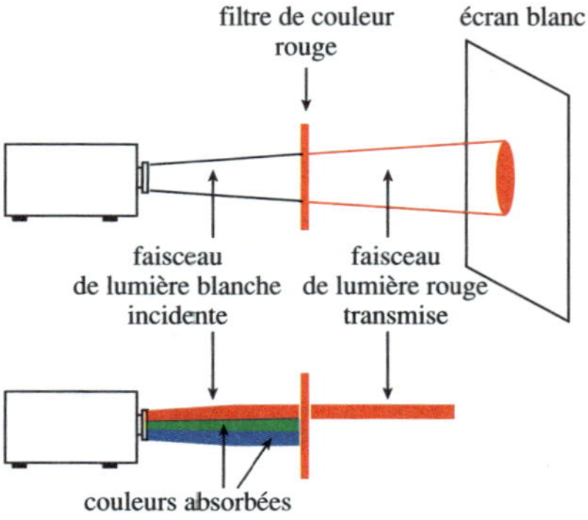

Lorsqu'un faisceau de lumière blanche traverse une matière transparente colorée, comme des filtres de couleur ou des solutions contenant un colorant :

– une **partie** des couleurs du spectre de la lumière blanche est **transmise**, celle qui correspond à la couleur de la matière ;

– l'autre **partie** du spectre est **absorbée** par la matière colorée.

La couleur de la lumière transmise se déduit des couleurs primaires additives qui composent la lumière incidente auxquelles on soustrait les couleurs absorbées par le filtre.

Si la lumière incidente est blanche, la couleur de la lumière transmise est complémentaire de la couleur de la lumière absorbée.

La couleur de la lumière diffusée par l'objet

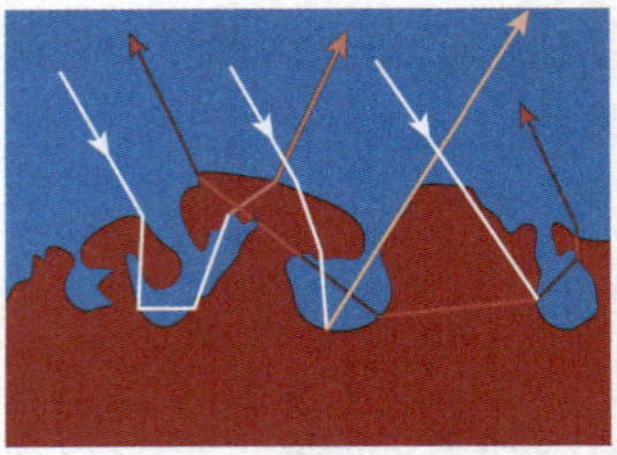

Réflexions et réfractions multiples de rayons de lumière blanche incidente dans les irrégularités de la surface d'un matériau rouge

- De nombreux objets ont des surfaces irrégulières qui comportent des inhomogénéités ou des irrégularités (grains, fibres…) de petites tailles, mais toutefois grandes devant les longueurs d'ondes de la lumière.
C'est dans ce cas que les objets diffusent la lumière qu'ils reçoivent dans toutes les directions :
– la lumière entre dans ce matériau, du fait de ces irrégularités ;
– elle accomplit à l'intérieur du matériau, sur une faible épaisseur, un trajet assez grand devant sa longueur d'onde ; le matériau absorbe alors certaines radiations et on obtient une lumière colorée ;
– elle ressort du même coté que celui par lequel elle est entrée, dans une direction aléatoire.
- Un corps blanc diffuse toutes les radiations de la lumière qu'il reçoit sans les absorber.
Un corps noir absorbe toutes les radiations qu'il reçoit.

LA DIFFICULTÉ DU CHAPITRE

Lumière colorée et couleur d'un objet

Pour déterminer la couleur d'un objet éclairé par une lumière colorée, il faut :

Identifier les couleurs primaires additives qui composent la lumière incidente qui éclaire l'objet

↓

Déduire de la couleur de l'objet éclairé en lumière blanche les couleurs primaires additives qu'il absorbe

↓

Retrancher aux couleurs incidentes les couleurs absorbées par l'objet

↓

La couleur de l'objet se déduit alors des couleurs primaires restantes qu'il diffuse

EXERCICES

Tester ses connaissances

1 QCM 1
(corrigés p. 80)

Quelles sont les affirmations vraies ?

1° Les cônes sont les cellules photoréceptrices de l'œil les plus sensibles en faible luminosité.

2° Un cône vert a son maximum de sensibilité vers 720 nm.

3° Les bâtonnets ne distinguent pas les couleurs.

4° Une absence des cônes bleus ne permettrait pas à l'œil de distinguer le rouge du vert.

5° Le daltonisme peut être dû à l'absence de cônes bleus dans la rétine.

2 QCM 2
(corrigés p. 80)

Quelles sont les affirmations vraies ?

1° Deux faisceaux de lumières de couleurs complémentaires additionnés donnent une lumière colorée.

2° Un pigment magenta absorbe la lumière verte.

3° La couleur rouge et la couleur cyan sont complémentaires.

4° La couleur verte et la couleur jaune sont complémentaires.

5° Deux couleurs complémentaires donnent du blanc par synthèse soustractive.

3 QCM 3
(corrigés p. 80)

1° Pour être vu, un objet doit être une source primaire de lumière.

2° Plus une surface est lisse, plus elle réfléchit la lumière.

3° Une surface rugueuse diffuse mieux la lumière qu'une surface lisse.

4° La couleur d'un objet ne dépend que de la matière qui le compose.

5° Un filtre jaune absorbe la couleur bleue.

Maîtriser les méthodes

Les exercices de cette rubrique font appel aux méthodes de base, qu'il faut maîtriser. Ils font l'objet d'une correction guidée pas à pas, qui récapitule ces méthodes, pour mieux les mémoriser.

4 SYNTHÈSE ADDITIVE DES COULEURS
(corrigés p. 80)

Pour décorer son vélo à roue lenticulaire, un coureur cycliste, avant une course contre la montre, a peint la roue en utilisant des peintures de trois couleurs : magenta, cyan et jaune (voir schéma ci-contre).

1° Ces couleurs sont-elles les couleurs primaires additives ou soustractives ?

2° Le coureur cycliste espère que les spectateurs pourront admirer, lorsqu'il sera lancé à pleine vitesse sur la ligne d'arrivée, les belles couleurs de sa roue lenticulaire. A-t-il raison de le penser ?

5 LUMIÈRES ET COULEURS DES OBJETS *(corrigés p. 80)*

Lors d'une cérémonie officielle, qui se déroule à l'extérieur en fin de soirée, le drapeau tricolore français flotte au vent.

1° En début de cérémonie, le soleil couchant éclaire la scène d'une lumière très rouge. Quelles sont les couleurs du drapeau à ce moment de la soirée, en supposant, pour simplifier, que la lumière du Soleil ne contienne que des radiations rouges ?

2° Un peu plus tard, lorsque la nuit est tombée, le drapeau se trouve éclairé par une lampe halogène haute pression dont la lumière jaune-orangé est composée principalement par les radiations données par le spectre ci-contre.

Quel est alors l'aspect du drapeau français ?
Le dessiner.

6 INTERPOSITION D'UN FILTRE *(corrigés p. 81)*

Un citron jaune et une pomme verte sont disposés dans le faisceau de lumière blanche d'un projecteur de diapositive.

1° Quelles sont les couleurs absorbées par les pigments de la peau de chacun des fruits ?

2° On insère dans le projecteur une diapositive de couleur magenta.

a) Quelle couleur est absorbée par la diapositive ?

b) De quelles couleurs primaires additives est composée la lumière qui éclaire les fruits ?

c) Quelle est la couleur des fruits sous cet éclairage ?

3° On remplace la diapositive précédente par une autre de couleur cyan. Quelle est alors la couleur des fruits ?

S'entraîner

7 COULEURS COMPLÉMENTAIRES ★★ 10 min *(corrigés p. 81)*

Dans la représentation ci-dessous, deux couleurs situées sur une même ligne verticale sont complémentaires.

1° Quelle est la définition des couleurs complémentaires en synthèse additive ?

2° Quelle est la couleur complémentaire de la couleur verte ?

3° Un peintre mélange une peinture de couleur rouge avec une autre de couleur cyan. La peinture obtenue est-elle colorée, blanche ou presque noire ? Justifier votre réponse.

4° Le cadre de gauche ci-dessous contient un carré bleu dont la longueur d'onde correspond au maximum de sensibilité des cônes rétiniens bleus.

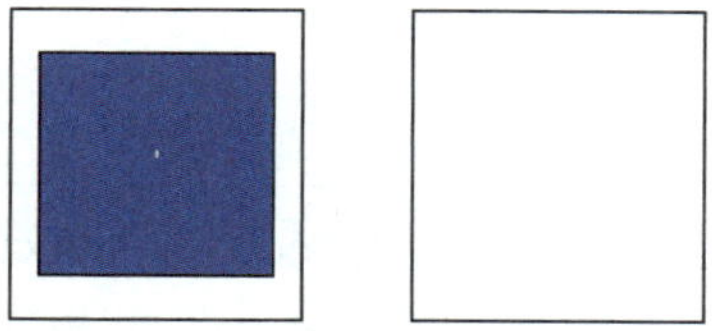

a) Fixer du regard pendant une minute le carré bleu de gauche, puis porter le regard sur le cadre blanc de droite. Quelle couleur apparaît alors ?
b) Existe-t-il un lien entre cette couleur et la couleur bleue ?

8 ENCRES DES IMPRIMANTES COULEUR ★★ 10 min (corrigés p. 82)

Une imprimante de bureau est équipée de quatre cartouches d'encres : noire, jaune, magenta et cyan.
1° Quelles sont les couleurs absorbées par les pigments de chaque cartouche d'encre ?
2° Quelles encres sont utilisées pour imprimer un texte en couleur bleue ?
3° Quelles encres sont utilisées pour imprimer un titre en couleur rouge ?
4° Dans le cas où la cartouche noire serait vide, l'imprimante pourrait-elle imprimer un dessin aux contours noirs ?

9 FILTRES POUR L'OBSERVATION ASTRONOMIQUE ★★ 10 min (corrigés p. 82)

Lorsqu'on observe des planètes, des filtres colorés sont utilisés pour faire ressortir des détails souvent indiscernables en lumière blanche.
Le filtre bleu foncé, dont le spectre de transmission est donné ci-dessous, est préconisé pour mieux observer la tache rouge de Jupiter.

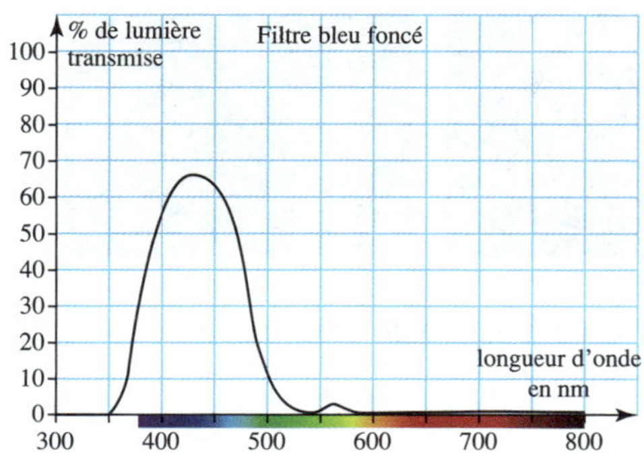

1° Quelles couleurs primaires sont absorbées par le filtre bleu foncé ?
2° Pour quelle raison ce filtre est-il préconisé pour observer la tache rouge de Jupiter ?
3° D'autres filtres de couleur sont recommandés pour l'observation des planètes : le vert pour Saturne, l'orange pour Mercure, le rouge pour Mars…
Les spectres de ces trois filtres (vert, orange, rouge) sont donnés ci-après sans identification de couleur. Attribuer à chacun de ces trois spectres, notés a, b et c, sa couleur.

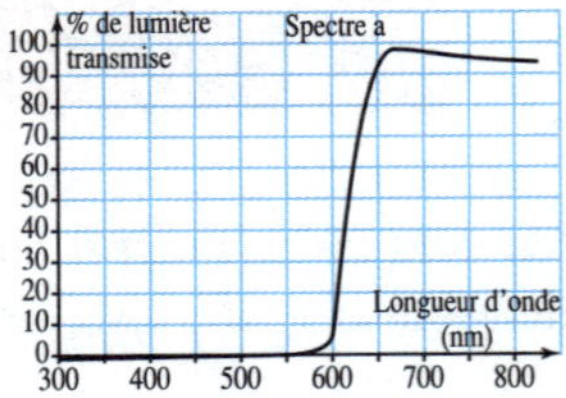

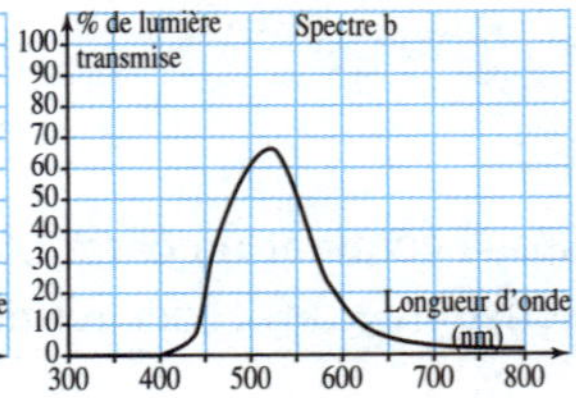

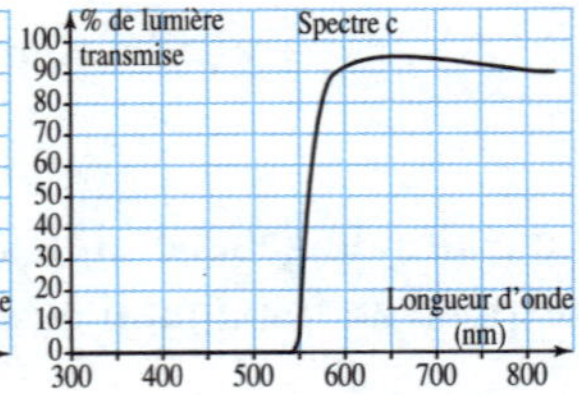

10 LE DALTONISME ★★ 10 min

(corrigés p. 82)

Le daltonisme est une affection, souvent héréditaire, qui concerne 8 % des hommes et seulement 0,4 % des femmes. Les formes de daltonisme sont diverses et dépendent de la nature et du nombre de cônes déficients ou absents.

Les daltoniens dichromates ne perçoivent les couleurs qu'avec deux types de cônes :
– la protanopie correspond à une déficience complète des cônes rouges ;
– la deutéranopie correspond à une déficience complète des cônes verts ;
– et la tritanopie correspond à une déficience complète des cônes bleus.

1° Compléter le tableau ci-dessous en cochant les cases des couleurs (les sept couleurs de Newton) qui peuvent être vues dans les trois cas de dichromatisme.

	Magenta	**Bleu**	**Cyan**	**Vert**	**Jaune**	**Orange**	**Rouge**
Protanopie							
Deutéranopie							
Tritanopie							

2° Les images ci-dessous illustrent la vision de deux personnes daltoniennes dichromates. Identifier les types de daltonisme dichromate des visions *A* et *B*.

Vision trichromate normale

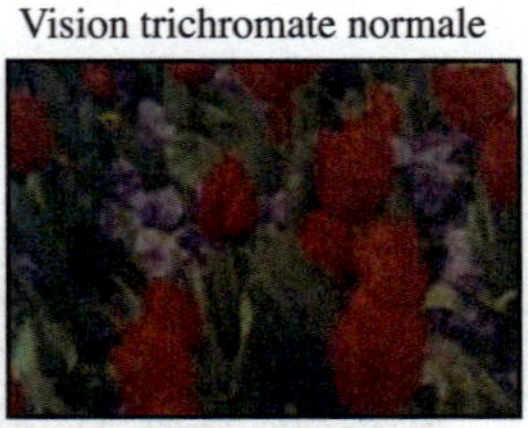

Vision dichromate *A*

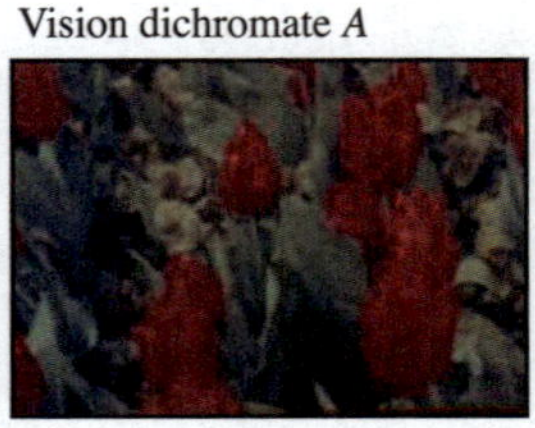

Vision dichromate *B*

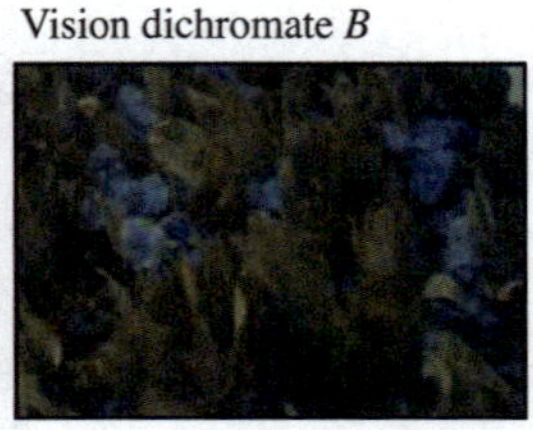

3° Comment pourrait-on simuler ce que voit un daltonien deutéranope ?

11 TÉLÉVISEURS À LED ★★★ 30 min

(corrigés p. 83)

Les téléviseurs à LED ont des écrans couleur à cristaux liquides (LCD : *liquid crystal display*) à rétroéclairage à LED. Ils donnent des images très lumineuses et très contrastées. L'image qui apparaît sur l'écran est formée par des pixels, des petits points de quelques dixièmes de millimètres, qui émettent une lumière dont la couleur et l'intensité peuvent être modifiées en moins de dix millisecondes (temps de réponse).

Un pixel de l'écran, schématisé ci-contre, est constitué par :

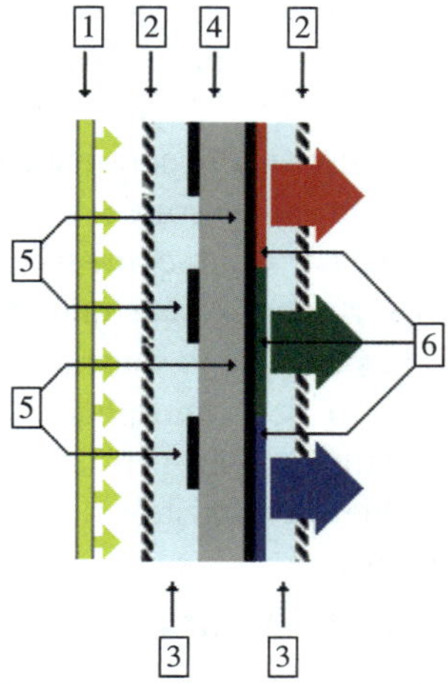

1 : un éclairage à LED située derrière l'écran (rétroéclairage) ;

2 : deux filtres polarisants ;

3 : deux plaques de verre ;

4 : une couche de cristaux liquides (20 micromètres d'épaisseur) ;

5 : des électrodes ;

6 : des filtres colorés rouge (700,0 nm), vert (546,1 nm) et bleu (435,8 nm).

La tension électrique appliquée aux électrodes modifie l'orientation des cristaux liquides qui changent d'orientation ; ceci a pour effet de laisser passer plus ou moins de lumière dans un filtre coloré rouge, vert, ou bleu. La couleur d'un pixel et sa luminosité dépendent alors des quantités de lumière rouge, verte et bleue qui le traverse.

1° Quel est le rôle des cristaux liquides dans un écran plat LCD ?

2° Par quel moyen l'orientation des cristaux liquides est-elle modifiée ?

3° Quel est le rôle des filtres colorés ?

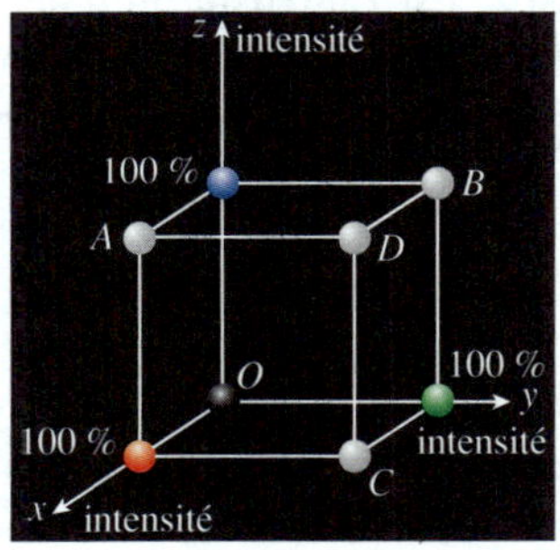

4° La couleur d'un pixel peut se déduire de la représentation ci-contre :

– les intensités lumineuses, en pourcentage, des lumières (rouge, vert et bleu) qui sortent de chacun des trois filtres sont portées sur les axes du repère (x, y et z respectivement) ;

– le point O correspond à une intensité nulle pour les trois couleurs ; le point D à 100 % pour les trois couleurs.

– la couleur d'un point situé à l'intérieur du cube correspond à l'addition des couleurs de ses coordonnées sur les axes.

a) Déterminer les couleurs des points A, B et C. Justifier.

b) Comment varie l'aspect d'un pixel lorsque l'on se déplace de O vers D ?

c) Sur quelle arête du cube trouve-t-on, en son milieu, un point orange ? Quelle est alors la composition de la lumière du pixel ?

Pour aller plus loin

12 LA COULEUR DU CIEL ET DU SOLEIL EN TROIS PARTIES ★★★★ 40 min *(corrigés p. 84)*

Partie I : ce que l'on observe

La lumière du Soleil lorsqu'elle touche l'atmosphère terrestre est blanche car elle comprend toutes les radiations du spectre visible. Pourtant, nous dessinons le Soleil en jaune, et le soir, lorsqu'il se couche, il prend une teinte rouge-orangée.

La couleur du ciel peut être d'un bleu intense en pleine journée et prend lors du coucher du Soleil une teinte qui vire au bleu cyan à l'horizon.

1° Commenter les propositions suivantes et indiquer celles qui paraissent en accord avec les observations.

a) La lumière qui est émise par le Soleil change de composition en cours de journée.

b) L'atmosphère contient des gaz de couleur jaune le jour et rouge en fin de soirée.

c) Une partie des couleurs des rayons du Soleil qui arrivent à l'observateur est soustraite lors de la traversée de l'atmosphère.

d) Les radiations soustraites aux rayons du Soleil lors de la traversée de l'atmosphère sont de couleur bleue lorsqu'il est au zénith et bleu-vert lorsqu'il se couche.

2° Quel lien existe-t-il entre la couleur du ciel et celle du Soleil ?

Ciel et soleil,

en plein midi, et le soir

Partie II : la diffusion Rayleigh

En 1871, lord Rayleigh (prix Nobel de physique en 1904) a montré que lorsqu'une radiation lumineuse monochromatique rencontre sur son trajet une particule au moins dix fois plus petite que sa longueur d'onde, comme des molécules, celle-ci est diffusée en partie autour de la molécule sans changement de longueur d'onde.

Si I_o est l'intensité lumineuse de la radiation incidente, l'intensité de la lumière diffusée, I_D, est inversement proportionnelle à la puissance quatrième de la longueur d'onde :

$$I_D = \frac{K}{\lambda^4}.$$

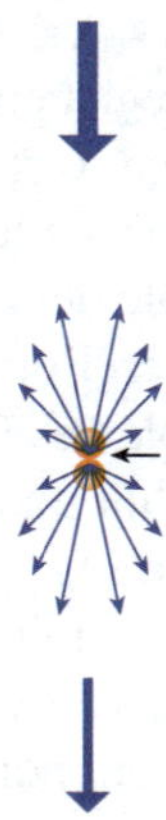

La diffusion autour de la molécule n'est pas homogène, elle est faible près du plan perpendiculaire à l'axe de propagation de la lumière incidente.

3° Rappeler les valeurs des longueurs d'ondes extrêmes de la lumière visible.

4° L'intensité de la lumière solaire diffusée par les molécules de l'atmosphère terrestre est-elle plus grande pour les radiations bleues ou pour les radiations rouges ? Calculer le rapport de ces intensités pour $\lambda_{bleu} = 450$ nm et $\lambda_{rouge} = 750$ nm.

5° Après la traversée de l'atmosphère, la lumière du Soleil qui arrive directement au sol depuis le Soleil est-elle plus riche en lumière rouge ou en lumière bleue ?

Partie III : interpréter les observations

La lumière du Soleil qui arrive sur le Terre peut être considérée comme un faisceau de lumière blanche parallèle. Lorsque le Soleil est au Zénith pour un observateur, sa lumière traverse l'atmosphère jusqu'à lui, verticalement. Le trajet dans l'atmosphère est beaucoup plus long lorsque le Soleil se couche puisque sa lumière la traverse tangentiellement.

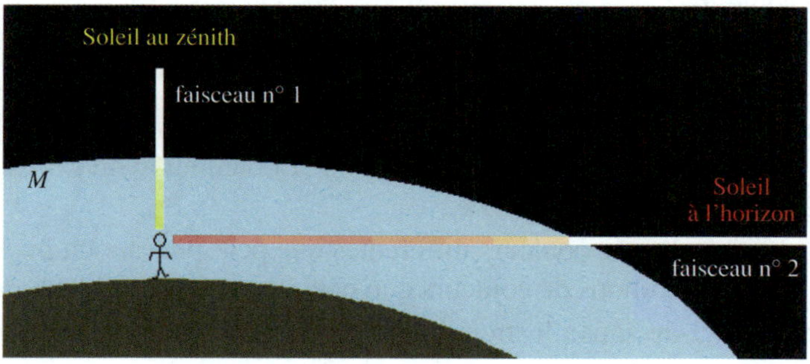

6° Justifier la couleur jaune du faisceau de lumière n° 1 qui arrive à l'observateur lorsque le Soleil est au zénith.
7° Justifier qu'une zone du ciel, comme celle entourant le point M, est vue de couleur bleue par l'observateur.
8° Le soir, lorsque le Soleil est à l'horizon (faisceau de lumière n° 2), il paraît teinté de rouge. Interpréter cette observation à l'aide de la diffusion de Rayleigh.
9° Sur une planète sans atmosphère de quelle couleur est le ciel ? Justifier.

13 LA TECHNOLOGIE DES ÉCRANS PLASMA ★★★★ 50 min *(corrigés p. 84)*

La technologie « plasma » est adaptée aux écrans de grandes dimensions. Elle permet d'obtenir une bonne restitution des couleurs (proche des couleurs naturelles), des contrastes élevés (pour les films à séquences sombres) et un temps de réponse court pour le changement des couleurs des images (pour les sports à mouvements rapides).

Le principe de l'écran plasma

Comme le montre le schéma ci-contre, chaque pixel regroupe trois cellules (une par couleur primaire) contenant un gaz (10 % de xénon, 90 % d'argon) et tapissées d'une couche de matière fluorescente (bleue, rouge ou verte). La taille d'un pixel est de l'ordre de 0,5 mm.

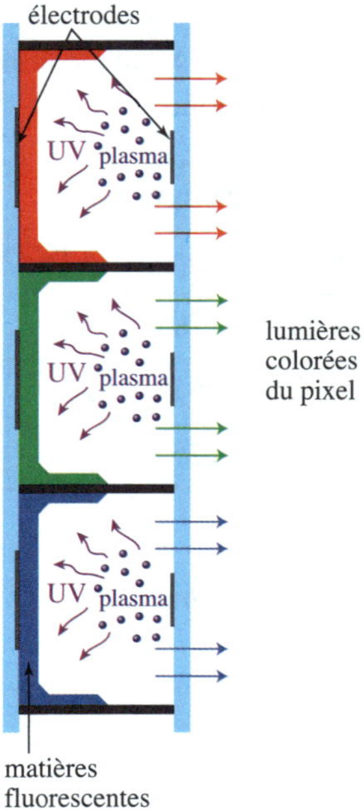

Des électrodes, situées sur les parois de verre des cellules, produisent des tensions électriques (quelques centaines de volts) qui ionisent les atomes du gaz. Le mélange d'électrons, arrachés aux atomes, et d'ions est un plasma qui émet des radiations ultraviolettes.
Les radiations ultraviolettes excitent les matières fluorescentes qui émettent les lumières des couleurs primaires. L'intensité de la lumière colorée émise par chaque cellule est réglée en modifiant la tension délivrée aux bornes des électrodes.
1° La lumière UV émise par le plasma est-elle visible par l'œil humain ?

2° Quel est le rôle des matières fluorescentes qui tapissent le fond des cellules du pixel ?

3° La couleur d'un pixel est-elle obtenue par synthèse additive ou synthèse soustractive de couleurs ?

4° Par quel moyen peut-on régler l'intensité de la lumière colorée émise par une cellule d'un pixel ?

5° Dans le système normalisé de codage des couleurs RVB, le réglage de la tension appliquée aux électrodes permet, théoriquement, d'obtenir 256 niveaux d'intensité de lumière émise pour chaque cellule.

Montrer que le nombre de couleurs différentes que peut prendre un pixel est bien supérieur aux deux millions de couleurs que peut distinguer l'œil humain.

6° Les exemples ci-dessous illustrent le principe du codage RVB des couleurs en montrant les couleurs obtenues sur un écran en fonction de l'intensité des couleurs additionnées.

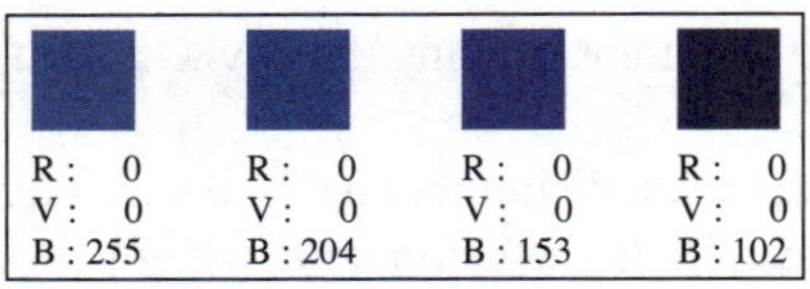

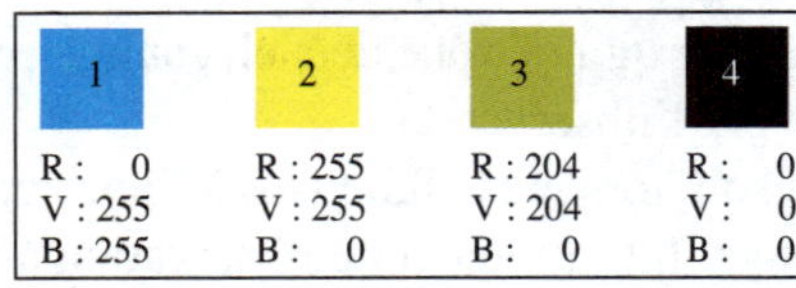

(R : rouge ; V : vert ; B : bleu ; le nombre indique l'intensité lumineuse de la couleur qui peut croître sur une échelle de 0 à 255.)

a) Comment évolue la couleur bleue (quatre carrés de l'exemple de gauche) en fonction de son intensité lumineuse ?

b) Justifier les quatre couleurs obtenues, numérotées de 1 à 4 à droite ci-dessus, en fonction des valeurs des intensités données aux couleurs primaires des pixels.

c) Proposer des valeurs d'intensités qui permettraient d'obtenir d'une part un pixel magenta, d'autre part un pixel blanc.

7° Les couleurs ci-dessous ont été obtenues à l'aide des réglages d'intensité des pixels donnés dans le tableau. Associer à chaque couleur le numéro du réglage qui lui correspond.

	Rouge	Vert	Bleu
N° 1	255	128	0
N° 2	129	129	129
N° 3	151	223	0
N° 4	175	48	175

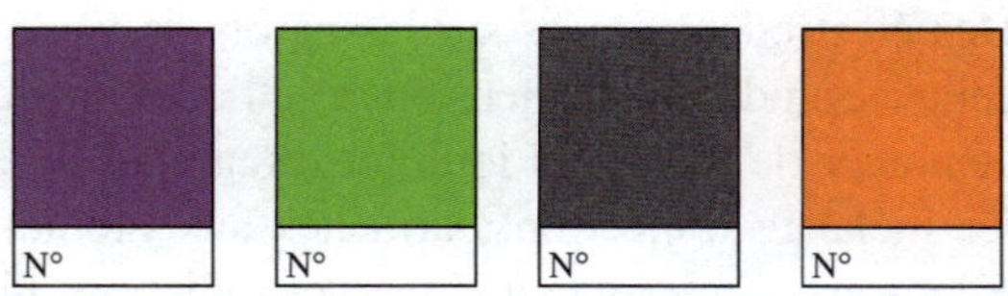

Pour vérifier vos réponses à la question 7 :

– ouvrir un traitement de texte et cliquer sur la flèche de l'icône couleur de police

;

– cliquer sur « autres couleurs » et, enfin, sur « personnalisées » ;

– choisir les codages indiqués dans le tableau et comparer vos résultats.

L'interrogation écrite

14 SYNTHÈSE ADDITIVE ET SOUSTRACTIVE DES COULEURS 20 min *(corrigés p. 85)*

1° Recopier la phrase suivante en complétant par les expressions : *filtres colorés – faisceaux lumineux.*
La synthèse additive s'obtient par superposition de ....
et la synthèse soustractive s'obtient par superposition de ....

2° Indiquer les couleurs des secteurs notés de *A* à *G* des deux figures ci-dessous.

En synthèse additive

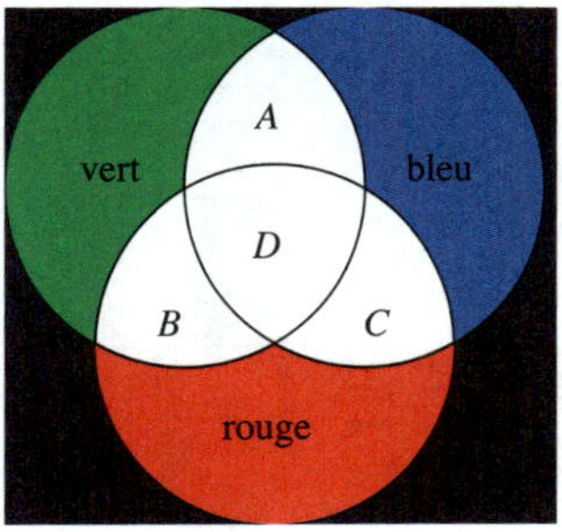

En synthèse soustractive

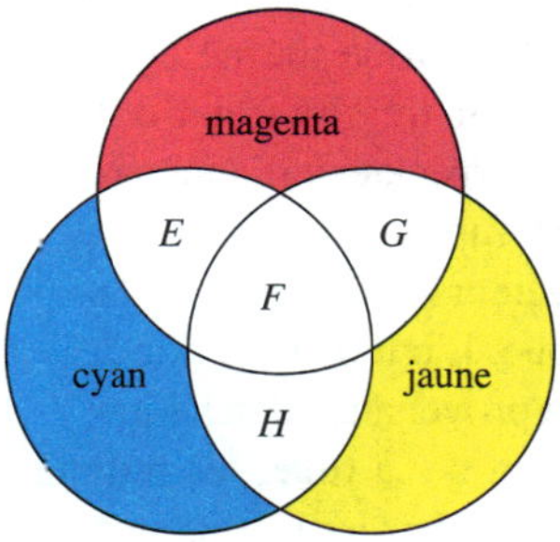

3° Une jupe éclairée en lumière blanche apparaît avec trois motifs colorés en vert, jaune et rouge. Cette jupe est éclairée en lumière magenta, puis en lumière bleue. Compléter le tableau ci-dessous en indiquant de quelle couleur apparaît chacun des motifs.

En lumière blanche	En lumière magenta	En lumière bleue
Motif vert		
Motif jaune		
Motif rouge		

4° Quel filtre coloré, interposé sur un faisceau de lumière blanche, permettrait de conserver les couleurs naturelles (en lumière blanche) de la jupe ?

CORRIGÉS

Tester ses connaissances

1 Affirmations **vraies** : **3 et 5.**

2 Affirmations **vraies** : **2 et 3.**

3 Affirmations **vraies** : **2, 3 et 5.**

Maîtriser les méthodes

4 1° Le cyan, le magenta et le jaune sont les **couleurs primaires soustractives** (celles des peintres).

2° Lorsque le vélo roule vite, sa roue tourne également très vite et l'œil d'un spectateur n'aura pas le temps de distinguer les secteurs colorés de la roue. L'œil recevra donc, en provenance de chaque point de la roue, les radiations colorées émises par les trois couleurs secondaires, soit :

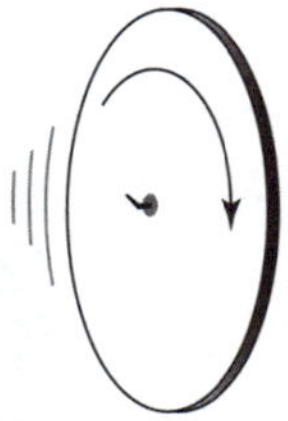

– le vert et le bleu pour le cyan ;
– le rouge et le bleu pour le magenta ;
– le vert et le rouge pour le jaune.

Au total, l'œil est soumis aux trois radiations additives primaires, le rouge, le bleu et le vert. **La roue apparaîtra blanche** et ne sera pas colorée.

Exercice 4 : conseils à retenir

Une peinture de couleur primaire soustractive absorbe une couleur et en réémet deux :
– une peinture cyan absorbe le rouge et diffuse le bleu et le vert ;
– une peinture magenta absorbe le vert et diffuse le bleu et le rouge ;
– une peinture jaune absorbe le bleu et diffuse le vert et le rouge.

5 1° Analysons chacun des trois secteurs du drapeau lorsqu'il est éclairé en lumière rouge :

– **La partie bleue** du drapeau absorbe les radiations rouges et vertes. La lumière incidente rouge du Soleil est donc absorbée ; aucune radiation n'est émise par cette partie du drapeau qui **apparaîtra noire**.

– **La partie blanche** du drapeau diffuse toutes les radiations lumineuses de la lumière incidente qui l'éclaire. Comme elle ne reçoit que des radiations rouges, elle **apparaîtra rouge**.

– **La partie rouge** du drapeau absorbe les radiations bleues et vertes et diffuse les radiations rouges ; elle **apparaîtra rouge**.

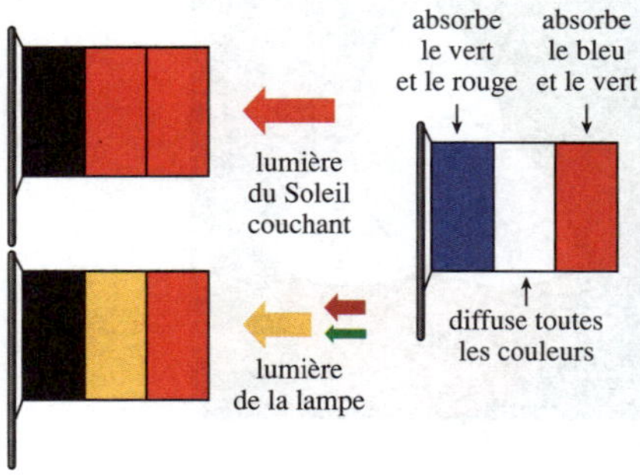

2° La lumière jaune orangé de la lampe contient des radiations vertes et rouges qui, par addition, donnent une couleur jaune orangé. Ainsi :

– **la partie bleue** du drapeau qui absorbe les radiations rouges et vertes **apparaîtra noire** ;

– **la partie blanche** du drapeau qui diffuse toutes les radiations lumineuses **apparaîtra jaune-orangé** ;

– **la partie rouge** du drapeau qui absorbe les radiations vertes **apparaîtra rouge**.

Exercice 5 : conseils à retenir

La couleur d'un objet dépend de la lumière qui l'éclaire et des radiations qu'il absorbe.

Attention ! Une surface blanche diffuse toutes les couleurs. Elle n'apparaît blanche que si elle est éclairée par une lumière blanche. Dans le cas contraire, elle apparaît de la couleur de la lumière qui l'éclaire.

6 1° Les deux fruits ont leur couleur naturelle lorsqu'ils sont éclairés en lumière blanche. Ils reçoivent alors toutes les radiations du spectre visible, ce qui correspond aux trois couleurs additives primaires : bleu + vert + rouge.

La couleur jaune du citron est due au fait que **les pigments de la peau du citron absorbent les radiations bleues**. La peau diffuse alors les radiations rouges et vertes dont l'addition donne la couleur secondaire jaune.

La peau de la pomme diffuse uniquement des radiations vertes. **Les radiations bleues et rouges sont donc absorbées.**

2° a) **Le filtre magenta**, couleur primaire soustractive, **absorbe les radiations vertes**.

b) **Ce filtre laisse passer les radiations rouges et bleues** qui éclairent les fruits.

c) **La peau de la pomme** absorbe les radiations bleues et rouges. Comme elle est éclairée par une lumière composée uniquement de ces couleurs, elle **paraîtra noire**.

La peau du citron absorbe les radiations bleues. Éclairée en lumière magenta, le citron **sera rouge**.

Remarque : on peut répondre à cette question par un schéma :

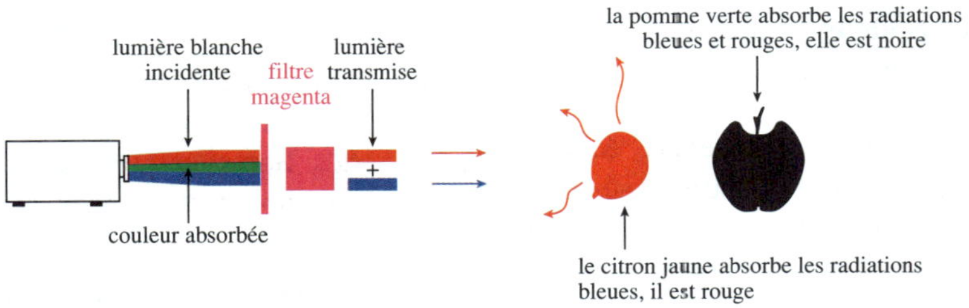

3° Le filtre cyan absorbe la couleur rouge. Les fruits sont donc éclairés par des radiations vertes et bleues avec ce filtre. Ce qui donne :

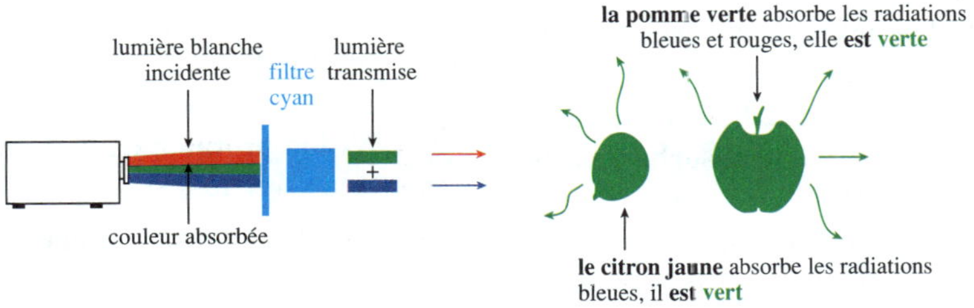

Exercice 6 : conseils à retenir

- La couleur transmise par un filtre qui reçoit de la lumière blanche est sa couleur complémentaire.
- La couleur d'un objet dépend de la composition de la lumière qui l'éclaire et des radiations qu'il absorbe.

S'entraîner

7 1° **En synthèse additive, deux couleurs de lumières sont complémentaires si leur superposition donne une lumière blanche.**

2° Le schéma indique que la **couleur complémentaire du vert** est **le magenta**, qui est obtenu par l'addition du rouge et du bleu.

3° Une peinture de couleur rouge contient des pigments qui absorbent les radiations de couleur bleue et de couleur verte. Une peinture de couleur cyan contient des pigments qui absorbent les radiations de couleur rouge. Au total, les trois couleurs additives primaires sont absorbées par le mélange de peintures et **l'aspect final est noir**, si les teintes sont intenses, **ou gris** si la peinture est diluée.

En synthèse soustractive, un mélange de teintes complémentaires, qui absorbe le rouge, le bleu et le vert, **donnera un aspect atone** (sans couleur), **gris ou noir** si les teintes des couleurs mélangées sont vives.

4° a) On perçoit un court instant, dans le cadre blanc, un **carré jaune**.

b) Cette **couleur jaune** est la couleur **complémentaire de la couleur bleue**.

8 1° La couleur d'une encre, éclairée en lumière blanche, est due aux radiations colorées qu'elle diffuse. Les couleurs non diffusées sont par conséquent absorbées par l'encre.

– **L'encre noire** : ne diffuse aucune radiation ; elle **absorbe** donc **les radiations bleues, vertes et rouges**.

– **L'encre jaune** : diffuse les radiations rouges et vertes ; elle **absorbe** donc **les radiations bleues**.

– **L'encre magenta** : diffuse les radiations rouges et bleues ; elle **absorbe** donc **les radiations vertes**.

– **L'encre cyan** : diffuse les radiations bleues et vertes ; elle **absorbe** donc **les radiations rouges**.

2° **Pour que le texte imprimé soit de couleur bleue**, il faut que le mélange d'encres absorbe les radiations de couleurs rouges et vertes.

L'imprimante mélange alors **les encres cyan et magenta**.

3° **Pour que le titre imprimé soit de couleur rouge**, il faut que le mélange d'encres absorbe les radiations de couleurs bleues et vertes.

L'imprimante mélange alors **les encres jaune et magenta**.

4° **Le noir** (ou gris sombre) **pourrait être obtenu par l'addition des trois couleurs primaires soustractives : le jaune, le cyan et le magenta**.

9 1° **Le filtre bleu foncé** laisse passer les radiations lumineuses de couleur bleue et **absorbe les radiations vertes et rouges**.

2° Les radiations rouges de la tache de Jupiter seront absorbées par le filtre et la tache apparaîtra noire. Le contraste de l'image de la planète sera ainsi augmenté et la tache sera plus discernable.

3° Le **filtre vert** absorbe les radiations bleues et rouges et transmet les radiations vertes. Son **spectre** est donc le **b**, dont le maximum de transmission est centré sur 525 nm.

Le **filtre orange** transmet les radiations rouges et jaunes, c'est le **filtre c** qui transmet toutes les longueurs d'ondes supérieures à 600 nm environ.

Le **spectre du filtre rouge**, le **a**, ne laisse passer que les radiations rouges, au-dessus de 650 nm.

10 1° **Vision protanope : bleu, vert et cyan** (bleu + vert) ;

vision deutéranope : rouge, bleu, magenta (rouge + bleu) ;

vision tritanope : vert, rouge, jaune (vert + rouge), **orange** (rouge + jaune).

Une personne dichromate peut distinguer les deux couleurs primaires, qui correspondent aux sensibilités des deux cônes existants, et aux couleurs obtenues par addition de celles-ci.

	Magenta	Bleu	Cyan	Vert	Jaune	Orange	Rouge
Protanopie		X	X	X			
Deutéranopie	X	X					X
Tritanopie				X	X	X	X

2° **Vision dichromatique** ***A*** : l'image montre que la couleur rouge et la couleur verte sont perçues. Les fleurs mauves ont changé de teinte et sont presque atones : cela est dû à la non-perception de la couleur bleue.
C'est donc une **tritanopie**.

Vision dichromatique ***B*** : l'image montre que la couleur verte est perçue. Les fleurs mauves ont changé de teinte et sont bleues, cela est dû à la non-perception de la couleur rouge, ce qui est confirmé par la disparition des fleurs rouges.
C'est donc une **protanopie**.

3° **Pour simuler la vision d'un daltonien**, il faut éliminer les radiations colorées qui correspondent aux cônes qui lui font défaut, les radiations vertes dans le cas de la deutéranopie. Pour cela, **on pourrait utiliser des verres filtrants de couleur magenta qui absorbent les radiations vertes**.

11 1° **Les cristaux liquides jouent le rôle d'obturateurs en réglant la quantité de lumière qui passe à travers les filtres.**

2° **C'est une tension électrique variable**, appliquée de part et d'autre de l'épaisseur de la couche de cristaux liquides par des électrodes, **qui modifie l'orientation des cristaux**.

3° **Les filtres colorés permettent d'obtenir les trois faisceaux de lumières primaires additives (R, V, B)** à la sortie du pixel.

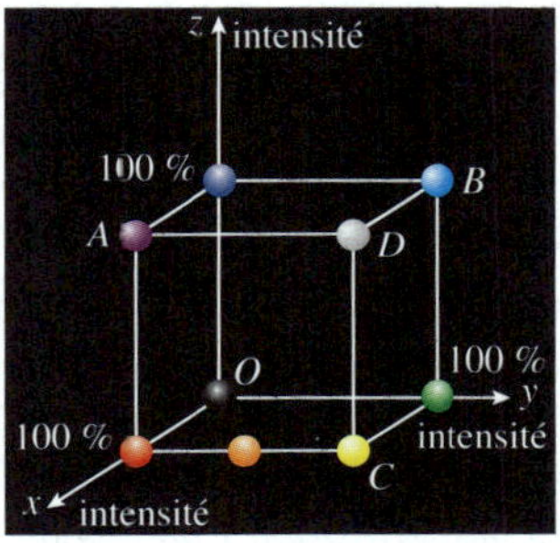

4° a) Le **point** ***A*** correspond à l'addition de deux faisceaux de lumière, rouge + bleue, de même intensité (100 %). Il n'y a pas de lumière verte (0 %).
La **couleur** obtenue est **magenta**.

Le **point** ***B*** correspond à l'addition de deux faisceaux de lumière, bleu + vert, de même intensité (100 %). Il n'y a pas de lumière rouge (0 %).
La **couleur** obtenue est **cyan**.

Le **point** ***C*** correspond à l'addition de deux faisceaux de lumière, rouge + vert, de même intensité (100 %). Il n'y a pas de lumière bleue (0 %).
La **couleur** obtenue est **jaune**.

b) Au point *O*, aucune lumière n'est émise, le pixel est noir. Au point *D*, les faisceaux sortant du pixel sont à 100 % d'intensité, la superposition des trois couleurs primaires additives donne un pixel blanc. **Sur** ***OD*****, en partant de** ***O*****,** l'intensité des lumières des trois couleurs augmente progressivement et de la même quantité. **Le pixel passe** ainsi **du noir au blanc par toutes les nuances de gris**.

c) **La couleur orange** peut être obtenue par superposition de lumières rouge et jaune. Cette couleur **se trouve** donc **sur l'arête entre les points jaune et rouge (100 %).**

La lumière du pixel contient alors : **100 % de rouge, 50 % de vert, 0 % de bleu.**

Pour aller plus loin

12 **1°** **Les propositions a) et b) ne sont pas crédibles** : l'activité du Soleil et la lumière qu'il émet sont indépendantes de la rotation de la Terre a), et l'atmosphère terrestre n'est pas modifiée entre le matin et le soir b).

En revanche, les propositions c) et d) sont en accord avec les observations :

– **si le Soleil a une couleur jaune**, alors qu'il émet de la lumière blanche, **c'est qu'il manque les radiations bleues**, qui sont absorbées par l'atmosphère ;

– de même, **si le Soleil est de teinte rouge, il manque les radiations bleues et vertes**, qui sont absorbées par l'atmosphère.

2° **Le bleu et le jaune, comme le rouge et le cyan, sont des couleurs complémentaires.**

3° **Les longueurs d'ondes des radiations visibles sont comprises entre 400 nm et 800 nm.**

4° La relation $I_D = \frac{K}{\lambda^4}$ montre que, plus la longueur d'onde est grande, plus l'intensité de la lumière diffusée par les molécules de l'atmosphère est faible. Ainsi **la couleur rouge est moins diffusée que la couleur bleue.**

Pour les valeurs des longueurs d'ondes de l'énoncé, on a :

$$\boldsymbol{r} = \frac{I_{D\text{bleu}}}{I_{D\text{rouge}}} = \frac{\lambda^4{}_{\text{rouge}}}{\lambda^4{}_{\text{bleu}}} = \left(\frac{750}{450}\right)^4 \approx \mathbf{7{,}7}.$$

La diffusion Rayleigh est presque 8 fois plus importante pour la lumière bleue que pour la lumière rouge.

5° Comme les radiations bleues sont les plus diffusées, dans d'autres directions que celle de la propagation du faisceau de lumière blanche, **lorsque la lumière du Soleil arrive sur le sol, elle est plus riche en radiations rouges qu'en radiations bleues**.

6° La diffusion Rayleigh ayant soustrait des radiations bleues à la lumière blanche du Soleil, **le faisceau de lumière n° 1** contient essentiellement du rouge et du vert : il **est de teinte jaune** (R + V).

7° **Chaque point de l'atmosphère est entouré de molécules de gaz qui diffusent préférentiellement la lumière bleue, et ce, dans toutes les directions.** L'œil percevra donc ces radiations et le ciel apparaît, sur Terre, de couleur bleue.

8° Après les radiations bleues, les radiations vertes ont les longueurs d'ondes les plus courtes. Elles sont moins diffusées que les radiations bleues. La lumière du Soleil qui parvient à l'observateur à son coucher contient donc des radiations rouges et moins de radiations vertes. **La teinte de la lumière du Soleil est** ainsi **rouge-orangé.**

9° En l'absence d'atmosphère, la lumière provenant du Soleil qui arrive au sol d'une planète n'a pas subi de diffusion. L'atmosphère ne fait pas écran et **le ciel est noir**.

13 **1°** **Les radiations ultraviolettes** (UV) ont des longueurs d'ondes inférieures à 400 nm, la limite inférieure des ondes lumineuses visibles par l'œil humain. Elles **ne sont pas visibles**.

2° **Les matières fluorescentes absorbent les UV et émettent des radiations dans le domaine visible de longueurs d'ondes.** Les trois matières fluorescentes choisies émettent dans des couleurs qui leur sont propres : le rouge pour l'une, le vert pour l'autre et le bleu pour la dernière.

3° **Les trois lumières** qui sortent du pixel sont vues par l'œil comme venant d'un même point de l'écran et **sont additionnées.**

4° **L'intensité de la lumière colorée** émise par une cellule **est réglée en**

modifiant la tension aux bornes des électrodes qui ionisent le gaz de la cellule.

5° Une couleur est définie par trois valeurs d'intensités lumineuses, celles des trois couleurs primaires produites par une cellule. Comme les intensités lumineuses d'une couleur primaire peuvent prendre 256 valeurs, **le nombre de couleurs que peut produire un pixel est** :

$$N = 256^3 = 16{,}8 \times 10^6,$$

soit un peu moins **de 17 millions de couleurs**.

6° a) Lorsque la valeur du niveau d'intensité lumineuse diminue, **la couleur paraît de plus en plus sombre**.

b) **Couleur 1** : elle est obtenue par addition de radiations bleu et vert (intenses, 255) ; on obtient donc la **couleur secondaire cyan** (intense).

Couleur 2 : elle est obtenue par addition de radiations rouges et vertes de mêmes niveaux d'intensités, de valeurs maximales (255) ; on obtient donc la **couleur secondaire jaune** (intense).

Couleur 3 : elle est également obtenue par addition de radiations rouges et vertes, mais d'intensités plus faibles (204) que pour la couleur n° 2 ; on obtient un **jaune plus sombre**.

Couleur 4 : le noir n'est pas une couleur ! Le pixel est **noir** car il n'émet aucune lumière.

7° Le **réglage n° 1** donne une lumière composée de rouge et de vert, ce qui produirait du jaune, si les deux niveaux d'intensité étaient égaux. Or le rouge est plus intense, ce qui donne la **couleur orange**.

Le **réglage n° 2** donne une lumière composée à égalité d'intensité (moyenne, 129) de rouge, de vert, et de bleu.

Ces trois couleurs produiraient par addition du blanc si leur intensité était maximale ; or elle est ici moyenne, d'où l'**aspect gris**.

Le **réglage n° 3** donne une lumière composée de rouge et de vert, ce qui produirait du jaune, si les deux niveaux d'intensité étaient égaux. Or le vert est plus intense, ce qui donne la **couleur vert-jaune**.

Le **réglage n° 4** donne une lumière composée de rouge et bleu à des niveaux d'intensité élevés, et de vert de moindre intensité. Le rouge et le bleu donnent la couleur magenta, l'addition de vert rend la couleur plus froide et produit une **couleur violette**.

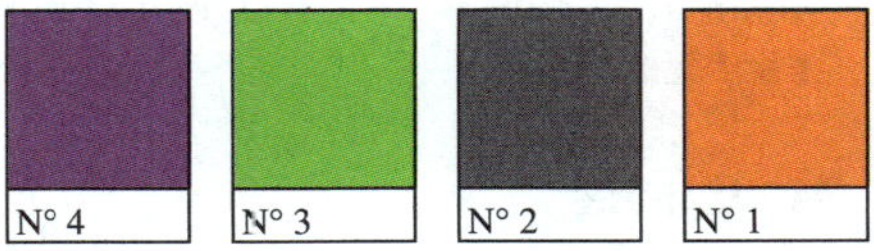

L'interrogation écrite

14 1° La synthèse additive s'obtient par superposition de **faisceaux lumineux** et la synthèse soustractive s'obtient par superposition de **filtres colorés**.

2° La synthèse additive, deux à deux, des trois couleurs primaires donne les trois couleurs secondaires additives :

– **cyan** = lumière verte + lumière bleue (***A***) ;

– **magenta** = lumière rouge + lumière bleue (***C***) ;

– **jaune** = lumière verte + lumière rouge (***B***).

Au centre, l'addition des trois lumières (rouge + vert + bleu) donne le **blanc** (***D***).

La synthèse soustractive par addition de deux filtres colorés de couleurs primaires soustractives donne les couleurs primaires d'addition :

– **bleu** = filtre magenta + filtre cyan (***E***) ;

– **rouge** = filtre magenta + filtre jaune (***G***) ;

– **vert** = filtre cyan + filtre jaune (***H***).

Au centre, la superposition des trois filtres absorbe toutes les couleurs, la zone (***F***) est **noire**.

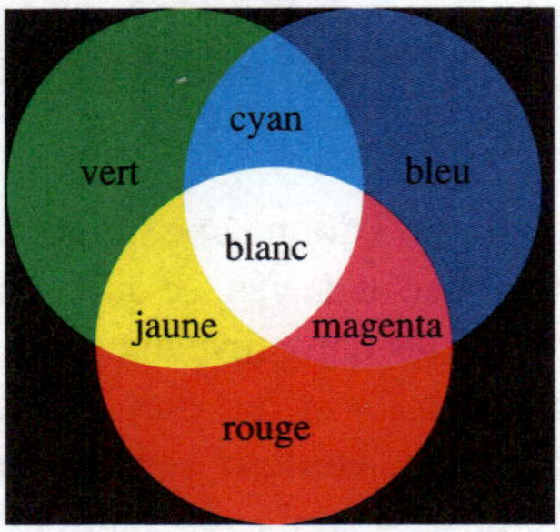

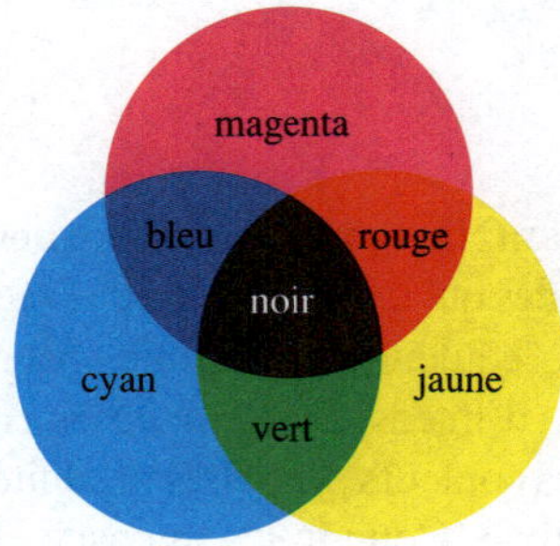

3°

En lumière blanche	En lumière magenta (lumière rouge + lumière bleue)	En lumière bleue (couleur primaire)
Motif vert (absorbe le rouge et le bleu)	**noir** (le rouge et le bleu de la lumière sont absorbés)	**noir** (la lumière bleue est absorbée)
Motif jaune (absorbe le bleu)	**rouge** (le bleu de la lumière est absorbé)	**noir** (le rouge et le bleu de la lumière sont absorbés)
Motif rouge (absorbe le bleu et le vert)	**rouge** (le bleu de la lumière est absorbé)	**noir** (la lumière bleue est absorbée)

4° À la sortie du filtre, la lumière doit contenir les couleurs : vert, rouge et jaune pour que chaque motif conserve sa couleur.

Or un filtre jaune doit sa couleur aux couleurs rouges et vertes qu'il n'absorbe pas. C'est donc **un filtre coloré jaune** (qui absorbe la couleur bleue) qui **permettra de conserver les couleurs de la jupe**.

CHAPITRE 5

Interaction lumière-matière

LE COURS

Les échanges d'énergie au niveau microscopique

► EXERCICE D'APPLICATION 5, p. 92

► Quantification de l'énergie

Pour interpréter les spectres d'émission et d'absorption, l'effet photoélectrique (principe du fonctionnement des panneaux solaires photovoltaïques), le rayonnement γ émis lors de réactions nucléaires…, on admet que les atomes, les molécules, les noyaux ne peuvent exister que dans certains états d'énergie bien définis, caractérisés par un niveau d'énergie. Ces niveaux d'énergie ne peuvent prendre que certaines valeurs.

L'énergie d'un atome, d'une molécule, d'un noyau est quantifiée.

► Rayonnement émis, rayonnement absorbé

• Lorsqu'un atome, dans un niveau d'énergie E_n, passe à un niveau d'énergie inférieure E_p, il émet une onde électromagnétique d'énergie $(E_n - E_p)$, de fréquence ν ou de longueur d'onde λ, telles que :

$$E_n - E_p = h \cdot \nu = \frac{h \cdot c}{\lambda}$$

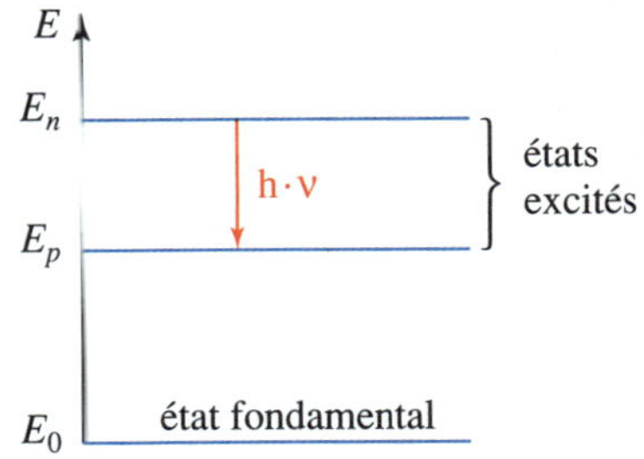

h est une constante, appelée constante de Planck :

$$\mathbf{h = 6{,}62 \times 10^{-34}\ J \cdot s}$$

c : célérité de la lumière dans le vide : $3{,}00 \times 10^8$ m · s^{-1}.

Unités : E_n et E_p en joule (J), ν en hertz (Hz), c en m · s^{-1} et λ en mètre (m).

Inversement, une onde électromagnétique dont l'énergie **h · ν** correspond exactement à la différence d'énergie $\boldsymbol{E_n - E_p}$ entre deux niveaux d'un atome peut être absorbée par cet atome.

• On utilise très souvent, comme unité d'énergie, l'électronvolt : **1 eV = 1,60 × 10^{-19} J.**

Dans un atome, les énergies mises en jeu lors des transitions d'électrons des couches externes sont de l'ordre de l'électronvolt (UV, visible, IR).

Celles mettant en jeu les électrons des couches profondes sont de l'ordre du keV (rayons X).

Enfin, lors de réactions nucléaires, des transitions énergétiques peuvent se produire à l'intérieur du noyau. Les énergies sont alors de l'ordre du MeV (rayons γ).

Le photon

Le photon correspond à l'aspect corpusculaire de la lumière. La lumière est à la fois une onde électromagnétique et un corpuscule, sans masse, se propageant à la célérité c de la lumière (dualité onde-corpuscule) et pouvant interagir avec la matière (choc contre un électron, par exemple).

À toute onde électromagnétique de fréquence ν et de longueur d'onde dans le vide λ, sont associés des photons d'énergie :

$$E = h \cdot \nu = \frac{h \cdot c}{\lambda}$$

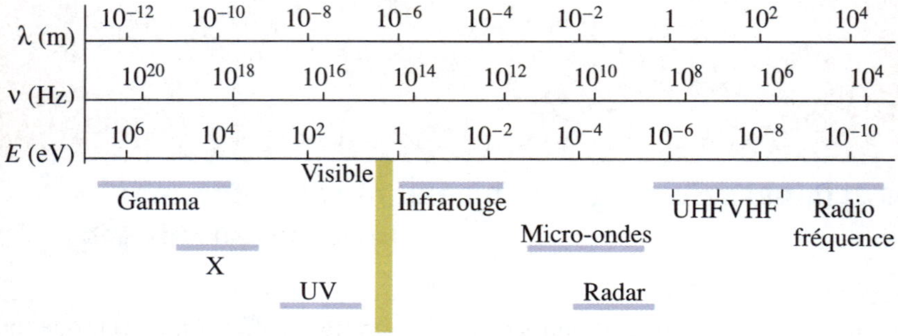

Les différentes énergies des photons et domaines d'ondes électromagnétiques correspondants

Interprétation des spectres

▶ EXERCICES D'APPLICATION 6 ET 7, p. 93

Spectre d'émission

On observe un spectre d'émission lorsque l'atome, préalablement excité, passe d'un niveau d'énergie supérieur à un niveau d'énergie plus faible. Les radiations émises correspondent à des transitions entre les différents niveaux d'énergie.

Les spectres optiques font intervenir les électrons des couches externes.

Toutes les transitions ne sont pas possibles.

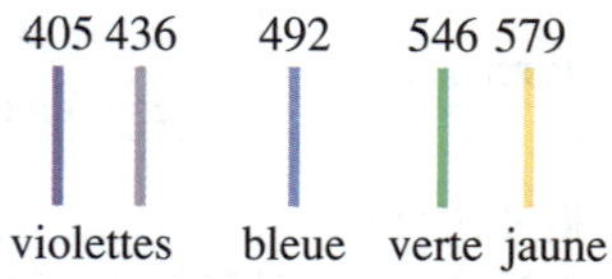

Spectre de raies d'émission d'une lampe à vapeur de mercure (λ en nm)

Un spectre de raies permet d'identifier une entité chimique : c'est la signature de celle-ci.

Spectre d'absorption

Si on réalise le spectre provenant d'une lumière blanche qui a traversé une substance transparente, on observe des bandes noires ou des raies noires sur fond de spectre continu. Ces raies noires correspondent à des photons absorbés. Ce spectre est appelé spectre d'absorption de la substance.

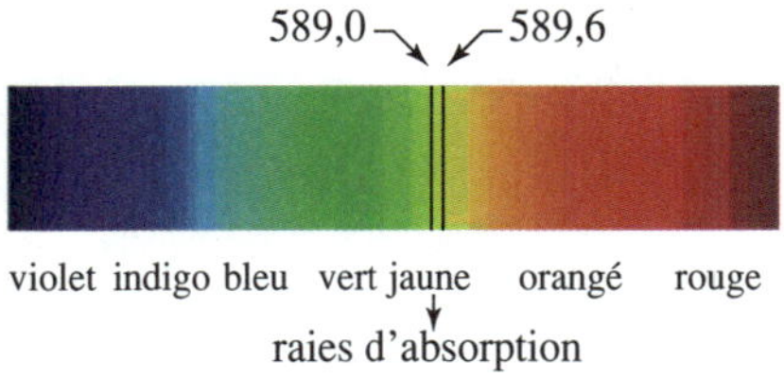

Spectre d'une lumière blanche ayant traversé de la vapeur de sodium (λ en nm)

Dans tous les cas, les photons absorbés correspondent à des photons que l'atome ou la molécule est capable d'émettre.

Un photon est absorbé par un atome dans les deux cas suivants :

– son énergie $h \cdot \nu$ correspond exactement à une transition électronique entre deux niveaux d'énergie E_n et E_p de l'atome : $h \cdot \nu = E_n - E_p$. L'énergie de l'atome passe du niveau E_P au niveau supérieur E_n.

– son énergie $h \cdot \nu$ est supérieure à l'énergie E_i qu'il faut fournir pour ioniser l'atome. Dans ce cas, le photon est absorbé et un électron de l'atome est émis avec une énergie cinétique :

$$E_c = h \cdot \nu - E_i.$$

De la même manière, des molécules peuvent absorber des photons.

► Spectre solaire

Le Soleil est une boule de gaz à très haute pression, le cœur, entourée d'une couche de gaz de faible pression, son atmosphère.

La lumière émise par le cœur est un rayonnement continu (lumière blanche). En traversant l'atmosphère du soleil, des photons sont absorbés par certaines entités chimiques présentes. Lorsqu'on réalise le spectre solaire, ces radiations absorbées font apparaître de fines raies noires sur un fond coloré continu. Ces radiations manquantes permettent d'identifier les éléments chimiques présents dans l'atmosphère solaire.

On constate ainsi que l'hydrogène et l'hélium sont les éléments les plus abondants dans les étoiles, et donc de notre Univers.

Spectre solaire et raies d'absorption

LA DIFFICULTÉ DU CHAPITRE

Interpréter un diagramme énergétique

► Niveaux d'énergie

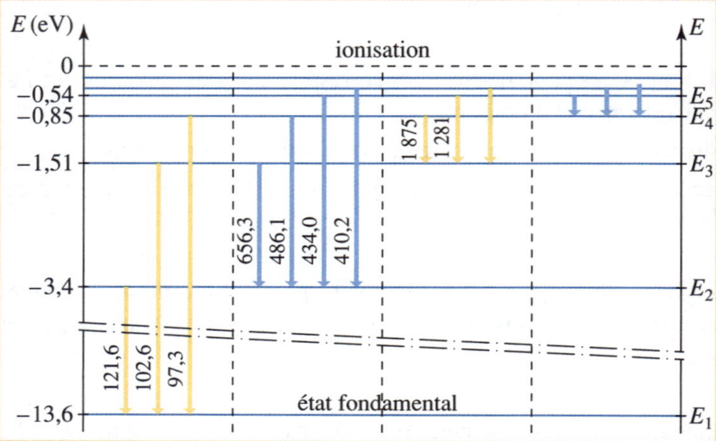

Les différentes niveaux d'énergie de l'atome d'hydrogène

Lorsqu'on excite un atome, son énergie augmente. Très souvent, on convient de donner une valeur nulle à l'énergie maximale que peut emmagasiner l'atome et qui correspond à l'état ionisé.

Dans ce cas, les autres niveaux d'énergie ont des valeurs négatives. Cela n'a pas d'importance, car on s'intéresse toujours aux variations d'énergie de l'atome.

► Calcul de la longueur d'onde d'une raie d'émission

Par exemple, lorsqu'un atome d'hydrogène passe du niveau excité d'énergie $E_2(-3{,}4\text{ eV})$ à l'état fondamental d'énergie inférieure $E_1(-13{,}6\text{ eV})$, son énergie diminue de :

$$-3{,}4-(-13{,}6)=10{,}2\text{ eV}.$$

Il y a émission d'un photon de longueur d'onde λ donnée par :

$$E_2-E_1=\frac{\mathrm{h}\cdot \mathrm{c}}{\lambda},\quad \text{soit}\quad \lambda=\frac{\mathrm{h}\cdot \mathrm{c}}{(E_2-E_1)}.$$

Dans cette relation, λ est en m, c en $\mathrm{m\cdot s^{-1}}$ et (E_2-E_1) en J.

► Absorption d'un photon

Un photon est absorbé (raie d'absorption) si, et seulement si :

– son énergie correspond exactement à une différence de niveaux d'énergie E_P-E_n de l'atome ;

– son énergie est supérieure à l'énergie qu'il faut fournir pour ioniser l'atome. Le photon est alors absorbé et un électron est émis avec une énergie cinétique : $E_c=\mathrm{h}\cdot\nu-E_i$.

EXERCICES

Tester ses connaissances

1 QCM 1

(corrigés p. 98)

Parmi les affirmations suivantes, lesquelles sont vraies ?

1° Contrairement à l'atome, l'énergie d'une molécule n'est pas quantifiée.

2° L'énergie d'un noyau est quantifiée.

3° Lorsqu'un atome passe d'un niveau d'énergie à un autre d'énergie supérieure, il y a émission d'un photon.

4° Les photons ne correspondent qu'aux ondes électromagnétiques visibles, comme la lumière.

5° L'énergie d'un photon est donnée par :

a) $E = \text{h} \cdot \lambda$; **b)** $E = \text{h} \cdot \nu$; **c)** $E = \dfrac{\text{h} \cdot \text{c}}{\lambda}$.

6° Le spectre solaire présente des raies d'absorption.

2 QCM 2

(corrigés p. 98)

Parmi les affirmations suivantes, lesquelles sont vraies ?

1° Un photon correspondant à une onde électromagnétique visible possède une énergie de l'ordre :

a) du MeV ; **b)** de l'eV ; **c)** de 10^{-3} eV.

2° Un photon correspondant à un rayonnement γ a une énergie de l'ordre :

a) du MeV ; **b)** de l'eV ; **c)** de 10^{-3} eV.

3° L'énergie d'un photon augmente :

a) avec la longueur d'onde ; **b)** avec la fréquence.

4° Lorsqu'on passe du violet au rouge, l'énergie des photons :

a) augmente ; **b)** diminue ; **c)** ne varie pas.

5° Les photons :

a) ont une masse ; **b)** n'ont pas de masse ; **c)** ont une vitesse, dans le vide, qui dépend de la couleur de la lumière.

3 QCM 3

(corrigés p. 98)

Dans ce spectre d'émission :

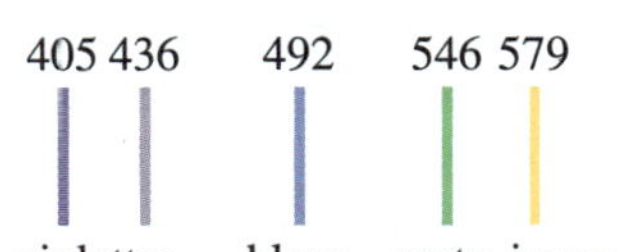

1° Les nombres correspondent :

a) aux longueurs d'onde des radiations ;

b) aux fréquences des radiations ;

c) à l'énergie des radiations ;

d) aux numéros des raies.

cours
exercices
interro
corrigés

2° L'unité, non précisée, est :

a) le hertz ; **b)** le joule ; **c)** le nanomètre ; **d)** le mètre.

3° L'énergie d'une radiation verte est plus grande que l'énergie d'une radiation jaune.

4° La raie violette correspond aux photons de plus petite énergie.

Maîtriser les méthodes

Les exercices de cette rubrique font appel aux méthodes de base, qu'il faut maîtriser. Ils font l'objet d'une correction guidée pas à pas, qui récapitule ces méthodes, pour mieux les mémoriser.

4 ÉNERGIE DE PHOTONS *(corrigés p. 98)*

Reproduire et compléter le tableau ci-dessous en indiquant la natures des ondes électromagnétiques : rayons γ, rayons X, UV, visible, IR.

Nature	λ dans le vide	Fréquence ν	Énergie (J)	Énergie (eV)
	436 nm			
			$9{,}93 \times 10^{-19}$	
				2,48 keV
		$2{,}5 \times 10^{19}$ Hz		
	11 µm			

Données : 1 eV = $1{,}60 \times 10^{-19}$ J ; c = $3{,}00 \times 10^{8}$ m · s^{-1} ; h = $6{,}62 \times 10^{-34}$ J · s.

5 NIVEAU D'ÉNERGIE D'UN ATOME *(corrigés p. 98)*

Différents niveaux d'énergie d'un atome sont représentés ci-dessous.

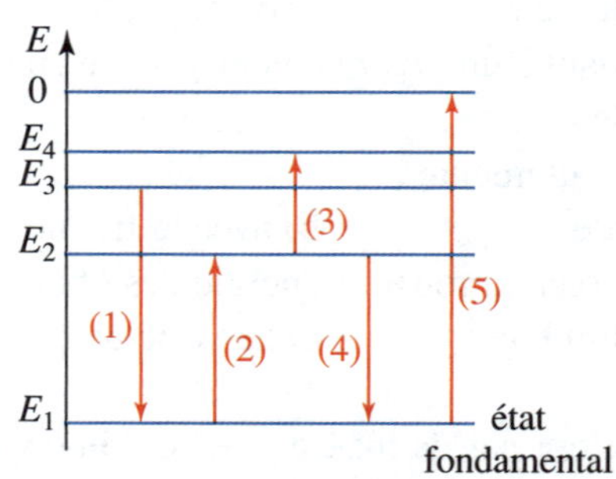

1° Les flèches représentent soit l'émission, soit l'absorption d'un photon.

a) Attribuer à chaque flèche le mécanisme correspondant.

b) Exprimer les longueurs d'onde d'émission correspondantes en fonction des énergies des différents niveaux.

c) Quelle est, de ces radiations, celle qui possède le plus d'énergie ?

2° Que représente la flèche (5) ?

3° Cet atome pris dans son état fondamental peut-il toujours absorber un photon d'énergie E :

a) $E < -E_1$? **b)** $E > -E_1$?

6 ÉMISSION DE PHOTON PAR L'ATOME DE LITHIUM

(corrigés p. 98)

On a représenté ci-dessous les niveaux d'énergie de l'atome de lithium.

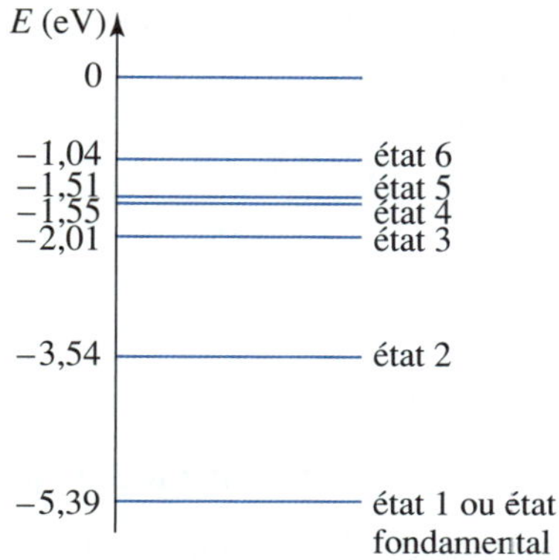

1° Un atome de lithium passe de l'état excité 3 à l'état fondamental.

a) Calculer la variation d'énergie ΔE de l'atome.

b) Quelle est l'énergie du photon émis ?

c) Quelle est sa longueur d'onde ? Ce photon est-il visible ?

2° Un atome de lithium émet un photon de longueur d'onde 0,611 3 µm.

a) Calculer, en eV, l'énergie de ce photon.

b) Entre quels niveaux l'atome se désexcite-t-il ?

Données : 1 eV = $1{,}60 \times 10^{-19}$ J ; c = $3{,}00 \times 10^{8}$ m · s^{-1} ; h = $6{,}62 \times 10^{-34}$ J · s.

7 ABSORPTION DE PHOTONS

(corrigés p. 99)

Le diagramme ci-contre représente quelques niveaux d'énergie de l'atome de potassium. L'énergie $E = 0$ correspond à l'ion K^+.

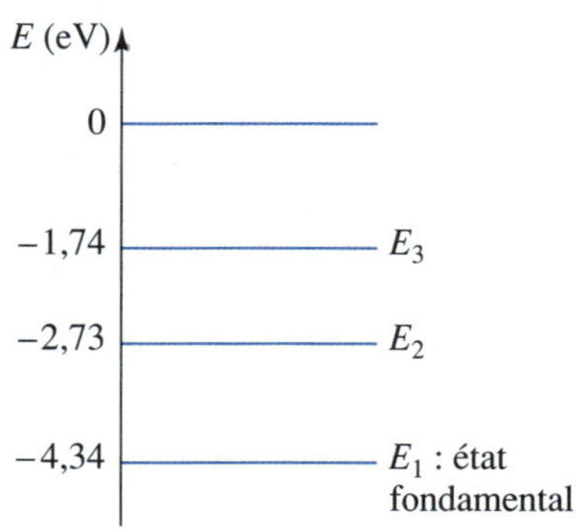

1° Quelle est la plus grande longueur d'onde absorbée par un atome de potassium dans son état fondamental ? La situer dans le spectre.

2° Quelle est, en joule, l'énergie E_i nécessaire pour ioniser un atome de potassium considéré dans l'état fondamental ?

Données : 1 eV = $1{,}60 \times 10^{-19}$ J ;
c = $3{,}00 \times 10^{8}$ m · s^{-1} ; h = $6{,}62 \times 10^{-34}$ J · s.

S'entraîner

8 ÉMISSION D'UN PHOTON γ PAR UN NOYAU DE NICKEL 60 ★★ 8 min

(corrigés p. 99)

La théorie du noyau atomique conduit à associer des états d'énergie aux états possibles des nucléons. Le niveau d'énergie $E = 0$ correspond à l'état nucléaire minimal ou

cours
exercices
interro
corrigés

état fondamental. Les états correspondant à une plus grande agitation des nucléons sont des états excités.

Le diagramme ci-contre indique des états d'énergie pour le noyau de nickel 60. Les énergies sont indiquées en MeV.

Calculer les longueurs d'onde, en picomètre (pm), des rayons γ émis lorsqu'un noyau de nickel passe d'un état excité à son état fondamental.

Données : 1 eV = $1{,}60 \times 10^{-19}$ J ;

c = $3{,}00 \times 10^{8}$ m · s^{-1} ; h = $6{,}62 \times 10^{-34}$ J · s.

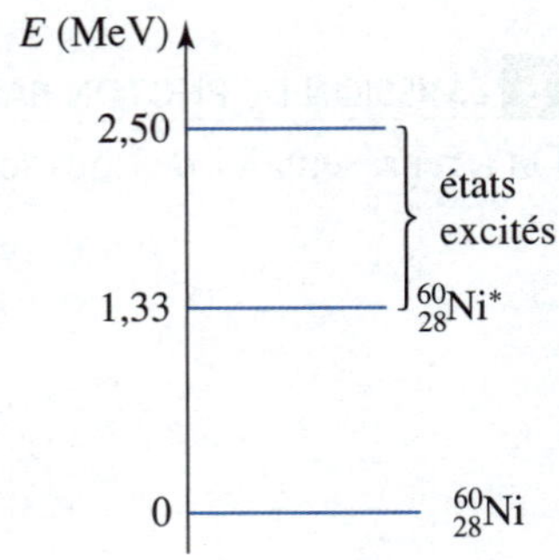

9 ABSORPTION DE PHOTONS PAR DES ATOMES D'HYDROGÈNE ★★ 12 min

(corrigés p. 100)

Les différents niveaux d'énergie de l'atome d'hydrogène sont donnés par la relation :

$E_n = -\dfrac{13{,}6}{n^2}$, où E_n est exprimée en eV et n, un nombre entier non nul.

1° Faire un schéma représentant les quatre premiers niveaux, ainsi que l'état ionisé.

2° Quelle énergie, en eV, faut-il fournir à l'atome pour l'ioniser à partir de son premier niveau excité ?

3° Quel est le comportement d'un atome d'hydrogène, dans son état fondamental, qui reçoit des radiations de longueur d'onde :

a) 91,2 nm ; **b)** 110 nm ;

c) 122 nm ; **d)** 1 µm.

Données : 1 eV = $1{,}60 \times 10^{-19}$ J ; c = $3{,}00 \times 10^{8}$ m · s^{-1} ; h = $6{,}62 \times 10^{-34}$ J · s.

10 ÉMISSION DE RAYONS X ★★★ 15 min

(corrigés p. 100)

Dans une enceinte au vide poussé, appelée « tube à rayons X », des électrons, émis sans vitesse initiale par un filament chauffé, sont accélérés par une tension de 40,0 kV. Ils viennent ainsi frapper, avec une énergie cinétique de 40 keV, une cible constituée par une plaque de cuivre.

Le diagramme ci-dessous montre quelques niveaux d'énergie, notés *K*, *L* et *M*, de l'atome de cuivre.

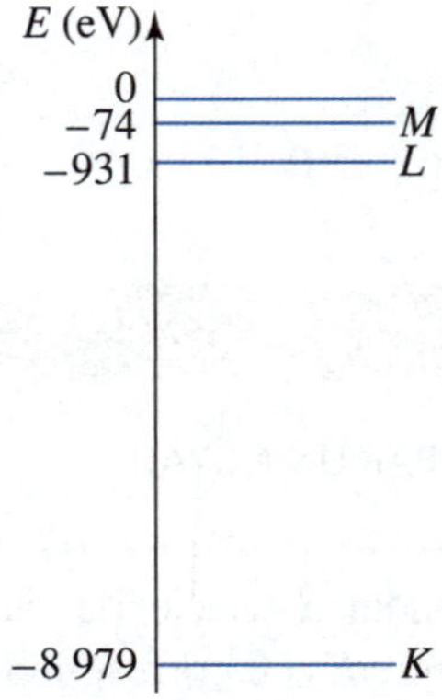

1° a) L'énergie d'un électron incident est-elle suffisante pour arracher un électron *K* de l'atome de cuivre ?
b) Si toute l'énergie de l'électron incident est transmise à l'électron *K*, avec quelle énergie cinétique l'électron *K* quitte-t-il l'atome ?
c) L'énergie cinétique est donnée par $E_C = \frac{1}{2}m \cdot v^2$. Calculer la vitesse de l'électron éjecté de l'atome.
2° Une fois l'électron *K* arraché, un électron, provenant de la couche *L* ou un électron provenant de la couche *M*, passe sur la couche *K*. L'atome émet alors un photon correspondant à cette différence d'énergie.
En déduire les valeurs des deux longueurs d'onde caractéristiques du spectre émis par le tube à rayons X.
Données : $1 \text{ eV} = 1{,}60 \times 10^{-19}$ J ; $c = 3{,}00 \times 10^8$ m · s^{-1} ; $h = 6{,}62 \times 10^{-34}$ J · s.
Masse d'un électron : $m = 9{,}1 \times 10^{-31}$ kg.

11 SPECTRE SOLAIRE ★★ 6 min (corrigés p. 100)

Le document ci-dessous est un enregistrement d'un spectre solaire.

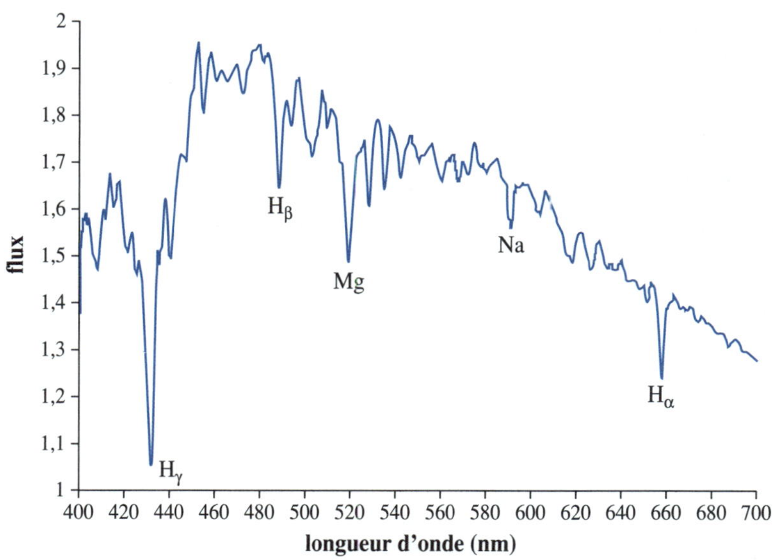

1° Quelle est l'origine du fond continu du spectre ?
2° Justifier la présence de raies noires.
3° Quelles indications apporte ce spectre ?

Pour aller plus loin

12 SPECTRE DE LA PENTAN-3-ONE ★★★ 20 min (corrigés p. 101)

Le document ci-dessous représente le spectre d'absorption de la molécule de pentan-3-one.

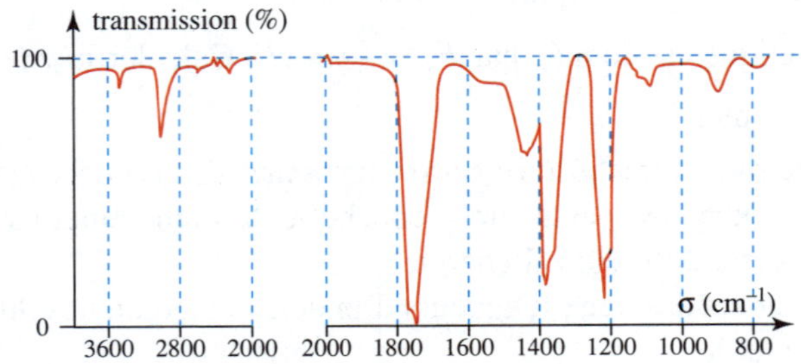

En abscisse est porté le nombre d'onde $\sigma = \frac{1}{\lambda}$, en cm^{-1}.

1° Quelle est la formule de la pentan-3-one ?

2° Pourquoi ce spectre est-il un spectre d'absorption ?

3° Le pic d'absorption à 2 900 cm^{-1} est caractéristique des liaisons C–H.

a) Combien de liaisons C–H possède la pentan-3-one ?

b) Calculer la longueur d'onde, en µm, de ce pic.
Situer ce pic dans le spectre général des ondes électromagnétiques.

c) Calculer l'énergie, en eV, des photons absorbés correspondants.

4° a) Le pic le plus intense correspond à la double liaison CO de la fonction cétone.
Calculer la longueur d'onde de ce pic.

b) Calculer l'énergie, en eV, des photons absorbés correspondants.

Données : $1 \text{ eV} = 1{,}60 \times 10^{-19}$ J ; $c = 3{,}00 \times 10^{8}$ m · s^{-1} ; $h = 6{,}62 \times 10^{-34}$ J · s.

13 SPECTRE DE L'ATOME DE POTASSIUM ★★★★ 30 min (corrigés p. 101)

La figure ci-dessous représente les premiers niveaux d'énergie 4*s*, 4*p*′, 4*p*″ et 5*s* de l'atome de potassium. Le niveau 4*p* est dédoublé (4*p*′ et 4*p*″).

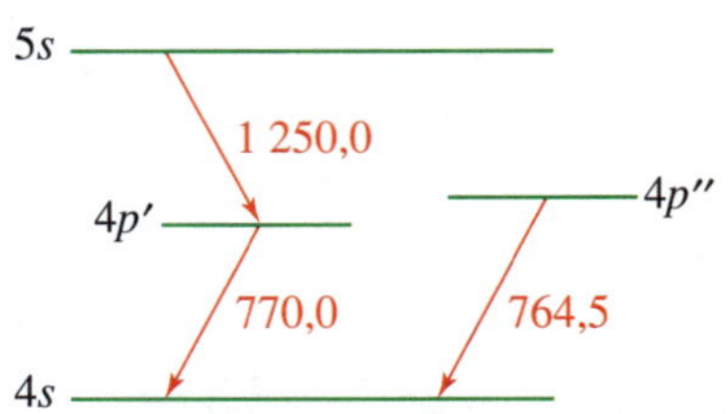

1° Les transitions 4*p* → 4*s* donnent un doublet correspondant à deux raies très voisines de longueurs d'onde λ′ = 770,0 nm et λ″ = 764,5 nm.
Calculer, en eV, la différence d'énergie séparant les niveaux 4*p*′ et 4*p*″.

2° La transition 5*s* → 4*p*′ correspond à une radiation de longueur d'onde λ_1 = 1 250 nm. Calculer la longueur d'onde λ_2 de la raie émise lors de la transition 5*s* → 4*p*″.

3° L'énergie d'ionisation de l'atome de potassium dans son état fondamental 4*s* vaut 4,34 eV. Quelle est l'énergie nécessaire pour ioniser l'atome excité dans l'état 5*s* ?
Données : 1 eV = $1{,}60 \times 10^{-19}$ J ;   c = $3{,}00 \times 10^{8}$ m · s^{-1} ;   h = $6{,}62 \times 10^{-34}$ J · s.

L'interrogation écrite

14 DIAGRAMME ÉNERGÉTIQUE DE L'ATOME D'HYDROGÈNE 30 min *(corrigés p. 102)*

Le document ci-contre donne le diagramme énergétique de l'atome d'hydrogène. Par convention, on attribue des valeurs négatives à l'énergie des différents niveaux. L'état le plus énergétique correspond à l'état ionisé : on lui attribue l'énergie zéro.

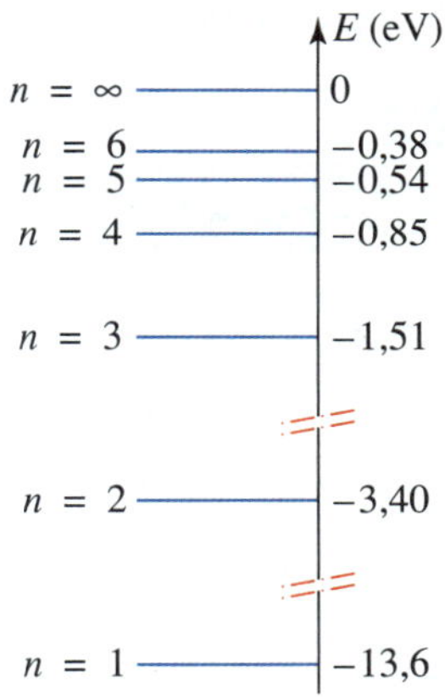

1° L'état fondamental correspond à $n = 1$.
a) Qu'est-ce que l'état fondamental ? Quelle est son énergie ?
b) Qu'est-ce qu'un état excité ?
2° a) Quelle énergie, en eV, faut-il fournir à un atome d'hydrogène dans son état fondamental pour l'ioniser ?
b) Quelle énergie, en eV, faut-il fournir à un atome d'hydrogène pour le faire passer du niveau fondamental au premier niveau excité ?
c) Que se passe-t-il lorsque cet atome excité revient à son état fondamental ?
3° Un atome d'hydrogène peut émettre différentes séries de raies.
Le spectre d'émission, en lumière visible, est schématisé sur le document ci-dessous.
Cette série de raies (appelée série de Balmer) correspond à des transitions vers le niveau $n = 2$.
Entre quels niveaux d'énergie l'atome d'hydrogène se désexcite-t-il pour émettre ces raies ?

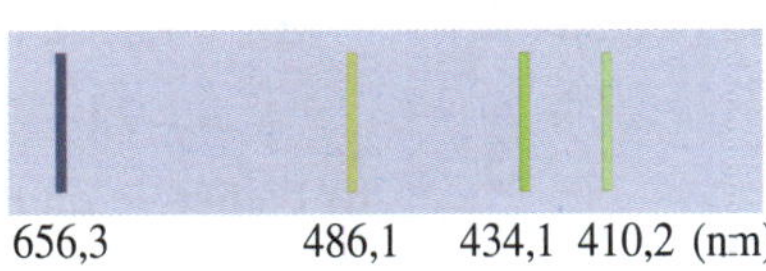

4° a) Un gaz d'hydrogène atomique est porté à la température de 2 500 K. Les atomes sont dans leur état fondamental.
Parmi les radiations dont on donne les longueurs d'onde, quelles sont celles qui sont susceptibles d'être absorbées par les atomes ?

λ_1	λ_2	λ_3
102,6 nm	100,9 nm	93,8 nm

b) On envoie, sur ce gaz, des photons de 14,6 eV. Que va-t-il se produire ?
Données : 1 eV = $1{,}60 \times 10^{-19}$ J ;   c = $3{,}00 \times 10^{8}$ m · s^{-1} ;   h = $6{,}62 \times 10^{-34}$ J · s.

CORRIGÉS

Tester ses connaissances

1 Affirmations **vraies** : 2° ; 5° b) et c) ; 6°.

2 Affirmations **vraies** : 1° b) ; 2° a) ; 3° b) ; 4° b) ; 5° b).

3 Affirmations **vraies** : 1° a) ; 2° c) ; 3°.

Maîtriser les méthodes

4

Nature	λ dans le vide	Fréquence ν (Hz)	Énergie (J)	Énergie (eV)
visible	436 nm	**$6{,}88 \times 10^{14}$**	**$4{,}56 \times 10^{-19}$**	**2,85 eV**
UV	**200 nm**	**$1{,}5 \times 10^{15}$**	$9{,}93 \times 10^{-19}$	**6,21 eV**
rayons X	**0,50 nm**	**$6{,}0 \times 10^{17}$**	**$3{,}97 \times 10^{-16}$**	2,48 keV
γ	**12 pm**	$2{,}5 \times 10^{19}$	**$1{,}66 \times 10^{-14}$**	**0,1 MeV**
IR	11 μm	**$2{,}7 \times 10^{13}$**	**$1{,}81 \times 10^{-20}$**	**0,11 eV**

Exercice 4 : conseil à retenir

- Attention aux unités : 1 nm = 10^{-9} m ; 1 pm = 10^{-12} m.
- Dans la relation $E = \frac{h \cdot c}{\lambda}$, E est en joule (J) et λ en mètre (m).

5 1° a) L'**émission** correspond aux flèches **(1)** et **(4)** et l'absorption aux flèches **(2)**, **(3)** et **(5)**.

b) Flèche (1) :

$$E_3 - E_1 = h \cdot \nu_1 = \frac{h \cdot c}{\lambda_1} ; \boldsymbol{\lambda_1 = \frac{h \cdot c}{E_3 - E_1}}.$$

Flèche (4) :

$$E_2 - E_1 = h \cdot \nu_4 = \frac{h \cdot c}{\lambda_4} ; \boldsymbol{\lambda_4 = \frac{h \cdot c}{E_2 - E_1}}.$$

c) L'énergie du photon émis est égale à la variation d'énergie entre les deux états.

Donc, comme $(E_3 - E_1) > (E_2 - E_1)$, la radiation de longueur d'onde λ_1 possède le plus d'énergie.

2° La flèche (5) correspond à l'**ionisation de l'atome à partir de son état fondamental**.

3° a) **Non**, cet atome ne peut pas toujours absorber un photon : il faut que le photon possède une énergie correspondant exactement à une transition, c'est-à-dire à une différence de niveaux d'énergie de l'atome.

b) **Oui**, car, dans ce cas, il y a ionisation. L'excès d'énergie, par rapport à l'énergie d'ionisation, est transféré sous forme d'énergie cinétique à l'électron émis.

Par exemple, l'atome d'hydrogène peut être ionisé selon : $H \rightarrow H^+ + e^-$.

Exercice 5 : conseil à retenir

- Pour la question 2° : le niveau correspondant à l'atome ionisé est pris égal à zéro.
- Pour la question 3° : pour bien comprendre l'inégalité $E < -E_1$, il faut se souvenir que E_1 est une quantité négative, donc $-E_1$ est une quantité positive.
- Bien lire l'énoncé : c'est le mot « toujours » qui implique une réponse négative à la question 3° a).

6 1° a) La variation d'énergie entre le niveau 3 et l'état fondamental est :

$$\boldsymbol{\Delta E = E_3 - E_1}$$
$$= -2{,}01 - (-5{,}39) = \mathbf{3{,}38\ eV}.$$

b) L'énergie du photon émis est égale à la variation d'énergie entre les deux états, soit **3,38 eV**.

c) Sa longueur d'onde est égale à :

$\lambda = \frac{c}{\nu}$. Or, on a $\Delta E = h \cdot \nu$; cela implique

$\nu = \frac{\Delta E}{h}$. Donc $\boldsymbol{\lambda = \frac{h \cdot c}{\Delta E}}$.

Il faut convertir ΔE en joule :

$$\Delta E = 3{,}38 \text{ eV} = 3{,}38 \times 1{,}60 \times 10^{-19}$$
$$= 5{,}41 \times 10^{-19} \text{ J}.$$

$$\lambda = \frac{6{,}62 \times 10^{-34} \times 3{,}00 \times 10^{8}}{5{,}41 \times 10^{-19}}$$

$= 3{,}67 \times 10^{-7}$ m = **367 nm.**

Ce photon n'est **pas visible**, c'est un photon UV.

2° a) L'énergie de ce photon est donnée par :

$$E = \text{h} \cdot \nu = \frac{\textbf{h} \cdot \textbf{c}}{\boldsymbol{\lambda}}$$

$$= \frac{6{,}62 \times 10^{-34} \times 3 \times 10^{8}}{0{,}6113 \times 10^{-6}}$$

$= 3{,}249 \times 10^{-19}$ J.

Or, $1 \text{ J} = \dfrac{1}{1{,}6 \times 10^{-19}}$ eV ; donc :

$$E = \frac{3{,}249 \times 10^{-19}}{1{,}6 \times 10^{-19}} = \textbf{2,03 eV.}$$

b) Cette énergie correspond à la différence d'énergie entre les niveaux :

(5) (–1,51 eV) et (2) (–3,54 eV) ;

en effet : –1,51 – (–3,54) = 2,03.

L'atome de lithium, en se désexcitant **du niveau 5 vers le niveau 2**, émet une onde électromagnétique rouge-orangé de longueur d'onde 611,3 nm.

Exercice 6 : conseils à retenir

- Pour la question **1°** : pour obtenir la longueur d'onde à partir de l'énergie donnée par la relation $E = \dfrac{\text{h} \cdot \text{c}}{\lambda}$, il faut exprimer E en joule.
- Pour la question **2°** : la relation $E = \dfrac{\text{h} \cdot \text{c}}{\lambda}$ donne E en joule. Il faut ensuite convertir en eV.

7 **1°** La plus grande longueur d'onde correspond à la plus petite fréquence, donc à la variation d'énergie la plus petite : $E_2 \rightarrow E_1$.

$\boldsymbol{\Delta E = E_2 - E_1}$ = – 2,73 – (–4,34)

= **1,61 eV**.

Calculons ΔE en joule :

$\Delta E = 1{,}61 \times 1{,}60 \times 10^{-19} = 2{,}58 \times 10^{-19}$ J.

Calculons maintenant λ :

$\Delta E = E_2 - E_1 = \dfrac{\text{h} \cdot \text{c}}{\lambda}$, soit $\boldsymbol{\lambda} = \dfrac{\textbf{h} \cdot \textbf{c}}{\boldsymbol{\Delta E}}$;

$$\lambda = \frac{6{,}62 \times 10^{-34} \times 3{,}00 \times 10^{8}}{2{,}58 \times 10^{-19}}$$

$= 7{,}70 \times 10^{-7}$ m ;

λ = 770 nm.

Cette longueur d'onde se situe **dans le spectre visible, dans le rouge**.

2° L'énergie nécessaire est de 4,34 eV ;

$E_{\text{i}} = 4{,}34 \times 1{,}6 \times 10^{-19} = \mathbf{6{,}94 \times 10^{-19}}$ **J**.

Exercice 7 : conseil à retenir

- Pour la question **2°** : le niveau correspondant à l'atome ionisé est pris égal à zéro.

Il faut fournir l'énergie :

0 – (–4,34) = + 4,34 eV.

S'entraîner

8 Les photons émis auront une énergie :

$E' = 2{,}50$ MeV

ou $E'' = 1{,}33$ MeV.

Convertissons ces deux énergies en joule :

$E' = 2{,}50 \times 10^{6} \times 1{,}60 \times 10^{-19}$

$= 4{,}00 \times 10^{-13}$ J.

$E'' = 1{,}33 \times 10^{6} \times 1{,}60 \times 10^{-19}$

$= 2{,}13 \times 10^{-13}$ J.

Les longueurs d'onde correspondantes sont données par : $\lambda = \dfrac{\text{c}}{\nu}$. Or, $E = \text{h} \cdot \nu$,

cela implique $\nu = \dfrac{E}{\text{h}}$.

Donc $\boldsymbol{\lambda} = \dfrac{\textbf{h} \cdot \textbf{c}}{\boldsymbol{E}}$.

On trouve $\lambda' = 4{,}97 \times 10^{-13}$ m,

soit **λ' = 0,497 pm** et **λ'' = 0,933 pm.**

1 pm = 10^{-12} m

9 **1°** Appliquons la formule :

$$E_n = -\frac{13,6}{n^2}.$$

Pour $n = 1$, $\boldsymbol{E_1 = -13,6}$ **eV** ; c'est le niveau fondamental.

Pour $n = 2$,

$$\boldsymbol{E_2} = -\frac{13,6}{2^2} = \boldsymbol{-3,4}\ \textbf{eV}.$$

Pour $n = 3$,

$$\boldsymbol{E_3} = -\frac{13,6}{3^2} = \boldsymbol{-1,5}\textbf{eV}.$$

Pour $n = 4$,

$$\boldsymbol{E_4} = -\frac{13,6}{4^2} = \boldsymbol{-0,85}\ \textbf{eV}.$$

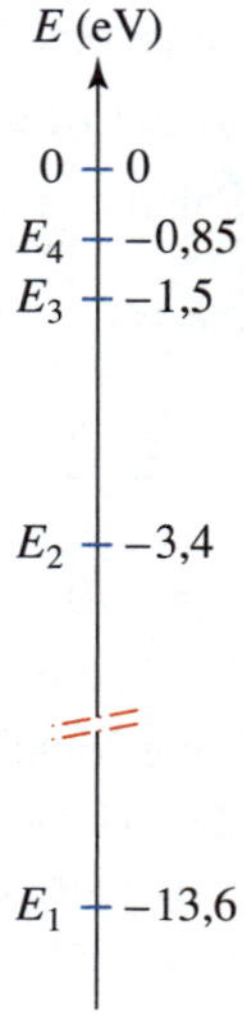

2° Il faut fournir à l'atome une énergie :

$$\boldsymbol{\Delta E} = 0 - E_2 = 0 - (-3,4)$$
$$= \textbf{3,4 eV}.$$

3° a) Le photon de longueur d'onde $\boldsymbol{\lambda}$ **= 91,2 nm** a une énergie :

$$\boldsymbol{E} = \frac{\mathbf{h \cdot c}}{\boldsymbol{\lambda}} = \frac{6,62 \times 10^{-34} \times 3,00 \times 10^8}{91,2 \times 10^{-9}}$$
$$= 2,18 \times 10^{-18}\ \text{J} ;$$

$$1\ \text{J} = \frac{1}{1,60 \times 10^{-19}}\text{eV}$$

$$\boldsymbol{E} = \frac{2,18 \times 10^{-18}}{1,60 \times 10^{-19}} = \textbf{13,6 eV}.$$

Cette énergie est égale à l'énergie d'ionisation : **le photon est absorbé et l'atome ionisé**. L'électron est émis avec une énergie cinétique négligeable.

b) $\boldsymbol{\lambda}$ **= 110 nm.** L'énergie de ce photon est de 11,3 eV. Cette énergie ne correspond à aucune transition ; en effet :

$E_2 - E_1 = -3,4 - (-13,6) = 10,2$ eV

et $E_3 - E_1 = -1,5 - (-13,6) = 12,1$ eV.

Le photon n'est pas absorbé.

c) $\boldsymbol{\lambda}$ **= 122 nm.** L'énergie de ce photon est de 10,2 eV : **le photon est absorbé et l'atome passe au niveau d'énergie** $\boldsymbol{E_2}$.

d) $\boldsymbol{\lambda}$ **= 1 µm.** L'énergie de ce photon est de 1,24 eV < 10,2 eV : **le photon n'est pas absorbé**.

10 **1° a)** Pour arracher un électron de la couche *K*, il faut fournir une énergie de 8 979 eV soit 8,979 keV.

L'énergie cinétique de l'électron incident (40 keV) **est suffisante** pour arracher un électron *K* de l'atome de cuivre.

b) Cet électron quitte l'atome avec une énergie cinétique :

$\boldsymbol{E_c} = 40,0 - 8,979 = \textbf{31,0 keV}.$

c) $E_c = \frac{1}{2} m \cdot v^2$; donc $v = \left(\frac{2E_c}{m}\right)^{\frac{1}{2}}$.

Il est nécessaire d'exprimer E_c en joule :

$E_c = 31 \times 10^3 \times 1,60 \times 10^{-19}$

$= 4,96 \times 10^{-15}$ J

$\boldsymbol{v = 1,04 \times 10^8}$ $\mathbf{m \cdot s^{-1}}$.

2° Calculons les énergies des photons émis :

$E_{LK} = -931 - (-8\,979) = 8\,048$ eV.

Calculons cette énergie en joule :

$E_{LK} = 8\,048 \times 1,60 \times 10^{-19}$

$= 1,288 \times 10^{-15}$ J.

De même :

$E_{MK} = -74 - (-8\,979) = 8\,905$ eV

$= 8\,905 \times 1,60 \times 10^{-19}$

$= 1,425 \times 10^{-15}$ J.

La longueur d'onde s'obtient par :

$$\boldsymbol{\lambda} = \frac{\mathbf{h \cdot c}}{\boldsymbol{E}}.$$

$\boldsymbol{\lambda_{LK}}$ **= 0,154 nm** et $\boldsymbol{\lambda_{MK}}$ **= 0,139 nm**.

11 **1°** Le Soleil est une boule de gaz à très haute pression, le cœur, entourée d'une couche de gaz de faible pression, son atmosphère. **La lumière émise par le cœur est un rayonnement continu (lumière blanche**) qui est à l'origine du fond continu du spectre.

2° En traversant l'atmosphère du Soleil, des photons sont absorbés par certaines entités chimiques présentes. Lorsqu'on réalise le spectre solaire, ces **radiations absorbées font apparaître de fines raies noires sur un fond coloré continu**.

3° Ces radiations manquantes permettent d'identifier les éléments chimiques présents dans l'atmosphère solaire.

Sur le document, **on observe des raies d'absorption caractéristiques des éléments hydrogène, magnésium et sodium**.

Pour aller plus loin

12 1° La molécule de pentan-3-one présente une fonction cétone :

R – CO – R′.

Elle correspond à la chaîne carbonée du pentane (5 atomes de C) ; sa formule est donc :

$$\mathbf{CH_3 - CH_2 - CO - CH_2 - CH_3}.$$

2° En ordonnée est porté le pourcentage de transmission des ondes électromagnétiques qui traversent la substance. On observe des « **pics** » **d'absorption**.

3° a) La pentan-3-one possède **10 liaisons C – H**.

b) $\lambda = \dfrac{1}{2\,900} = 3{,}45 \times 10^{-4}$ cm

$= \mathbf{3{,}45\ \mu m}$:

cela correspond à une bande d'absorption dans le **domaine infrarouge** (IR).

c) L'énergie de photons absorbés est donnée par :

$$E = h \cdot \nu = \frac{h \cdot c}{\lambda}$$
$$= \frac{6{,}62 \times 10^{-34} \times 3{,}00 \times 10^{8}}{3{,}45 \times 10^{-6}}$$
$$= 5{,}76 \times 10^{-20}\ \text{J}.$$

Exprimons cette énergie en eV :

$$1\ \text{J} = \frac{1}{1{,}60 \times 10^{-19}}\ \text{eV}$$

$$E = \frac{5{,}757 \times 10^{-20}}{1{,}60 \times 10^{-19}} = \mathbf{0{,}360\ eV.}$$

4° a) On lit sur la courbe :

$\sigma = 1\,720\ \text{cm}^{-1}$; or, $\lambda = \dfrac{1}{\sigma}$;

$$\lambda = \frac{1}{1\,720} = 5{,}81 \times 10^{-4}\ \text{cm} = \mathbf{5{,}81\ \mu m}.$$

Cette longueur d'onde correspond à une absorption dans l'**infrarouge**.

b) L'énergie de photons absorbés est donnée par :

$$E = h \cdot \nu = \frac{h \cdot c}{\lambda}$$
$$= \frac{6{,}62 \times 10^{-34} \times 3{,}00 \times 10^{8}}{5{,}81 \times 10^{-6}}$$
$$= 3{,}42 \times 10^{-20}\ \text{J}.$$

Exprimons cette énergie en eV :

$$E = \frac{3{,}42 \times 10^{-20}}{1{,}60 \times 10^{-19}} = \mathbf{0{,}214\ eV}.$$

13 1° Si l'on prend le niveau d'énergie 4*s* comme niveau de référence, $E(4s) = 0$, l'énergie du niveau $4p'$ est :

$$E(4p') = \frac{h \cdot c}{\lambda} = \frac{6{,}62 \times 10^{-34} \times 3 \times 10^{8}}{770 \times 10^{-9}}$$
$$= 2{,}579\,2 \times 10^{-19}\ \text{J} ;$$

$$E(4p') = \frac{2{,}579\,2 \times 10^{-19}}{1{,}60 \times 10^{-19}} = \mathbf{1{,}612\,0\ eV}.$$

De même, on trouve :

$$E(4p'') = \mathbf{1{,}623\,6\ eV}.$$

La différence d'énergie entre ces deux niveaux est donc de **0,011 6 eV.**

2° Calculons l'énergie du niveau 5*s*.

$E(5s) = E(4p') + \Delta E$, avec :

$$\Delta E = \frac{h \cdot c}{\lambda_1} = \frac{6{,}62 \times 10^{-34} \times 3{,}00 \times 10^{8}}{1\,250 \times 10^{-9}}\ \text{J} ;$$

$\Delta E = 0{,}993$ eV.

Donc :

$$E(5s) = 1{,}612\,0 + 0{,}993 = 2{,}605\ \text{eV}$$

$$E(5s) - E(4p'') = 2{,}605 - 1{,}623\,6$$
$$= 0{,}981\,4\ \text{eV}.$$

Exprimons ce résultat en joule :

$$E(5s) - E(4p'') = 0{,}981\,4 \times 1{,}60 \times 10^{-9}$$
$$= 1{,}570\,24 \times 10^{-9}\ \text{J}.$$

La fréquence ν_2 correspondant à la transition ($5s \rightarrow 4p''$) est telle que :

$$h \cdot \nu_2 = E(5s) - E(4p'') ;$$

$$\lambda_2 = \frac{c}{\nu_2} = \frac{h \cdot c}{E(5s) - E(4p'')}$$
$$= 1{,}265 \times 10^{-6}\ \text{m}$$
$$= \mathbf{1\,265\ nm}.$$

La différence d'énergie doit être exprimée en joule.

cours exercices interro corrigés

3° D'après le diagramme énergétique ci-dessous :

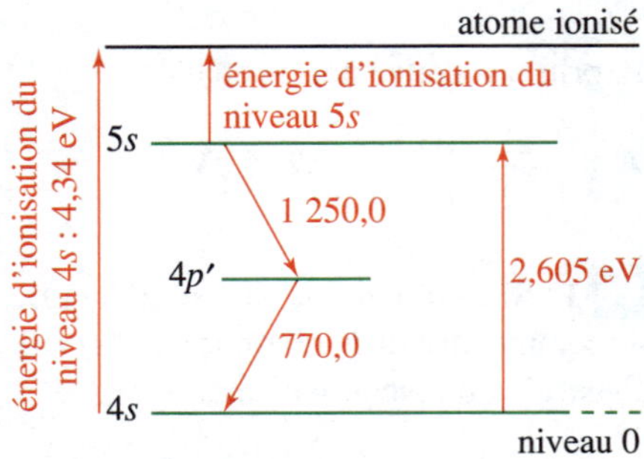

L'énergie d'ionisation du niveau 5*s* est :

$E_i = 4{,}34 - 2{,}605 = \mathbf{1{,}735\ eV.}$

La représentation du diagramme énergétique facilite la résolution du problème.

L'interrogation écrite

14 **1° a) L'état fondamental est l'état de plus basse énergie** : c'est l'état stable. Son énergie est égale à –13,6 eV.

b) Les états excités sont des états d'énergie supérieure. Ils sont instables et l'atome se désexcite spontanément pour revenir à son état fondamental en émettant un photon, c'est-à-dire une onde électromagnétique.

2° a) Pour ioniser un atome d'hydrogène pris dans son état fondamental, il faut lui fournir une **énergie de 13,6 eV**.

b) Pour faire passer un atome d'hydrogène du niveau fondamental au premier niveau excité, il faut lui fournir une énergie $E = E_2 - E_1 = -3{,}4 - (-13{,}6) = \mathbf{10{,}20\ eV}$.

c) Lorsque cet atome, excité, revient à son état fondamental, il y a **émission d'un photon d'énergie E = 10,20 eV** et de longueur d'onde $\lambda = \frac{c}{\nu} = \frac{h \cdot c}{E} = \mathbf{122\ nm}$.

L'énergie *E* doit être exprimée en joule.

3° Il faut d'abord calculer l'énergie des différentes raies par la relation $E = \frac{h \cdot c}{\lambda}$, exprimer *E* en eV, puis calculer l'énergie des niveaux supérieurs par $E_n = E_2 + E$ avec $E_2 = -3{,}40$ eV. On obtient alors les valeurs de *n*, numéro du niveau excité.

λ (nm)	656,3	486,1	434,1	410,2
***E* (eV)**	1,89	2,55	2,86	3,02
E_n(eV)	–1,51	–0,85	–0,54	–0,38
Niveau *n*	**3**	**4**	**5**	**6**

Pour aller plus vite, on peut rechercher une formule générale permettant de relier *E* à λ :

$E = \frac{h \cdot c}{\lambda}$;

$E(\text{J}) = \frac{6{,}62 \times 10^{-34} \times 3{,}00 \times 10^{8}}{\lambda(\text{m})}$

et $E(\text{eV}) = \frac{E(\text{J})}{1{,}60 \times 10^{-19}}$.

Donc $E(\text{eV}) = \frac{6{,}62 \times 10^{-34} \times 3{,}00 \times 10^{8}}{1{,}60 \times 10^{-19} \times \lambda(\text{m})}$

$E(\text{eV}) = \frac{1{,}24 \times 10^{-6}}{\lambda(\text{m})}$.

Cette formule peut être appliquée à toutes les lignes du tableau.

Les raies correspondent aux différentes désexcitations des niveaux 3, 4, 5, 6 vers le niveau 2.

4° a) Calculons les énergies correspondant aux divers photons :

λ (nm)	102,6 nm	100,9 nm	93,8 nm
***E* (eV)**	12,10	12,30	13,23

Si les photons étaient absorbés, l'atome posséderait l'énergie :

$$E_1 + E = -13{,}6 + E,$$

soit des énergies de –1,50 eV, –1,3 eV et –0,37 eV ; **seules les valeurs –1,50 eV (*n* = 3) et –0,37 eV (*n* = 6) sont possibles. Ainsi, seules les radiations de longueur d'onde 102,6 nm et 93,8 nm sont absorbées.**

b) L'énergie fournie est supérieure à 13,6 eV : **l'atome est ionisé. L'électron est émis avec une énergie cinétique égale à** :

$$E_c = 14{,}6 - 13{,}6 = \mathbf{1{,}0\ eV.}$$

CHAPITRE 6

Physique nucléaire

Comprendre

LE COURS

Les constituants de la matière et leur interaction

▶ EXERCICE D'APPLICATION 4, p. 107

Particule	Masse (kg)	Masse (u)	Masse (MeV/c²)
proton	$1{,}672\,62 \times 10^{-27}$	1,007 276	938,272
neutron	$1{,}674\,93 \times 10^{-27}$	1,008 667	939,566
électron	$9{,}109\,38 \times 10^{-31}$	0,000 549	0,511

Un noyau est caractérisé par son numéro atomique ou nombre de charge Z (nombre de protons) et son nombre de masse A (nombre de nucléons : protons + neutrons).
Un **nucléide** est un ensemble de noyaux identiques (même Z et même A) : on le note ${}^{A}_{Z}X$.
Les nucléides qui possèdent le même Z et des nombres de masse A différents sont des **isotopes**. Ils appartiennent au même élément chimique.
Tous les processus physiques, chimiques ou biologiques connus peuvent être interprétés à l'aide de seulement quatre interactions fondamentales.
– **L'interaction gravitationnelle**, responsable de la pesanteur, du mouvement des planètes, de la formation des étoiles et des galaxies.
– **L'interaction électromagnétique**, responsable de l'électricité, du magnétisme, de la lumière ou encore des réactions chimiques et biologiques. Elle assure la cohésion du monde vivant ou minéral.
– **L'interaction forte**, responsable de la cohésion des noyaux atomiques.
– **L'interaction faible**, responsable de certaines désintégrations radioactives.

Relation d'Einstein

▶ EXERCICE D'APPLICATION 5, p. 107

Toute particule de masse m possède, au repos, une énergie E_0 donnée par :

$$E_0 = m \cdot c^2$$ (relation d'Einstein)

E_0 s'exprime en joule (J) et m en kilogramme (kg) ; $c = 2{,}997\,9 \times 10^8\ m.s^{-1}$.
Si la particule est en mouvement, à E_0 s'ajoute son énergie cinétique E_c.

$$E = E_0 + E_c$$

• Autre unité d'énergie : l'électronvolt (eV) :
1 eV = 1,602 × 10^{-19} J ; 1 MeV = 10^6 eV ; 1 GeV = 10^9 eV.
• Autre unité de masse : l'unité de masse atomique (u) :
1 u = 1,660 54 × 10^{-27} kg = 931,494 MeV/c^2.

Défaut de masse et énergie de liaison

▶ EXERCICES D'APPLICATION 6 ET 7, pp. 107 et 108

On appelle **défaut de masse Δm** d'un noyau, la différence entre la masse des nucléons séparés et au repos, et la masse du noyau au repos, formé à partir de ces mêmes nucléons.

Pour un noyau ${}^{A}_{Z}X$: $\Delta m = [Z \cdot m_p + (A - Z) \cdot m_n] - m({}^{A}_{Z}X)$ **$\Delta m > 0$.**

L'énergie de liaison E_ℓ d'un noyau est l'énergie qu'il faut fournir à un noyau ${}^{A}_{Z}X$ au repos pour le dissocier en nucléons isolés immobiles.

$$E_\ell = \Delta m \cdot c^2$$

Stabilité des noyaux. Courbe d'Aston

▶ EXERCICES D'APPLICATION 6 ET 7, pp. 107 et 108

Pour comparer la stabilité de différents noyaux, il faut comparer leurs **énergies de liaison par nucléon, soit $\frac{E_\ell}{A}$** (*doc.* ci-dessous).

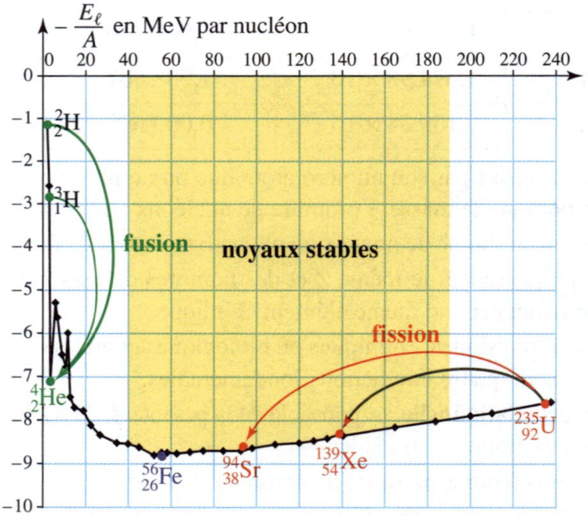

Un noyau est d'autant plus stable que son énergie de liaison par nucléon est grande.

Pour $40 < A < 190$, la courbe présente un minimum très aplati qui correspond aux noyaux les plus stables ; $\frac{E_\ell}{A}$ vaut environ 8,5 MeV/ nucléon.

Pour $A > 190$, les noyaux lourds correspondants sont de moins en moins stables.

Réactions nucléaires

▶ EXERCICE D'APPLICATION 8, p. 108

Les noyaux possédant des énergies de liaison relativement faibles peuvent se transformer en d'autres noyaux plus stables, avec libération d'énergie.

Deux processus sont alors possibles : la **fusion** de noyaux légers et la **fission** de noyaux lourds. Ces réactions nucléaires ne sont pas spontanées : il est nécessaire de les provoquer.

▶ Fission nucléaire

C'est une réaction nucléaire provoquée, au cours de laquelle un noyau lourd éclate, généralement en deux fragments, sous l'impact d'un neutron, avec libération d'énergie.

▶ Fusion

C'est une réaction nucléaire provoquée, au cours de laquelle deux noyaux légers fusionnent pour former des noyaux plus lourds, avec libération d'énergie.

LES DIFFICULTÉS DU CHAPITRE

Le bilan énergétique au cours d'une réaction nucléaire

Une réaction nucléaire vérifie les lois de conservation :
– de la charge électrique,
– du nombre de nucléons,
– de l'énergie.
On appelle perte de masse, la différence entre la masse totale m_{avant} des noyaux, avant la réaction, et la masse totale $m_{\text{après}}$ des noyaux produits :

$$\Delta m = m_{\text{avant}} - m_{\text{après}}.$$

Lors d'une réaction nucléaire, l'énergie est libérée sous forme d'énergie cinétique des particules produites et d'énergie de rayonnement des photons γ émis. On note Q cette énergie libérée.

Exemple de la fission d'un noyau d'uranium 235 par un neutron

$$^{1}_{0}\text{n} + {}^{235}_{92}\text{U} \rightarrow {}^{94}_{38}\text{Sr} + {}^{139}_{54}\text{Xe} + 3\,{}^{1}_{0}\text{n} + \gamma$$

Négligeons les énergies cinétiques des noyaux et celle du neutron incident (de l'ordre de quelques eV) :

$E_{\text{avant}} = m({}^{235}_{92}\text{U}) \cdot c^2 + m({}^{1}_{0}\text{n}) \cdot c^2 = m_{\text{avant}} \cdot c^2$

$E_{\text{après}} = m({}^{94}_{38}\text{Sr}) \cdot c^2 + m({}^{139}_{54}\text{Xe}) \cdot c^2 + 3\ m({}^{1}_{0}\text{n}) \cdot c^2 + E_c(\text{n}) + E\gamma$

$E_{\text{après}} = m_{\text{après}} \cdot c^2 + E_c(\text{n}) + E\gamma.$

$E_c(\text{n})$ est l'énergie cinétique des trois neutrons produits et $E\gamma$, l'énergie du rayonnement γ émis.
D'après la loi de conservation de l'énergie : $E_{\text{avant}} = E_{\text{après}}$

$m_{\text{avant}} \cdot c^2 = m_{\text{après}} \cdot c^2 + E_c(\text{n}) + E\gamma$

$(m_{\text{avant}} - m_{\text{après}}) \cdot c^2 = E_c(\text{n}) + E\gamma = Q.$

Q est l'énergie libérée par cette réaction, sous forme d'énergie cinétique des neutrons produits et de rayonnement γ émis.

cours exercices interro corrigés

EXERCICES

Tester ses connaissances

1 QCM 1

(corrigés p. 113)

Parmi les affirmations suivantes, lesquelles sont vraies ?

1° Dans ${}^{A}_{Z}X$:

a) A représente le nombre de nucléons ;

b) Z représente le nombre de neutrons ;

c) X est le symbole de l'élément chimique.

2° Deux isotopes :

a) possèdent le même numéro atomique ;

b) possèdent le même nombre de masse ;

c) correspondent au même élément chimique.

3° Protons et neutrons :

a) ont pratiquement la même masse ;

b) ont pratiquement la même charge ;

c) sont des constituants du noyau.

2 QCM 2

(corrigés p. 113)

Parmi les affirmations suivantes, lesquelles sont vraies ?

1° Le défaut de masse d'un noyau ${}^{A}_{Z}X$ est :

a) $\Delta m = [(A - Z) \cdot m_n + Z \cdot m_p] - m({}^{A}_{Z}X)$;

b) $\Delta m = m({}^{A}_{Z}X) - [(A - Z) \cdot m_n + Z \cdot m_p]$;

c) $\Delta m = (A - Z) \cdot m_n - Z \cdot m_p$.

2° Une énergie de liaison peut s'exprimer en :

a) joule ; **b)** MeV ; **c)** MeV/c^2.

3° Pour comparer la stabilité de différents noyaux, il faut comparer :

a) les énergies de liaison des noyaux ;

b) les masses des noyaux ;

c) les énergies de liaison par nucléon.

4° Energie de liaison d'un noyau et défaut de masse sont liés par :

a) $\Delta m = \dfrac{E_\ell}{A}$; **b)** $\Delta m = E_\ell \cdot c^2$; **c)** $E_\ell = \Delta m \cdot c^2$.

3 QCM 3

(corrigés p. 113)

Choisir les bonnes réponses.

1° La fission nucléaire concerne :

a) les noyaux légers ; **b)** les noyaux lourds ; **c)** tous les noyaux.

2° La fusion nucléaire concerne :

a) les noyaux légers ; **b)** les noyaux lourds ; **c)** tous les noyaux.

3° Lors d'une réaction nucléaire :
a) l'énergie est toujours conservée ;
b) la masse est toujours conservée ;
c) la charge électrique est toujours conservée ;
d) le nombre de nucléons est toujours conservé.
4° L'énergie libérée par une réaction nucléaire se calcule par :
a) $Q = (m_{\text{avant}} - m_{\text{après}}) \cdot c^2$; b) $Q = (m_{\text{après}} - m_{\text{avant}}) \cdot c^2$; c) $Q = (m_{\text{avant}} - m_{\text{après}})$.

Maîtriser les méthodes

Les exercices de cette rubrique font appel aux méthodes de base, qu'il faut maîtriser. Ils font l'objet d'une correction guidée pas à pas, qui récapitule ces méthodes, pour mieux les mémoriser.

4 COMPOSITION DE L'ATOME *(corrigés p. 113)*

L'iode naturel (symbole chimique I), découvert par Bernard Courtois en 1811, est un solide de couleur violette. L'atome comporte 53 électrons et le nombre de nucléons est de 127.
1° Donner la composition du noyau de cet atome et écrire le symbole du noyau.
2° On fabrique des isotopes artificiels de l'iode : l'iode 131 pour le traitement de l'hyperthyroïdie, et l'iode 125 pour le traitement du cancer.
a) Comment nomme-t-on ces deux types d'atomes ?
b) Donner la composition et le symbole des noyaux de ces atomes.
3° Quelle interaction est à l'origine de la cohésion du noyau ?

5 ÉNERGIE DE MASSE DE L'URANIUM 235 *(corrigés p. 113)*

Les tables donnent pour la masse d'un noyau d'uranium 235 : 234,993 32 u.
1° Que représente u ?
2° Calculer, en kg, la masse d'un noyau d'uranium 235.
3° Rappeler la relation d'Einstein en précisant la signification des symboles utilisés.
4° Calculer l'énergie de masse de ce noyau :
a) en joule ; b) en GeV.
Données : $1\ \text{u} = 1{,}660\ 54 \times 10^{-27}$ kg ; $c = 2{,}997\ 9 \times 10^{8}\ \text{m} \cdot \text{s}^{-1}$;
$1\ \text{eV} = 1{,}602 \times 10^{-19}$ J.

6 ÉNERGIE DE LIAISON DU DEUTÉRIUM *(corrigés p. 113)*

L'eau lourde est formée par des atomes d'oxygène et de deutérium, isotope de l'hydrogène.
1° Calculer l'énergie de liaison d'un noyau de deutérium ${}_{1}^{2}\text{H}$.
2° Calculer l'énergie de liaison par nucléon.
Données : $1\ \text{u} = 931{,}494\ \text{MeV}/c^2$; $m_p = 1{,}007\ 276$ u ; $m_n = 1{,}008\ 667$ u ;
$m\,{}^{2}\text{H} = 2{,}013\ 55$ u.

7 ÉNERGIE DE LIAISON D'UN NOYAU DE PLOMB

(corrigés p. 114)

Les tables donnent pour la masse d'un noyau de plomb $^{208}_{82}Pb$: 207,931 62 u.

1° Calculer, en MeV, l'énergie de masse de ce noyau.

2° Quel est le nombre de protons et le nombre de neutrons dans ce noyau ?

3° Calculer la masse de toutes ces particules séparées :

a) en u ; **b)** en MeV/c².

c) En déduire l'énergie de masse, en MeV, de toutes ces particules séparées.

4° Calculer en, MeV/c², la perte de masse lors de la formation d'un noyau de $^{208}_{82}Pb$ à partir des nucléons séparés.

5° Calculer :

a) l'énergie de liaison E_ℓ du noyau ;

b) l'énergie de liaison par nucléon.

Données : 1 u = 931,494 MeV/c² ; m_n = 1,008 667 u ; m_p = 1,007 276 u.

8 ÉTUDE D'UNE RÉACTION NUCLÉAIRE PROVOQUÉE

(corrigés p. 114)

Des noyaux de lithium au repos, $^{7}_{3}Li$, sont bombardés avec des protons d'énergie cinétique 600,0 keV. On obtient deux noyaux d'hélium $^{4}_{2}He$ de même énergie cinétique.

1° Écrire l'équation-bilan de cette réaction nucléaire.

2° Calculer le défaut de masse :

a) en u ; **b)** en MeV/c².

3° a) Écrire la loi de conservation de l'énergie.

b) En déduire l'énergie libérée Q sous forme d'énergie cinétique des noyaux d'hélium $^{4}_{2}He$.

c) Calculer l'énergie cinétique d'un noyau d'hélium.

Données : 1 u = 931,494 MeV/c² ; $m(^{4}_{2}He)$ = 4,001 50 u ; $m(^{7}_{3}Li)$ = 7,014 35 u ; m_p = 1,007 276 u.

S'entraîner

9 ILLUSTRATION DES INTERACTIONS FORTE ET ÉLECTROMAGNÉTIQUE ★★ 6 min

(corrigés p. 115)

Lire ce texte scientifique.

Mettre de la colle glue sur la face nord d'un aimant et sur la face nord d'un autre aimant. Les rapprocher l'un de l'autre : ils se repoussent. Forcer pour arriver à les faire toucher. La colle va les retenir l'un contre l'autre.

La répulsion magnétique des aimants joue ici comme la répulsion électrostatique des protons dans un noyau. La colle agit comme l'interaction forte qui colle les protons dans le noyau d'un atome. La colle n'agit que sur une très courte distance.

1° a) Quelles sont les deux interactions fondamentales illustrées par ce texte ?

b) Quelle est celle qui a une très courte portée ?

2° a) Quelles sont les deux autres interactions fondamentales ?

b) Quelle est celle qui a une très longue portée ?

10 ÉTUDE D'UN NOYAU DE CUIVRE ★★ 10 min (corrigés p. 115)

Le rayon d'un noyau est donné par la formule semi-empirique $R = R_0 \cdot A^{1/3}$, avec A, nombre de masse, et $R_0 = 1{,}2$ fermi (1 fm = 10^{-6} nm).

On considère un noyau $^{63}_{29}\text{Cu}$.

1° a) Calculer le rayon de ce noyau.

b) Le comparer au rayon d'un atome de cuivre : $R_A = 0{,}128$ nm. Conclure.

2° Calculer la masse volumique µ de ce noyau dont la masse vaut environ 63 u. Conclure.

3° Calculer la charge électrique volumique ρ moyenne dans ce noyau. Conclure.

Données : 1 u = $1{,}66 \times 10^{-27}$ kg ; charge élémentaire : $1{,}6 \times 10^{-19}$ C.

11 ÉNERGIE DE LIAISON D'UN NOYAU DE LITHIUM ★★ 8 min (corrigés p. 115)

Le lithium est un élément utilisé pour la fabrication de batteries de téléphone ou d'ordinateur. On considère le noyau $^{6}_{3}\text{Li}$ de masse 6,013 47 u.

1° Calculer l'énergie de liaison de ce noyau.

2° Calculer l'énergie de liaison par nucléon.

Données : 1 u = 931,494 MeV/c^2 ; m_n = 1,008 667 u ; m_p = 1,007 276 u.

12 RÉACTION DE TRANSMUTATION ★★★ 15 min (corrigés p. 116)

Certaines réactions nucléaires, mettant en jeu des chocs, font apparaître des noyaux différents : il s'agit de réactions nucléaires provoquées, appelées transmutations.

La première réaction nucléaire provoquée a été réalisée en 1919 par Ernest Rutherford à Cambridge : il bombarda des noyaux d'azote par des noyaux d'hélium (appelés particules α). Il mit en évidence la production de noyaux d'oxygène selon l'équation-bilan :

$$^{4}_{2}\text{He} + {}^{14}_{7}\text{N} \rightarrow {}^{A}_{Z}\text{O} + {}^{1}_{1}\text{H}$$

1° a) Déterminer, en les justifiant, les valeurs de Z et de A.

b) De quel nucléide s'agit-il ?

2° Calculer les variations de masse lors de cette réaction :

a) en u ;

b) en MeV/c^2.

3° a) Quelle énergie cinétique minimale doit posséder une particule α pour que cette réaction puisse avoir lieu ?

b) Une particule α d'énergie cinétique 0,5 MeV peut-elle provoquer la réaction ?

Données : m_α = 4,001 50 u ; m_p = 1,007 28 u ; $m(^{14}\text{N})$ = 13,999 22 u ; $m(^{17}\text{O})$ = 16,994 73 u ; 1 u = 931,5 MeV/c^2.

13 ÉNERGIE DANS UNE CENTRALE NUCLÉAIRE ★★★ 20 min (corrigés p. 116)

Dans une « pile atomique », une des réactions les plus courantes est la réaction de fission suivante :

$$^{1}_{0}\text{n} + {}^{235}_{92}\text{U} \rightarrow {}^{94}_{38}\text{Sr} + {}^{140}_{Z}\text{Xe} + x\,{}^{1}_{0}\text{n}$$

1° Déterminer, en les justifiant, les valeurs de Z et de x.
2° Pourquoi cette réaction peut-elle entraîner une réaction en chaîne ?
3° Calculer la perte de masse Δm au cours de cette réaction nucléaire.
4° On négligera les énergies cinétiques des noyaux et celle du neutron incident devant celles des neutrons formés.
a) Sous quelle forme l'énergie libérée lors de la fission d'un noyau d'uranium apparaît-elle ?
b) Calculer l'énergie libérée lors de cette fission.
5° Un réacteur utilise en moyenne, 3,00 kg d'uranium 235 par jour.
Calculer l'énergie E transférée à l'extérieur lors de la fission de cette quantité d'uranium.
6° Le taux de conversion de l'énergie nucléaire en énergie électrique est de 33 %.
Calculer la puissance de ce réacteur nucléaire.
Données : masse des noyaux :

$m({}^{235}_{92}\mathrm{U}) = 234{,}993\ 32\ \mathrm{u}$; $m({}^{94}_{38}\mathrm{Sr}) = 93{,}894\ 46\ \mathrm{u}$; $m({}^{140}_{Z}\mathrm{Xe}) = 139{,}889\ 09\ \mathrm{u}$;
$m_\mathrm{n} = 1{,}008\ 667\ \mathrm{u}$; $1\ \mathrm{u} = 1{,}660\ 54 \times 10^{-27}\ \mathrm{kg} = 931{,}494\ \mathrm{MeV/c^2}$;
$1\ \mathrm{eV} = 1{,}602 \times 10^{-19}\ \mathrm{J}$.

14 RÉACTION THERMONUCLÉAIRE ★★ ★ 12 min *(corrigés p. 117)*

La réaction thermonucléaire suivante est l'une des plus énergétiques :

$$ {}^{2}_{1}\mathrm{H} + {}^{3}_{1}\mathrm{H} \rightarrow {}^{4}_{2}\mathrm{He} + {}^{1}_{0}\mathrm{n} $$

Sachant que les énergies moyennes de liaison par nucléon valent 1,11 MeV pour ${}^{2}_{1}\mathrm{H}$, 2,83 MeV pour ${}^{3}_{1}\mathrm{H}$ et 7,07 MeV pour ${}^{4}_{2}\mathrm{He}$, calculer l'énergie (en J) libérée par cette réaction pour former :

a) un noyau ${}^{4}_{2}\mathrm{He}$; **b)** 1,0 g d'hélium.

Données : masse molaire de ${}^{4}\mathrm{He}$: $4{,}0\ \mathrm{g \cdot mol^{-1}}$; $\mathrm{N_A} = 6{,}022 \times 10^{23}\ \mathrm{mol^{-1}}$;
$1\ \mathrm{eV} = 1{,}602 \times 10^{-19}\ \mathrm{J}$.

Pour aller plus loin

15 RÉACTIONS STELLAIRES ★★★★ 20 min *(corrigés p. 117)*

Les étoiles jeunes, comme le Soleil, sont constituées essentiellement d'hydrogène. Lorsque le cœur de l'étoile est à une température de l'ordre de quinze millions de degrés, les protons subissent des réactions de fusion conduisant à la formation de noyaux d'hélium selon le processus en chaîne suivant :

$$ {}^{1}_{1}\mathrm{H} + {}^{1}_{1}\mathrm{H} \rightarrow {}^{2}_{1}\mathrm{H} + {}^{0}_{1}\mathrm{e} \quad (1) $$

$$ {}^{1}_{1}\mathrm{H} + {}^{2}_{1}\mathrm{H} \rightarrow {}^{3}_{2}\mathrm{He} + \gamma \quad (2) $$

$$ {}^{3}_{2}\mathrm{He} + {}^{3}_{2}\mathrm{He} \rightarrow {}^{4}_{2}\mathrm{He} + 2\ {}^{1}_{1}\mathrm{H} \quad (3). $$

${}^{0}_{1}\mathrm{e}$ est un positon, de même masse que l'électron, mais portant une charge élémentaire positive.
1° À partir d'une combinaison des équations (1), (2) et (3), écrire l'équation-bilan de formation des noyaux d'hélium à partir de noyaux d'hydrogène.

2° Calculer l'énergie obtenue lors de la formation :
a) d'un noyau d'hélium ;
b) d'une masse de 1,00 g d'hélium.
3° La puissance rayonnée par le Soleil est $3,90 \times 10^{26}$ W. On suppose que toute l'énergie libérée par les réactions de fusion est transférée par rayonnement.
a) Calculer la masse d'hélium formée chaque seconde dans le Soleil.
b) Calculer la perte de masse subie par le Soleil chaque seconde.
c) On évalue son âge à 4,6 milliards d'années. Sa masse actuelle est de l'ordre de $2,0 \times 10^{30}$ kg.
Quelle masse a-t-il perdue depuis qu'il rayonne ? Quelle fraction de la masse actuelle cela représente-t-il ?
Données : 1 u = $1,660\ 54 \times 10^{-27}$ kg = 931,494 MeV/c² ; 1 eV = $1,602 \times 10^{-19}$ J.
$m_p = 1,007\ 276$ u ; $m(^4\text{He}) = 4,001\ 50$ u ; $m(^0_1\text{e}) = 0,000\ 549$ u ; $c = 3,00 \times 10^8\ \text{m} \cdot \text{s}^{-1}$.

16 FISSION DE L'URANIUM ★★★★ 20 min (corrigés p. 118)

Dans une centrale nucléaire, on utilise comme combustible fissile des noyaux d'uranium 235.
L'un des modes de fission nucléaire de l'uranium 235 est le suivant :

$$^{235}_{92}\text{U} + ^1_0\text{n} \rightarrow ^{139}_{53}\text{I} + ^{94}_{39}\text{Y} + 3\ ^1_0\text{n} + \gamma$$

1° Calculer, en unité de masse atomique u, puis en MeV/c², la perte de masse lors de cette réaction.
2° Calculer l'énergie libérée Q au cours de la fission d'un noyau d'uranium si l'on néglige l'énergie cinétique du neutron incident et celle des noyaux.
3° Sous quelle forme apparaît cette énergie libérée ?
4° Pourquoi cette réaction peut-elle entraîner une réaction en chaîne ?
5° Calculer l'énergie E transférée à l'extérieur lors de la fission de 1,00 kg d'uranium 235.
6° Calculer la masse de pétrole qui produirait la même quantité d'énergie.

Données : masse des noyaux : $m(^{235}_{92}\text{U}) = 234,993\ 32$ u ;
$m(^{139}_{53}\text{I}) = 138,897\ 00$ u ; $m(^{94}_{39}\text{Y}) = 93,890\ 14$ u ; $m_n = 1,008\ 667$ u ;
1 u = $1,660\ 54 \times 10^{-27}$ kg = 931,494 MeV/c² ; 1 eV = $1,602 \times 10^{-19}$ J ;
1 kg de pétrole produit 42,0 MJ d'énergie.

L'interrogation écrite

17 BILAN D'ÉNERGIE DANS UNE FUSION 30 min (corrigés p. 118)

La figure ci-contre schématise une réaction nucléaire.

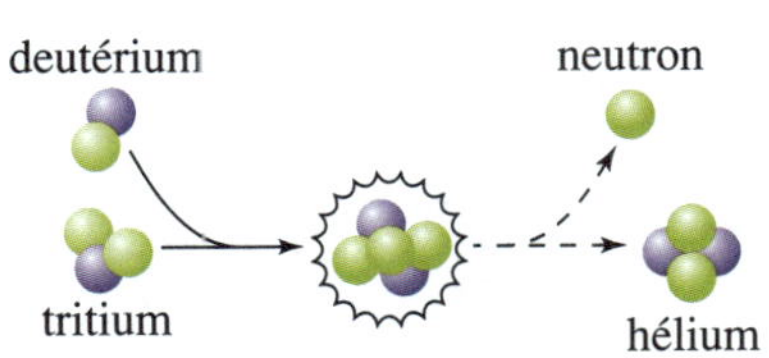

1° De quel type de réaction s'agit-il ?
2° Quel est le nom des particules représentées par une boule violette ?

3° a) Écrire les symboles des trois noyaux représentés.
b) Quelle interaction assure la stabilité de ces noyaux ?
4° a) Écrire l'équation-bilan de cette réaction nucléaire.
b) Quelles lois de conservation vérifie cette équation-bilan ?
5° Calculer, en u, puis en MeV/c^2, la perte de masse Δm au cours de cette réaction nucléaire.
6° a) En déduire l'énergie produite Q par noyau d'hélium formé (on négligera l'énergie cinétique des noyaux devant celle du neutron).
b) Sous quelle forme cette énergie apparaît-elle ?
7° Calculer, en J, l'énergie fournie E, lors de la formation de 1,00 g d'hélium.
8° Quelle serait la masse de pétrole nécessaire pour fournir la même énergie par combustion ?
Données : masses des noyaux : $m(^2H) = 2{,}013\ 55$ u ; $m(^3H) = 3{,}015\ 50$;
$m(^4He) = 4{,}001\ 50$ u ; $m_n = 1{,}008\ 667$ u ;
$u = 1{,}660\ 54 \times 10^{-27}$ kg $= 931{,}494\ MeV/c^2$;
$1\ eV = 1{,}602 \times 10^{-19}$ J ; pouvoir calorifique du pétrole : 42,0 MJ/kg.

CORRIGÉS

Tester ses connaissances

1 Affirmations **vraies : 1° a) et c) ; 2° a) et c) ; 3° a) et c).**

2 Affirmations **vraies : 1° a) ; 2° a) et b) ; 3° c) ; 4° c).**

3 Affirmations **vraies : 1° b) ; 2° a) ; 3° a), c) et d) ; 4° a).**

Maîtriser les méthodes

4 **1°** L'atome est neutre : le noyau comporte autant de protons qu'il y a d'électrons dans le nuage électronique. Le numéro atomique de l'iode est donc $Z = 53$.
Le noyau comporte **53 protons** ;
le **nombre de neutrons** est :
$N = A - Z = 127 - 53$; $N =$ **74**.
Le symbole de ce noyau est : $^{127}_{53}\mathbf{I}$.
2° a) Ces deux types d'atomes sont des atomes **isotopes** de l'élément iode.
b) Ils comportent tous le même nombre de protons ; leur numéro atomique caractéristique de l'élément iode est $Z = 53$.
Iode 131 : $^{131}_{53}\mathbf{I}$;
53 protons ; 78 neutrons.
Iode 125 : $^{125}_{53}\mathbf{I}$;
53 protons ; 72 neutrons.
3° L'**interaction forte** est à l'origine de la cohésion du noyau.

Exercice 4 : conseils à retenir
Attention à ne pas commettre une erreur fréquente : la confusion entre A et le nombre de neutrons. A est le nombre de nucléons, c'est-à-dire la somme du nombre de protons et du nombre de neutrons. Le nombre de protons Z, égal au nombre d'électrons dans le nuage électronique de l'atome, caractérise l'élément chimique.

5 **1°** u représente l'**unité de masse atomique**.
2° D'après les tables,
$1 \text{ u} = 1{,}660\,54 \times 10^{-27}$ kg ;
$m(^{235}\text{U}) = 234{,}993\,32 \times 1{,}660\,54 \times 10^{-27}$
$= \mathbf{3{,}902\,16 \times 10^{-25}\ kg}$.
3° La relation d'Einstein est $E_0 = m \cdot c^2$, avec **E_0 énergie de masse, m masse et c célérité de la lumière**.
4° a) On a : $E_0 = m \cdot c^2$;
$E_0 = 3{,}902\,16 \times 10^{-25} \times (2{,}997\,9 \times 10^8)^2$
$= \mathbf{3{,}507\,0 \times 10^{-8}\ J}$.
a) $1 \text{ eV} = 1{,}602 \times 10^{-19}$ J ;
$$1 \text{ J} = \frac{1 \text{ eV}}{1{,}602 \times 10^{-19}}$$
$= 6{,}242\,2 \times 10^{18}$ eV,
soit $6{,}242\,2 \times 10^{12}$ MeV.
Donc :
$E_0 = 3{,}507\,0 \times 10^{-8} \times 6{,}242\,2 \times 10^{12}$
$= 2{,}189\,16 \times 10^5$ MeV ;
$1 \text{ MeV} = 10^{-3}$ GeV ;
$E_0 = 2{,}189\,16 \times 10^5 \times 10^{-3}$
$= 2{,}189\,16 \times 10^2$ GeV,
soit $\mathbf{E_0 = 218{,}9\ GeV}$.

Exercice 5 : conseils à retenir
Attention aux calculs avec les puissances de dix :
$$10^a \times 10^b = 10^{a+b} ; \quad 10^{-a} = \frac{1}{10^a}.$$
Les résultats doivent être donnés avec un nombre de chiffres significatifs adapté aux données.

6 **1°** Un noyau ^2_1H est formé d'un proton et d'un neutron.
La masse des nucléons séparés est :
$$m = m_p + m_n ;$$
$m = 1{,}007\,276 + 1{,}008\,667 = 2{,}015\,943$ u.
La masse du noyau de deutérium est :
$m(^2\text{H}) = 2{,}013\,55$ u.
Le défaut de masse est :
$\Delta m = 2{,}015\,943 - 2{,}013\,55 = 0{,}002\,393$ u ;

$\Delta m = 0{,}002\ 393 \times 931{,}494$
$\approx 2{,}229\ \text{MeV/c}^2$.

L'énergie de liaison est :
$\boldsymbol{E_\ell = \Delta m \cdot c^2 = 2{,}229}$ **MeV**.

2° Comme le noyau comporte 2 nucléons, **l'énergie de liaison** par nucléon est :

$$\frac{E_\ell}{A} = \frac{E_\ell}{2} \approx \mathbf{1{,}11\ MeV\ par\ nucléon}.$$

Exercice 6 : conseils à retenir

Il faut se rappeler la signification de l'énergie de liaison d'un noyau :
L'énergie de liaison d'un noyau représente l'énergie nécessaire pour casser ce noyau pris au repos en ses différents nucléons obtenus au repos. On peut dire, aussi, que c'est l'énergie libérée lors de la formation d'un noyau au repos à partir de ses différents nucléons pris au repos.

7 1° $m(^{208}_{82}\text{Pb}) = 207{,}931\ 62$ u ;
$1\ \text{u} = 931{,}494\ \text{MeV/c}^2$;
l'**énergie de masse du noyau de plomb** est :

$$m(^{208}_{82}\text{Pb}) \cdot c^2 = 207{,}931\ 62 \times 931{,}494$$
$$= \mathbf{193{,}687 \times 10^3\ MeV.}$$

2° Ce noyau comporte $Z = \mathbf{82}$ **protons** et $A - Z = 208 - 82 = \mathbf{126}$ **neutrons**.

3° a) Masse des particules séparées, en unité de masse :

$$\boldsymbol{m} = Z \cdot m_\text{p} + (A - Z) \cdot m_\text{n}$$
$$= 82 \times 1{,}007\ 276 + 126 \times 1{,}008\ 667$$
$$= \mathbf{209{,}689\ u.}$$

b) $1\ \text{u} = 931{,}494\ \text{MeV/c}^2$; ainsi, la masse des particules séparées, exprimée en MeV/c^2, est

$$\boldsymbol{m} = 209{,}689 \times 931{,}494$$
$$= \mathbf{195{,}324 \times 10^3\ MeV/c^2.}$$

c) Énergie de masse des particules séparées : $E_0 = m \cdot c^2$, d'où

$$\boldsymbol{E_0} = \mathbf{195{,}324 \times 10^3\ MeV.}$$

4° Perte de masse Δm lors de la formation d'un noyau de $^{208}_{82}\text{Pb}$ à partir des nucléons séparés :

$$\boldsymbol{\Delta m} = 195{,}324 \times 10^3 - 193{,}687 \times 10^3$$
$$= \mathbf{1\ 637\ MeV/c^2.}$$

5° a) Énergie de liaison du noyau de plomb : $\boldsymbol{E_\ell} = \Delta m \cdot c^2 = \mathbf{1\ 637\ MeV}$.

b) Le noyau comporte $A = 208$ nucléons, donc l'**énergie de liaison** par nucléon est égale à : $\dfrac{E_\ell}{A} \approx$ **7,87 MeV par nucléon.**

Exercice 7 : conseils à retenir

Les cinq premières questions sont des questions intermédiaires dans le calcul d'une énergie de liaison ; dans un exercice plus difficile, elles ne sont pas posées. Il faut donc retenir la méthode.

8 1° Équation-bilan de la réaction nucléaire :

$$\mathbf{^7_3Li + {}^1_1p \rightarrow {}^4_2He + {}^4_2He}.$$

2° a) $m_\text{avant} = m(^7_3\text{Li}) + m(^1_1\text{p})$
$= 7{,}014\ 35\ \text{u} + 1{,}007\ 276\ \text{u}$;
$m_\text{avant} = 8{,}021\ 63$ u.
$m_\text{après} = 2 \times m(^4_2\text{He}) = 2 \times 4{,}001\ 50$
$= 8{,}003$ u.

D'où la perte de masse :
$\boldsymbol{\Delta m} = m_\text{avant} - m_\text{après} = \mathbf{0{,}018\ 63\ u}$.

b) $1\ \text{u} = 931{,}494\ \text{MeV/c}^2$; donc
$\boldsymbol{\Delta m} = 0{,}018\ 63 \times 931{,}494$
$= \mathbf{17{,}353\ 7\ MeV/c^2}$.

3° a) On a $E_\text{avant} = m_\text{avant} \cdot c^2 + E_\text{c}(\text{p})$;
et $E_\text{après} = m_\text{après} \cdot c^2 + E_\text{c}(\text{He})$.
La conservation de l'énergie s'écrit :

$$E_\text{avant} = E_\text{après}.$$

Cela implique :
$\boldsymbol{m_\text{avant} \cdot c^2 + E_\text{c}(\text{p}) = m_\text{après} \cdot c^2 + E_\text{c}(\text{He})}$.

b) $Q = E_\text{c}(\text{He})$
$= m_\text{avant} \cdot c^2 + E_\text{c}(\text{p}) - m_\text{après} \cdot c^2$;
$Q = \Delta m \cdot c^2 + E_\text{c}(\text{p}) = 17{,}353\ 7 + 0{,}600\ 0$
$= \mathbf{17{,}953\ 7\ MeV}$.

c) Chaque noyau d'hélium possède une **énergie cinétique** de :

$\dfrac{17{,}953\ 7}{2} = 8{,}976\ 85$ MeV, soit environ **8,98 MeV**.

Exercice 8 : conseils à retenir

• Pour la question 1° : s'assurer, dans l'équation-bilan, que le nombre de nucléons ainsi que la charge sont conservés :

conservation du nombre de nucléons :

$$7 + 1 = 4 + 4.$$

conservation de la charge :

$$3 + 1 = 2 + 2.$$

• Les questions 1°, 2° et 3° a) sont des questions intermédiaires dans le calcul d'une énergie libérée lors d'une réaction nucléaire ; dans un exercice plus difficile, elles ne sont pas posées. Il faut donc retenir la méthode.

S'entraîner

9 1° a) Les deux interactions fondamentales illustrées par ce texte sont **l'interaction électromagnétique et l'interaction forte**.

b) L'**interaction forte** a une très courte portée (de l'ordre des dimensions d'un noyau).

2° a) Les deux autres interactions fondamentales sont **l'interaction gravitationnelle et l'interaction faible**.

b) L'**interaction gravitationnelle** a une portée infinie.

10 1° a) Le nombre de masse de ce noyau est : $A = 63$.

Exprimons R_0 en mètre :

$R_0 = 1{,}2 \times 10^{-6} \times 10^{-9} = 1{,}2 \times 10^{-15}$ m.

Rayon du noyau de cuivre :

$$R = 1{,}2 \times 10^{-15} \times 63^{\frac{1}{3}} = \mathbf{4{,}8 \times 10^{-15}\ m.}$$

b) Exprimons le rayon de l'atome de cuivre en mètre :

$R_A = 0{,}128$ nm $= 0{,}128 \times 10^{-9}$ m.

Calculons le rapport $\dfrac{R}{R_A} = 3{,}8 \times 10^{-5}$.

Pour comparer deux grandeurs, on calcule leur rapport.

Ce rapport est très faible. **Le rayon du noyau est environ cent mille fois plus petit que celui d'un atome : l'atome est essentiellement constitué de vide.**

2° Masse de ce noyau :

$m = 63 \times 1{,}66 \times 10^{-27} = 1{,}05 \times 10^{-25}$ kg.

Le noyau est supposé sphérique, son volume est :

$$V = \frac{4}{3} \times \pi \times R^3 = \frac{4}{3} \times \pi \times (4{,}8 \times 10^{-15})^3 ;$$

$V = 4{,}63 \times 10^{-43}$ m^3.

D'où la masse volumique du noyau :

$$\mu = \frac{m}{V} = \mathbf{2{,}27 \times 10^{17}\ kg/m^3.}$$

C'est une masse volumique énorme, prodigieusement grande devant celle du cuivre égale à $8{,}9 \times 10^3$ kg/m^3 ; **le noyau est très dense**.

3° Le noyau $^{63}_{29}\mathrm{Cu}$ comporte 29 protons, donc 29 charges élémentaires.

Charge électrique du noyau :

$Q = 29 \times 1{,}6 \times 10^{-19} = 4{,}64 \times 10^{-18}$ C.

Charge volumique du noyau :

$$\rho = \frac{Q}{V} = \frac{4{,}64 \times 10^{-18}}{4{,}63 \times 10^{-43}} \approx \mathbf{10^{25}\ C/m^3}.$$

C'est une charge volumique énorme.

11 1° Calculons la perte de masse Δm qui apparaît lors de la formation d'un noyau $^{6}_{3}\mathrm{Li}$ à partir des nucléons séparés.

Ce noyau est composé de 3 protons et de $(6 - 3) = 3$ neutrons. La masse des nucléons séparés est :

$m = 3 \times 1{,}007\,276 + 3 \times 1{,}008\,667$
$= 6{,}047\,83$ u.

La perte de masse est égale à :

$\Delta m = 6{,}047\,83 - 6{,}013\,47 = 0{,}034\,36$ u.

$\Delta m = 0{,}034\,36 \times 931{,}494 \approx 32{,}0$ MeV/c^2.

L'énergie de liaison est donc :

$$E_\ell = \Delta m \cdot c^2 \approx \mathbf{32{,}0\ MeV}.$$

Δm (en MeV/c^2) et E_l (en MeV) sont exprimées avec le même nombre, puisque $E_l = \Delta m \cdot c^2$.

2° L'**énergie de liaison** par nucléon est :

$$\frac{E_\ell}{A} = \frac{32{,}0}{6} = \mathbf{5{,}33\ MeV\ par\ nucléon.}$$

12 **1° a)** D'après la loi de conservation de la charge :

$2 + 7 = Z + 1$, d'où $\mathbf{Z = 8}$.

D'après la loi de conservation du nombre de nucléons :

$4 + 14 = A + 1$, d'où $\mathbf{A = 17}$.

b) Il s'agit du **nucléide $^{17}_{8}O$, un isotope de l'oxygène**.

2° a) $m_{avant} = m_\alpha + m(N)$

$= 4{,}001\ 50 + 13{,}999\ 22$;

$m_{avant} = 18{,}000\ 72$ u.

$m_{après} = m(O) + m_p$

$= 16{,}994\ 73 + 1{,}007\ 28$;

$m_{après} = 18{,}002\ 01$ u.

Donc, $\Delta m = m_{avant} - m_{après} \approx \mathbf{-0{,}001\ 3\ u}$.

b) $\Delta m = -0{,}001\ 3 \times 931{,}5$

$= \mathbf{-1{,}21\ MeV/c^2}$.

Remarque : $\Delta m = -1{,}21$ MeV/c² donc $\Delta m \cdot c^2 = -1{,}21$ MeV.

Au cours de cette réaction, la masse augmente.

3° a) Appliquons le principe de conservation de l'énergie :

$E_c(\alpha) + [m_\alpha + m(N)] \cdot c^2$

$= [m(O) + m_p] \cdot c^2 + E_c(après)$.

Les noyaux d'azote sont supposés au repos, leur énergie cinétique est nulle.

Soit :

$E_c(après) - E_c(\alpha) = [m_\alpha + m(N)] \cdot c^2$

$- [m(O) + m_p] \cdot c^2 = \Delta m \cdot c^2$;

$E_c(après) - E_c(\alpha) = \Delta m \cdot c^2$.

Comme on doit avoir $E_c(après) > 0$, il faut que :

$E_c(après) = E_c(\alpha) + \Delta m \cdot c^2 > 0$, soit :

$E_c(\alpha) > 1{,}21$ MeV.

L'énergie cinétique minimale que doivent posséder les particules α est de **1,21 MeV**.

b) Une particule α d'énergie cinétique 0,5 MeV ne peut donc **pas provoquer cette réaction** (0,5 < 1,21).

13 **1°** Les valeurs de Z et de x doivent vérifier les lois de conservation de la charge électrique et du nombre de nucléons ; ainsi :

$92 = 38 + Z$, soit $\mathbf{Z = 54}$;

$235 + 1 = 94 + 140 + x$, soit $\mathbf{x = 2}$.

Finalement, l'équation bilan s'écrit :

$$^{1}_{0}n + ^{235}_{92}U \rightarrow ^{94}_{38}Sr + ^{140}_{54}Xe + 2\ ^{1}_{0}n.$$

2° Cette réaction peut entraîner une réaction en chaîne, car **les neutrons produits peuvent engendrer de nouvelles réactions de fission**.

3° La perte de masse est égale à :

$\boldsymbol{\Delta m = m_{avant} - m_{après}}$

$= m(^{235}U) + m_n - m(^{94}Sr)$

$- m(^{140}Xe) - 2\ m_n$;

$\boldsymbol{m_{avant} - m_{après}} = 0{,}201\ 103$ u

$\approx \mathbf{187{,}3\ MeV/c2}$.

4° a) L'énergie libérée lors de la fission du noyau d'uranium apparaît **sous forme d'énergie cinétique des neutrons formés**.

b) Écrivons la conservation de l'énergie :

$$E_{avant} = E_{après}.$$

$E_{avant} = (m(^{235}U) + m_n) \cdot c^2$;

$E_{après} = (m(^{94}Sr) + m(^{140}Xe) + 2\ m_n) \cdot c^2$

$+ E_c$ neutrons.

Donc E_c neutrons $= (m\ (^{235}U) + m_n) \cdot c^2$

$- (m(^{94}Sr) + m(^{140}Xe) + 2\ m_n) \cdot c^2$;

E_c neutrons $= \Delta m \cdot c^2$;

$Q = \Delta m \cdot c^2 = 187{,}3$ MeV,

soit **environ 187 MeV**.

5° Calculons le nombre N de noyaux dans 3,00 kg d'uranium 235.

Masse d'un noyau :

$m = 234{,}993\ 32$ u

$= 234{,}993\ 32 \times 1{,}660\ 54 \times 10^{-27}$ kg ;

$m = 3{,}902\ 16 \times 10^{-25}$ kg.

Donc $N = \dfrac{3{,}00}{3{,}902\ 16 \times 10^{-25}}$

$= 7{,}688\ 05 \times 10^{24}$.

L'énergie E transférée à l'extérieur lors de la fission de 3,0 kg d'uranium est :

$E = N \cdot Q = 7{,}688\ 05 \times 10^{24} \times 187{,}3$

$= 1{,}439\ 97 \times 10^{27}$ MeV ;

Or 1 MeV $= 1{,}602 \times 10^{-13}$ J.

$E = 1{,}439\ 97 \times 10^{27} \times 1{,}602 \times 10^{-13}$

$= 2{,}306\ 83 \times 10^{14}$ J.

$E \approx \mathbf{2{,}31 \times 10^{14}\ J}$.

6° L'énergie électrique fournie est :

$$E \times \frac{33}{100} = 7{,}62 \times 10^{13}\ \text{J}.$$

Cette énergie est fournie en :
24 h = 86 400 s.

La puissance du réacteur est :

$$P = \frac{7{,}62 \times 10^{13}}{86\,400} = 8{,}82 \times 10^{8}\ \text{W},$$

soit **882 MW.**

Cette valeur correspond bien à la puissance d'un réacteur nucléaire.

14

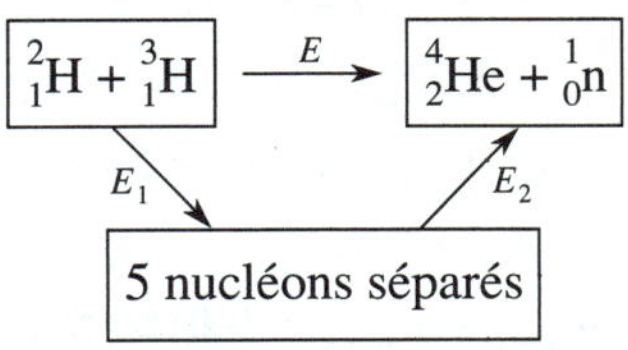

a) L'énergie libérée : $E = E_1 + E_2$.

E_1 représente l'énergie **fournie** pour casser les noyaux initiaux, c'est donc l'énergie de liaison des noyaux initiaux :

$$E_1 = E_1(^{2}_{1}H) + E_1(^{3}_{1}H)$$

$$= 1{,}11 \times 2 + 2{,}83 \times 3 = 10{,}71\ \text{MeV}.$$

E_2 représente l'énergie **libérée** lors de la formation du noyau d'hélium, c'est donc l'opposée de son énergie de liaison :

$$E_2 = -E_1(^{4}_{2}He) = -4 \times 7{,}07$$

$$= -28{,}28\ \text{MeV}.$$

$\boldsymbol{E = E_1 + E_2 = -17{,}57}$ **MeV.**

Le signe « – » signifie que la réaction est exoénergétique : elle libère **17,57 MeV** par noyau d'hélium formé.

b) Nombre de moles dans 1 g d'hélium :

$$\frac{1{,}0}{4{,}0} = 0{,}25\ \text{mol}.$$

1 g d'hélium contient :

$N_A \times 0{,}25 = 6{,}022 \times 10^{23} \times 0{,}25$
$= 1{,}51 \times 10^{23}$ noyaux.

L'**énergie libérée** lors de la formation de 1 g d'hélium est donc égale à :

$17{,}57 \times 1{,}51 \times 10^{23} = 2{,}65 \times 10^{24}$ MeV,
soit $2{,}65 \times 10^{24} \times 1{,}602 \times 10^{-13}$
$\approx$ **$\boldsymbol{4{,}2 \times 10^{11}}$ J.**

Pour aller plus loin

15 **1°** Multiplions par 2 les équations (1) et (2), et ajoutons les trois équations :

$$^{1}_{1}H + ^{1}_{1}H \rightarrow ^{2}_{1}H + ^{0}_{1}e \qquad (1) \times 2$$

$$^{1}_{1}H + ^{2}_{1}H \rightarrow ^{3}_{2}He + \gamma \qquad (2) \times 2$$

$$^{3}_{2}He + ^{3}_{2}He \rightarrow ^{4}_{2}He + 2\ ^{1}_{1}H \quad (3)$$

On obtient l'équation bilan :

$$\boldsymbol{4\ ^{1}_{1}H \rightarrow ^{4}_{2}He + 2\ ^{0}_{1}e + 2\gamma}$$

2° a) $\Delta m = 4\ m_p - m(^{4}_{2}He) - 2\ m_e$

$= 2{,}652 \times 10^{-2}$ u.

$Q = 2{,}652 \times 10^{-2} \times 931{,}494 \approx$ **24,7 MeV.**

On suppose que les protons $^{1}_{1}H$ ont une énergie cinétique négligeable. Dans ce cas, $Q = \Delta m \cdot c^2$.

b) Calculons le nombre de noyaux d'hélium qui se trouvent dans 1,00 g d'hélium.

Masse m d'un noyau :

$m = 4{,}001\,50 \times 1{,}660\,54 \times 10^{-27}$
$= 6{,}644\,65 \times 10^{-27}$ kg ;

nombre N de noyaux dans 1,00 g = 10^{-3} kg d'hélium :

$$N = \frac{1{,}00 \times 10^{-3}}{6{,}644 \times 10^{-27}} = 1{,}504\,97 \times 10^{23}.$$

L'énergie libérée est :

$E = N \cdot Q = 3{,}72 \times 10^{24}$ MeV ;
$\boldsymbol{E}$ $= 3{,}72 \times 10^{24} \times 10^{6} \times 1{,}602 \times 10^{-19}$
$=$ **$\boldsymbol{5{,}96 \times 10^{11}}$ J.**

3° a) La puissance rayonnée est de $3{,}90 \times 10^{26}$ W. Chaque fois qu'un gramme d'hélium se forme, il y a production de $5{,}96 \times 10^{11}$ J. Chaque seconde, la masse, en g, d'hélium formée est égale à :

$$m(\text{He}) = \frac{3{,}90 \times 10^{26}}{5{,}96 \times 10^{11}} = 6{,}54 \times 10^{14}\ \text{g} ;$$

$\boldsymbol{m}$(He) = $\boldsymbol{6{,}54 \times 10^{11}}$ kg.

La puissance rayonnée correspond à l'énergie rayonnée chaque seconde.

b) La perte de masse, par seconde, est :

$P = \Delta m \cdot c^2$;

$$\boldsymbol{\Delta m = \frac{P}{c^2} = \frac{3{,}90 \times 10^{26}}{(3{,}00 \times 10^{8})^2} = 4{,}33 \times 10^{9}\ \textbf{kg}.}$$

c) Depuis qu'il rayonne, le Soleil a perdu la masse :

$\Delta m = 4{,}33 \times 10^9 \times 4{,}6 \times 10^9 \times 365 \times 3\,600 \times 24$

$= 6{,}28 \times 10^{26}$ kg,

soit $\dfrac{\boldsymbol{\Delta m}}{\boldsymbol{m}} = \dfrac{6{,}28 \times 10^{26}}{2{,}0 \times 10^{30}} \approx \mathbf{3{,}1 \times 10^{-4}}$.

Ce qui représente une perte égale à 0,031 % de sa masse actuelle.

Il faut exprimer 4,6 milliards d'années en seconde.

16 **1°** $m_{avant} = m(^{235}_{92}\text{U}) + m(^{1}_{0}\text{n})$

$= 236{,}001\,987$ u.

$m_{après} = m(^{139}_{53}\text{I}) + m(^{94}_{39}\text{Y}) + 3\ m(^{1}_{0}\text{n})$

$= 235{,}813\,141$ u.

Perte de masse :

$\boldsymbol{\Delta m = m_{avant} - m_{après} = 0{,}188\,846}$ **u.**

$\Delta m = 0{,}188\,846 \times 931{,}494$

$= \mathbf{175{,}909\ MeV/c^2}$.

2° On a $Q = \Delta m \cdot c^2 = 175{,}909$ MeV, soit environ **176 MeV.**

3° Cette énergie apparaît **sous forme d'énergie cinétique des neutrons produits et de rayonnement γ.**

4° Cette réaction peut entraîner une réaction en chaîne, car **elle produit des neutrons qui, après ralentissement, produiront d'autres fissions.**

5° Calculons le nombre N de noyaux dans 1,0 kg d'uranium 235.

Masse m d'un noyau :

$m = 234{,}993\,32$ u

$= 234{,}993\,32 \times 1{,}660\,54 \times 10^{-27}$ kg ;

$m = 3{,}902\,16 \times 10^{-25}$ kg.

Donc $N = \dfrac{1{,}0}{3{,}902\,16 \times 10^{-25}}$

$= 2{,}562\,68 \times 10^{24}$.

$E = N \cdot Q = 2{,}562\,68 \times 10^{24} \times 175{,}909$

$= 4{,}507\,98 \times 10^{26}$ MeV ;

$E = 4{,}507\,98 \times 10^{26} \times 10^6 \times 1{,}602 \times 10^{-19}$

$= 7{,}221\,78 \times 10^{13}$ J

$\boldsymbol{E \approx 7{,}22 \times 10^{13}}$ **J.**

6° $m(\text{pétrole}) = \dfrac{7{,}22 \times 10^{13}}{42{,}0 \times 10^6}$

$= 1{,}72 \times 10^6$ kg,

soit **1 720 t.**

L'interrogation écrite

17 **1°** Il s'agit d'une **réaction de fusion.**

2° La boule violette représente un **proton.**

3° a) Deutérium : $^{2}_{1}\textbf{H}$; tritium : $^{3}_{1}\textbf{H}$; hélium : $^{4}_{2}\textbf{He}$.

b) L'**interaction forte** assure la stabilité de ces noyaux.

4° a) Équation-bilan :

$$^{2}_{1}\mathbf{H} + {}^{3}_{1}\mathbf{H} \rightarrow {}^{4}_{2}\mathbf{He} + {}^{1}_{0}\mathbf{n}.$$

b) Cette équation-bilan vérifie les **lois de conservation de la charge électrique et du nombre de nucléons.**

5° $m_{avant} = m(^{2}_{1}\text{H}) + m(^{3}_{1}\text{H})$

$= 5{,}029\,05$ u.

$m_{après} = m(^{4}_{2}\text{He}) + m(^{1}_{0}\text{n}) = 5{,}010\,17$ u.

Perte de masse :

$\Delta m = m_{avant} - m_{après} =$ **0,018 88 u.**

$\Delta m = 0{,}018\,88 \times 931{,}494$

$= 17{,}586\,61\ \text{MeV/c}^2$,

soit environ **17,6 MeV/c².**

6° a) $\boldsymbol{Q = \Delta m \cdot c^2 = 17{,}6}$ **MeV.**

b) Cette énergie apparaît **sous forme d'énergie cinétique du neutron produit.**

7° Calculons le nombre N de noyaux dans 1,00 g d'hélium.

Masse m d'un noyau :

$m = 4{,}001\,50$ u $= 4{,}001\,50 \times 1{,}660\,54 \times 10^{-27}$ kg ;

$m = 6{,}644\,65 \times 10^{-27}$ kg.

Donc $N = \dfrac{1{,}00 \times 10^{-3}}{6{,}644\,65 \times 10^{-27}}$

$= 1{,}504\,97 \times 10^{23}$.

$E = N \cdot Q = 1{,}504\,97 \times 10^{23} \times 17{,}586\,61$

$= 2{,}646\,73 \times 10^{24}$ MeV ;

$E = 2{,}646\,73 \times 10^{24} \times 1{,}602 \times 10^{-13}$

$= 4{,}240\,06 \times 10^{11}$ J

$\boldsymbol{E \approx 4{,}24 \times 10^{11}}$ **J.**

8° $m(\text{pétrole}) = \dfrac{4{,}24 \times 10^{11}}{42{,}0 \times 10^6}$

$= 1{,}01 \times 10^4$ kg,

soit **10 t environ.**

CHAPITRE 7

Radioactivité

Comprendre

LE COURS

Noyau de l'atome et isotopes

▶ EXERCICE D'APPLICATION 5, p. 124

- **Un noyau d'atome, de symbole $^{A}_{Z}X$, est caractérisé par son nombre de nucléons, A, et son nombre de protons (le numéro atomique), Z.** Son nombre de neutrons est : $N = A - Z$.
- Des **isotopes** sont des nucléides qui ont un même nombre de protons, mais qui diffèrent par leur nombre de neutrons, donc de nucléons.

Rayonnements radioactifs

▶ EXERCICE D'APPLICATION 6, p. 124

- On distingue quatre **types** de rayonnements radioactifs :

– Trois sont constitués de particules de matière :

Radioactivité	Particule	Symbole	Charge
β^-	électron	$^{0}_{-1}e$	$-e$
β^+	positon	$^{0}_{+1}e$	$+e$
α	noyau d'hélium	$^{4}_{2}He$	$+2e$

– Le rayonnement γ est constitué de photons, c'est un rayonnement électromagnétique.

- Toute réaction nucléaire vérifie **les lois de conservation** suivantes :

– **la conservation du nombre de charges ;**

– **la conservation du nombre de nucléons.**

On a, si $^{A}_{Z}X$ est le noyau père, $^{A'}_{Z'}Y$ le noyau fils et $^{a}_{z}q$ la particule émise, l'équation :

$$^{A}_{Z}X \rightarrow {}^{A'}_{Z'}Y + {}^{a}_{z}q, \quad \text{avec} \quad \boldsymbol{A = A' + a} \quad \textbf{et} \quad \boldsymbol{Z = Z' + z}.$$

Les caractéristiques des rayonnements α et β

Radioactivité α (^4_2He)	Radioactivité β^- ($^{\ 0}_{-1}e$)	Radioactivité β^+ ($^{\ 0}_{+1}e$)
Les particules α sont ionisantes et dangereuses, mais pénètrent peu la matière. Une feuille de papier permet de les arrêter.	Les électrons émis ont une grande énergie ; ils sont arrêtés par une fine feuille d'aluminium.	Le positon est l'antiparticule de l'électron. Il s'annihile rapidement lorsqu'il rencontre un électron en donnant un rayonnement γ.
$^A_ZX \rightarrow {}^{A-4}_{Z-2}Y + {}^4_2He$	$^A_ZX \rightarrow {}^{\ \ A}_{Z+1}Y + {}^{\ 0}_{-1}e$	$^A_ZX \rightarrow {}^{\ \ A}_{Z-1}Y + {}^{\ 0}_{+1}e$

Le rayonnement γ est un rayonnement électromagnétique

Le noyau fils, provenant d'une désintégration α ou β, est dans un état excité, noté Y^*. Il se désexcite en donnant un photon γ :

$$Y^* \rightarrow Y + \gamma.$$

De très courte longueur d'onde (grande énergie), les rayons γ traversent le corps humain. Une importante épaisseur de béton ou de plomb est nécessaire pour s'en protéger.

Radioactivité naturelle et artificielle

► EXERCICE D'APPLICATION 6, p. 124

Bien qu'il s'agisse du même phénomène physique, on distingue parfois la radioactivité naturelle, due aux sols, comme le granit, et au rayonnement cosmique de celle due à des sources radioactives créées par les activités humaines.

• Les **radioéléments naturels** les plus fréquents dans les roches terrestres, produits lors des explosions des supernovae, sont l'isotope 238 de l'uranium (^{238}U), l'isotope 232 du thorium (^{232}Th), et surtout l'isotope 40 du potassium (^{40}K).

La désintégration de ces éléments donne d'autres isotopes radioactifs comme le radium ou le radon.

De plus, des isotopes radioactifs peuvent être produits dans la haute atmosphère sous l'effet des rayons cosmiques, c'est le cas du carbone 14.

• Irène et Jean Frédéric Joliot-Curie découvrirent la **radioactivité artificielle** en bombardant des éléments légers avec des particules α.

En particulier, ils transmutèrent ainsi l'aluminium en un isotope du phosphore très instable qui se désintègre aussitôt en phosphore 30, lui-même radioactif :

$$^4_2He + {}^{27}_{13}Al \rightarrow {}^{31}_{15}P \rightarrow {}^{30}_{15}P + {}^1_0n \ ; \ {}^{30}_{15}P \rightarrow {}^{30}_{14}Si + {}^{\ 0}_{+1}e.$$

Activité et évolution de la radioactivité avec le temps

► EXERCICE D'APPLICATION 8, p. 125

• **L'activité,** notée A, d'une source radioactive est égale au nombre moyen de désintégrations par seconde.

Elle s'exprime en **becquerel (Bq)**.

▶ Ordres de grandeur d'activités de sources radioactives

Source radioactive	Eau de pluie	Poisson	Café	Sol granitique	Minerai d'uranium	Déchets radioactifs
Ordre d'activité (en Bq par kg)	1	100	1 000	10 000	10^7	10^{15}

- La **période ou demi-vie** d'un radionucléide, notée $t_{1/2}$ ou T, est la durée au bout de laquelle l'activité, d'un échantillon de ce radionucléide, est divisée par deux.

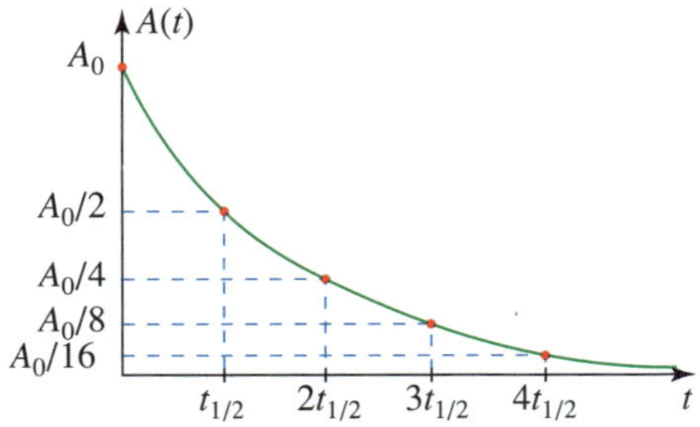

Courbe de décroissance radioactive

Au cours d'une période, le nombre de noyaux radioactifs d'un échantillon est divisé par 2.

- Au bout de **vingt périodes**, l'activité d'un échantillon est devenue négligeable.

Applications de la radioactivité ▶ EXERCICE D'APPLICATION 15, p. 127

- La radiothérapie désigne les traitements thérapeutiques par des rayonnements ionisants produits soit par des sources externes, soit par des substances qui ont été implantées dans le corps, ou ingérées.
- **La scintigraphie utilise un traceur radioactif,** une molécule organique qui se fixe sélectivement sur l'organe du corps étudié, et dans laquelle un de ses atomes a été remplacé par un isotope radioactif. L'émission du rayonnement gamma émis permet d'obtenir l'image de l'organe.
- **Les méthodes de datation,** qui déterminent l'âge d'un objet, d'une roche…, s'appuient sur la décroissance de l'activité des noyaux radioactifs.

Énergie de la réaction de désintégration radioactive

• **La désexcitation gamma**

Comme l'atome, le noyau atomique possède des niveaux d'énergie quantifiés.

Lors de la réaction nucléaire, le noyau fils se forme dans l'un de ses états excités (repéré par un astérisque).

La désexcitation du noyau vers son état stable produit alors l'émission de photons γ.

Exemple : la désintégration du cobalt 60.

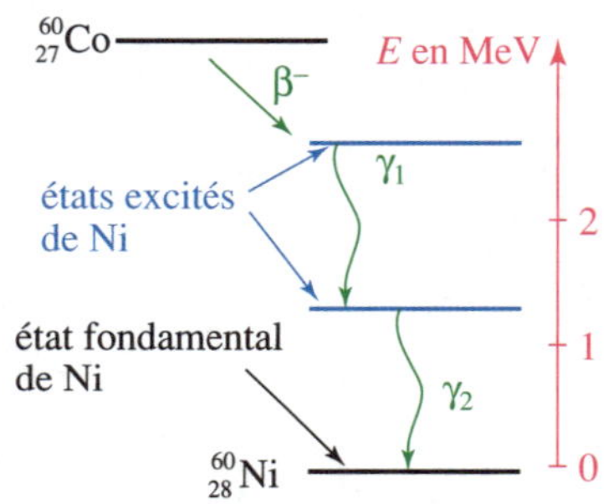

Désintégration de ^{60}Co en ^{60}Ni

Cette réaction s'écrit en deux temps :

– $^{60}_{27}Co \rightarrow ^{60}_{28}Ni^{*} + ^{0}_{-1}e$ (émission β^-),

– $^{60}_{28}Ni^{*} \rightarrow ^{60}_{28}Ni + \gamma$ (émission γ).

Le bilan est donc : $^{60}_{27}Co \rightarrow ^{60}_{28}Ni + ^{0}_{-1}e + \gamma$.

La longueur d'onde du photon émis se déduit de la relation :

$\lambda = h \cdot \dfrac{c}{\Delta E}$ (*cf. chapitre* 5).

Dans cette relation, ΔE doit être exprimée en joule, c (vitesse de la lumière dans le vide) en $m \cdot s^{-1}$, la constante de Planck est donnée en $J \cdot s$; λ est alors exprimée en mètre.

EXERCICES

Tester ses connaissances

1 QCM 1 (corrigés p. 131)

Parmi les affirmations suivantes, lesquelles sont vraies ?

1° Un noyau de rubidium (Rb) comporte 37 protons et 41 neutrons :

a) ce noyau s'écrit $^{78}_{37}Rb$;

b) un isotope de ce noyau est $^{78}_{38}Sr$;

c) le numéro atomique du rubidium est 37.

2° Des isotopes ont le même nombre de :

a) nucléons ; b) neutrons ; c) protons.

2 QCM 2 (corrigés p. 131)

Parmi les affirmations suivantes, lesquelles sont vraies ?

1° Une particule α contient :

a) quatre neutrons ; b) quatre nucléons ; c) deux protons.

2° Une particule α est :

a) un noyau de deutérium ; b) un noyau de tritium ; c) un noyau d'hélium.

3° Une particule β^+ est :

a) identique à un électron ; b) l'antiparticule de l'électron ; c) immatérielle.

3 QCM 3 (corrigés p. 131)

Parmi les affirmations suivantes, lesquelles sont vraies ?

1° Lors d'une désintégration α, le noyau fils contient, par rapport au noyau père :

a) deux protons en moins ;

b) deux neutrons en plus ;

c) quatre nucléons de moins.

2° Lors d'une désintégration β^-, le noyau fils contient, par rapport au noyau père :

a) un proton de plus ;

b) un nucléon de plus ;

c) un neutron de moins.

3° Lors d'une désintégration β^+, le noyau père contient, par rapport au noyau fils :

a) un proton de plus ;

b) un nucléon de plus ;

c) un neutron de plus.

4 QCM 4 (corrigés p. 131)

Parmi les affirmations suivantes, lesquelles sont vraies ?

1° Le nombre de désintégrations par seconde d'un échantillon radioactif :

a) s'exprime en Bq ;

b) augmente avec le temps ;
c) est divisé par deux au bout d'une période.
2° Au bout de trois périodes, l'activité d'un échantillon radioactif est :
a) multipliée par trois ; b) divisée par 3 ; c) divisée par 8.
3° Lors de la désintégration d'un noyau radioactif :
a) l'énergie se conserve ;
b) la masse se conserve ;
c) la masse de la particule émise + celle du noyau fils est supérieure à celle du noyau père.

Maîtriser les méthodes

Les exercices de cette rubrique font appel aux méthodes de base, qu'il faut maîtriser. Ils font l'objet d'une correction guidée pas à pas, qui récapitule ces méthodes, pour mieux les mémoriser.

5 DÉTERMINER LA COMPOSITION D'UN NOYAU, IDENTIFIER UN NOYAU ET DES ISOTOPES *(corrigés p. 131)*

Le tableau ci-dessous donne des informations partielles sur la constitution de différents noyaux.

	1	2	3	4
Nom du nucléide				
Notation symbolique	$^{206}_{81}\text{Tl}$			
A			212	208
N		128	128	
Z		81		84

1° Compléter les cases vides du tableau en s'aidant du tableau de classification périodique des éléments (p. 203 du livre).
2° Définir le terme « isotope » et identifier des isotopes parmi les noyaux cités ci-dessus.

6 IDENTIFIER LA PARTICULE ÉMISE ET LE TYPE DE RADIOACTIVITÉ *(corrigés p. 132)*

L'or 203 ($^{203}_{79}\text{Au}$) est radioactif. Il se désintègre en donnant un noyau de mercure, $^{203}_{80}\text{Hg}$, et une particule, que l'on notera $^{a}_{z}q$.
1° Établir l'équation de la désintégration nucléaire de l'or 203 et en déduire les valeurs de *a* et *z* de la particule éjectée lors de la réaction nucléaire.
2° Quels sont le nom et le symbole de cette particule ?
3° Quel est le type de cette désintégration ? Les particules produites sont-elles pénétrantes ?

7 DÉSEXCITATION GAMMA (corrigés p. 132)

Le radium 226 ($^{226}_{88}Ra$) est un émetteur α qui donne du radon ($^{222}_{86}Rn$) et un rayonnement γ. Le noyau fils formé se trouve dans un état excité.

1° Donner la notation symbolique de ce noyau dans son état excité, ainsi que l'équation de sa désexcitation.

2° Établir l'équation complète de la désintégration du radium 226.

8 DÉTERMINER ET UTILISER UNE PÉRIODE RADIOACTIVE (corrigés p. 132)

On mesure expérimentalement le nombre de désintégrations, N, d'une source de vanadium 52 (noyau radioactif β^-) sur une durée de 5 s. Les mesures, réalisées toutes les minutes pendant treize minutes, sont récapitulées dans le tableau ci-dessous.

Date t (min)	0	1	2	3	4	5	6	7	8	9	10	11	12	13
$N(t)$	1 600	1 257	1 075	873	741	584	471	428	355	296	235	195	155	132
$A(t)$														

1° Rappeler la définition de l'activité d'un échantillon radioactif, et préciser son unité. Compléter le tableau après avoir calculé l'activité de l'échantillon, $A(t)$, aux différentes dates de mesure. Arrondir les résultats à l'unité.

2° Tracer sur papier quadrillé la courbe, $A(t)$, de l'activité de l'échantillon en fonction du temps. Montrer que la période radioactive T du vanadium 52 est de l'ordre de 3,75 min.

3° Déterminer la valeur de l'activité de cet échantillon 30 minutes après le début des mesures.

9 DÉTERMINER LES LONGUEURS D'ONDE DES PHOTONS γ (corrigés p. 133)

Le noyau atomique possède, comme l'atome, des niveaux d'énergie quantifiés. Lors d'une réaction nucléaire, le noyau fils se forme souvent dans un de ses états excités. La désexcitation du noyau fils produit alors l'émission de photons gamma.

Le schéma ci-contre représente la désintégration du cobalt 60, un radionucléide β^- qui fut utilisé en radiothérapie.

1° Déterminer les valeurs des écarts des niveaux d'énergie des états excités qui correspondent aux émissions des photons γ_1 et γ_2. On notera ces écarts d'énergie E_1 et E_2, respectivement.

2° Exprimer E_1 et E_2 en joule.

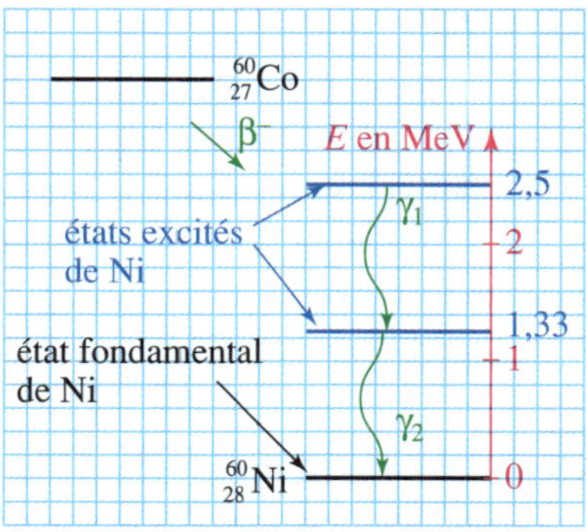

Schéma de la désintégration de ^{60}Co et de la désexcitation de ^{60}Ni avec émission de photons γ

3° Rappeler la relation qui donne l'énergie d'un photon en fonction de la longueur d'onde de la radiation électromagnétique et préciser les unités.

4° En déduire les valeurs des deux longueurs d'onde, λ_1 et λ_2, des radiations émises par le noyau de nickel 60 lors de ses désexcitations.

Données : $1\ \text{eV} = 1{,}60 \times 10^{-19}\ \text{J}$; $h = 6{,}63 \times 10^{-34}\ \text{J} \cdot \text{s}$; $c = 3{,}00 \times 10^{8}\ \text{m} \cdot \text{s}^{-1}$.

S'entraîner

10 LES ISOTOPES DU NÉON ★★ 10 min (corrigés p. 134)

En 1913, J.J. Thomson et F.W. Aston réalisent la première séparation des isotopes d'un élément, le néon : « Le néon n'est pas un gaz unique, mais un mélange de deux gaz de nombres de masse 20 et 22. »

Dans l'atmosphère terrestre, 90 % du néon est du premier type, léger, et 10 % du second type, lourd.

1° Rechercher dans le tableau périodique le numéro atomique du néon.

2° En déduire les notations symboliques des deux isotopes du néon.

3° La masse molaire atomique du néon est approximativement égale à 20,2. Retrouver cette valeur à partir des données du texte.

11 TROIS NUCLÉIDES VOISINS ★★ 12 min (corrigés p. 134)

On considère les trois nucléides suivants :

Le bore 12 ($^{12}_{5}B$), le carbone 12 ($^{12}_{6}C$), l'azote 12 ($^{12}_{7}N$). Le noyau du carbone 12 est stable. En revanche, les noyaux du bore 12 et de l'azote 12 sont instables et radioactifs β.

1° Donner, sous forme de tableau, la composition en neutrons et protons de ces trois nucléides. Sont-ils isotopes ?

2° Quel est le nucléide le plus riche en neutrons ? Quel est le plus riche en protons ?

3° Lors de la désintégration du bore 12 en carbone 12, un nucléon se transforme.

a) S'agit-il d'un neutron ou d'un proton ?

b) Quelle est la particule émise ?

4° Reprendre la question 3° dans le cas de la désintégration de l'azote 12.

12 LE POLONIUM ★★ 8 min (corrigés p. 134)

Marie et Pierre Curie ont découvert en 1898 le polonium 210, $^{210}_{84}Po$. Ce nucléide radioactif est un émetteur alpha.

1° Donner la composition et la notation symbolique d'une particule α.

2° De combien de protons et de nucléons sera constitué le noyau fils résultant de la désintégration du polonium 210 ?

3° Rechercher dans le tableau périodique le nom de ce nucléide et écrire sa formule.

13 QUELLE EST LA PARTICULE ÉMISE ? ★★ 10 min (corrigés p. 134)

Compléter les équations des réactions nucléaires ci-dessous et en déduire pour chacune d'elles le type de radioactivité.

1° $^{174}_{73}Ta \rightarrow {}^{174}_{72}Hf + \ldots$; 2° $^{213}_{84}Po \rightarrow {}^{209}_{82}Pb + \ldots$; 3° $^{209}_{82}Pb \rightarrow {}^{209}_{83}Bi + \ldots$

14 QUEL EST LE NOYAU FILS ? ★★ 10 min (corrigés p. 134)

Compléter, à l'aide du tableau périodique, les équations des réactions nucléaires ci-dessous.

1° ${}^{103}_{42}\mathrm{Mo} \rightarrow \ldots + {}^{0}_{-1}\mathrm{e}$; **2°** ${}^{174}_{72}\mathrm{Hf} \rightarrow \ldots + {}^{4}_{2}\mathrm{He}$; **3°** ${}^{207}_{83}\mathrm{Bi} \rightarrow \ldots + {}^{0}_{1}\mathrm{e}$.

15 LA RADIOTHÉRAPIE ★★ 15 min (corrigés p. 134)

Lors d'une séance de radiothérapie, on soumet un organe cancéreux, de masse $m = 800$ g, à un rayonnement γ externe. L'organe est irradié pendant 10 minutes et, chaque seconde, l'organe absorbe l'énergie de $1{,}39 \times 10^9$ photons environ.
L'énergie de chaque photon est égale à 12 MeV.
Donnée : 1 eV = $1{,}6 \times 10^{-19}$ J.
1° Quel est le nombre N de photons γ absorbés par l'organe au cours d'une séance ?
2° Calculer l'énergie, en joule, absorbée par l'organe au cours d'une séance.
3° L'organe doit absorber une dose d'irradiation totale $D = 50$ Gy.
La dose absorbée est définie par : $D = \dfrac{E}{m}$; E est l'énergie absorbée par l'organe (J) et m sa masse (kg), D s'exprime en gray (Gy).
a) Quelle est la dose absorbée par l'organe au cours d'une séance ?
b) En déduire le nombre de semaines de traitement (5 séances par semaine) si le patient doit recevoir en tout une dose égale à 50 Gy.

16 DATATION AU CARBONE 14 ★★★ 20 min (corrigés p. 135)

La méthode de datation au carbone 14 a permis de dater des charbons de bois de la grotte de Lascaux. Le carbone 14, fabriqué dans la haute atmosphère, entre dans la composition des organismes vivants, en proportion stable, avec le carbone 12. À la mort de ces organismes, cette proportion de carbone 14, qui est radioactif, décroît ; ce qui permet de dater la mort des organismes.
Des fragments de bois d'un foyer ont été prélevés sur ce site préhistorique. Sur un échantillon de ce bois, on mesure 17 désintégrations en 10 minutes par gramme de bois, alors que, pour un gramme de bois contemporain, on mesure 13,7 désintégrations par minute.

1° En se désintégrant, le carbone 14, ${}^{14}_{6}\mathrm{C}$, forme le nucléide ${}^{14}_{7}\mathrm{N}$. Déterminer la particule émise lors de sa désintégration. À quel type de radioactivité correspond-elle ?
2° Soit $A(t)$ l'activité du radionucléide à la date t, et A_0 l'activité du radionucléide à la date $t = 0$.
Sur papier millimétré, en choisissant une échelle adaptée, construire la courbe du rapport $A(t)/A_0$, en représentant les points correspondant aux dates : $t_{1/2}$, $2t_{1/2}$, $3t_{1/2}$ et $4t_{1/2}$.
3° Déterminer (en Bq) l'activité A du bois prélevé sur le site et celle A_0 du bois contemporain. En déduire la valeur du rapport A/A_0.
4° À l'aide la courbe, déterminer l'âge du site préhistorique de Lascaux.
Donnée : demi-vie du carbone 14, $t_{1/2} = 5\,570$ ans.

Pour aller plus loin

17 TOMOGRAPHIE PAR ÉMISSION DE POSITONS ★★★ 25 min (corrigés p. 135)

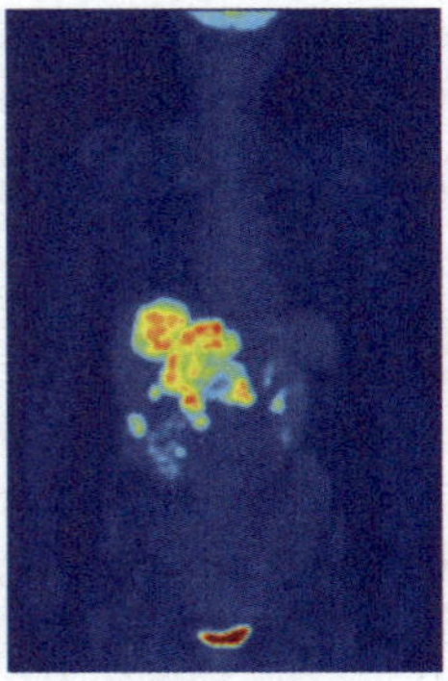

Une tomographie par émission de positons (TEP) est un examen d'imagerie médicale adapté au dépistage et au suivi des cancers. On injecte au patient, par voie intraveineuse, un traceur faiblement radioactif, le [18F]-fluorodésoxyglucose (FDG), molécule semblable au glucose, qui comporte un isotope du fluor émetteur β^+ ($^{18}_{9}F$). Cette molécule va se fixer au niveau des tissus cancéreux dont la consommation cellulaire en glucose est augmentée.
Le traceur émet des positons qui s'annihilent avec les électrons du tissu biologique après un trajet de l'ordre du millimètre. Chaque annihilation produit deux photons gamma, de même énergie chacun, qui s'éloignent l'un de l'autre en ligne droite dans des directions opposées.
La détection de ces deux photons par une couronne de détecteurs installés autour du patient permet de connaître la ligne droite sur laquelle s'est produite l'annihilation.
La caméra TEP permet alors de construire une image tridimensionnelle qui fait apparaître en couleurs les zones de forte concentration du traceur.
La caméra TEP est aussi utilisée en imagerie cérébrale où elle permet, par exemple, de révéler les régions actives du cerveau lors d'une activité cognitive spécifique.

Compréhension du texte

1° Pourquoi l'atome de fluor 18 est il « intégré » dans une molécule semblable au glucose ?

2° Pour quelle raison le trajet des positons est-il si court ?

3° Les détecteurs sont-ils directement sensibles aux positons ? sinon, que repèrent-ils ?

4° Expliquer pourquoi le TEP permet de visualiser les zones d'activité cérébrale.

Utilisation des connaissances

5° Établir l'équation de désintégration du fluor 18 et identifier, à partir du tableau périodique, le symbole du noyau fils formé.

6° Donner l'écriture symbolique des deux particules qui s'annihilent juste après l'émission β^+.

7° Établir l'équation de cette annihilation.

8° Calculer l'énergie libérée lors de l'annihilation en MeV.

9° Déduire l'énergie de chaque photon, sa fréquence et sa longueur d'onde. À quel domaine des ondes électromagnétiques appartiennent ces photons ?

Données : masse de l'électron, $m_e = 5{,}49 \times 10^{-4}$ u ; u = 931,5 MeV/c^2 ;
$h = 6{,}63 \times 10^{-34}$ J · s ; c = $3{,}00 \times 10^{8}$ m · s^{-1} ; 1 eV = $1{,}60 \times 10^{-19}$ J.

18 STÉRILISATION ALIMENTAIRE ★★★ 25 min (corrigés p. 136)

La radiostérilisation est un procédé de stérilisation très fiable et très intéressant : il n'utilise pas de gaz toxique, ni de vapeur, ni de chaleur, et il permet de traiter des quantités importantes d'objets à la fois. Pour ce qui concerne le matériel à usage chirurgical (scalpels, seringues jetables, prothèses…) et les médicaments, la dose d'irradiation absorbée* recommandée est de 25 kGy ; pour les produits alimentaires (stérilisation des épices, élimination des salmonelles des crevettes et des cuisses de grenouilles…), elle est généralement égale à 3,5 kGy.

* Par définition, la dose absorbée est définie par : $D = \frac{E}{m}$; E est l'énergie absorbée (J) par la masse m irradiée (kg), D s'exprime en gray (Gy). La stérilisation est réalisée avec des accélérateurs de particules ou des bombes au cobalt.

1° Rechercher :

a) Quelle est la nature des agents infectieux qui doivent être détruits lors d'une stérilisation ?

b) Quels sont les avantages, par rapport à la chaleur, de la radiostérilisation pour la conservation des aliments ?

2° Pour la radiostérilisation d'une tonne d'aliments (à 3,5 kGy), quelle est l'énergie (en joule) des rayonnements qui doit être absorbée ?

3° L'activité des bombes au cobalt 60 est de l'ordre de 1 MCi.
Exprimer cette activité, A, en becquerel.
Donnée : le curie, symbole Ci, est une unité d'activité radioactive égale à $3{,}7 \times 10^{10}$ Bq.

4° Chaque désintégration d'un noyau de cobalt 60 libère un photon γ d'énergie moyenne de 1,25 MeV ($1 \text{ eV} = 1{,}6 \times 10^{-19}$ J). Quelle est la puissance, P, du rayonnement γ émis par la source de cobalt ?
(*Rappel :* la puissance s'exprime en watt (W) et $1 \text{ W} = 1 \text{ J} \cdot \text{s}^{-1}$.)

5° Le rapport entre l'énergie des photons émis par la source de cobalt et l'énergie effectivement absorbée par les aliments est de 20 %. À partir du résultat de la question **2°**, déterminer le temps nécessaire en seconde, puis en heure, pour stériliser une tonne d'aliments.

6° Une unité de radiostérilisation peut fonctionner pendant 7 000 heures par an. Quelle est sa capacité de production en tonne ?

L'interrogation écrite

19 CURIETHÉRAPIE 30 min *(corrigés p. 136)*

L'iridium 192 est un radioélément utilisé en curiethérapie pour le traitement des cancers, en particulier le cancer du sein, en implantant dans la tumeur des fils de platine iridiés (alliage de platine et de 20 % d'iridium).

L'iridium 192 n'existe pas à l'état naturel ; il est produit en bombardant, par des neutrons, l'isotope stable de l'iridium, ${}^{191}_{77}\text{Ir}$.

Ce bombardement neutronique produit deux isotopes radioactifs de l'iridium, ${}^{192}_{77}\text{Ir}$ et ${}^{194}_{77}\text{Ir}$.

La période radioactive de l'iridium 192 est $T_1 = 74$ jours, et celle de l'iridium 194 est $T_2 = 19$ heures.

1° Établir les équations des réactions nucléaires de la synthèse de l'iridium 192 et de l'iridium 194, en sachant que ces deux réactions produisent des photons gamma.

2° Après sa préparation, l'activité initiale d'un échantillon du fil de platine iridié *due à l'isotope 194* est de l'ordre de 10^4 Bq. Cet échantillon, qui contient les deux isotopes radioactifs, est stocké 8 jours.

Montrer qu'au bout de cette durée de stockage, l'activité de l'iridium 194 est inférieure à 10 Bq.

3° Au bout de ces 8 jours de stockage, l'activité de l'iridium 192 est-elle inférieure ou supérieure à la moitié de son activité initiale ? Pour quelle raison les fils de platine iridiés sont-ils stockés une huitaine de jours avant d'être utilisés en curiethérapie ?

4° L'iridium 192 donne, en se désintégrant, du platine $^{192}_{78}\text{Pt}$. Donner l'équation de sa désintégration. Quels sont la nature de la particule émise et le type de la radioactivité ?

5° La particule émise lors de la désintégration a une énergie cinétique maximale égale à 0,67 MeV et les photons émis peuvent avoir les énergies suivantes, en MeV : 0,296 ; 0,308 ; 0,317 ; 0,468 ; 0,604 ; 0,621.

a) Pourquoi existe-t-il différentes valeurs d'énergies possibles des photons ?

b) Lorsque l'énergie du photon émis est maximale, l'énergie cinétique de la particule émise est-elle maximale ou minimale ?

c) Calculer la fréquence et la longueur d'onde de la radiation correspondant aux photons d'énergie égale à 0,468 MeV.

Données : $h = 6{,}63 \times 10^{-34}$ J · s ; $c = 3{,}00 \times 10^8$ m · s^{-1} ; 1 eV $= 1{,}60 \times 10^{-19}$ J.

CORRIGÉS

Tester ses connaissances

1 Affirmations **vraies : 1° a) et c) ; 2° c).**

2 Affirmations **vraies : 1° b) et c) ; 2° c) ; 3° b).**

3 Affirmations **vraies : 1° a) et c) ; 2° a) et c) ; 3° c).**

4 Affirmations **vraies : 1° a) et c) ; 2° c) ; 3° a).**

Maîtriser les méthodes

5 **1° • Colonne 1**

– La notation symbolique $^{206}_{81}\mathrm{Tl}$ nous indique le nombre de protons (nombre du bas), $\boldsymbol{Z = 81}$, et le nombre de nucléons (nombre du haut), $\boldsymbol{A = 206}$, que contient ce noyau.

– Le nombre de neutrons se déduit de la relation : $A = Z + N$;
soit : $N = A - Z = 206 - 81 = 125$.

– L'élément 81 du tableau périodique est le **thallium**. Il s'agit donc du **thallium 206**.

• Colonne 2

– On connaît le numéro atomique de l'élément : $Z = 81$. L'élément, déjà rencontré en première colonne, est donc le thallium (Tl).

– On connaît aussi le nombre de neutrons, $N = 128$. Le nombre de nucléons se déduit de la relation :

$\boldsymbol{A = Z + N = 81 + 128 = 209}$.

– La notation symbolique et le nom sont :
$^{209}_{81}\mathrm{Tl}$, **thallium 209.**

• Colonne 3

– On connaît le nombre de nucléons, $A = 212$ et aussi le nombre de neutrons, $N = 128$.

Le nombre de protons Z se déduit de la relation : $A = Z + N$, d'où
$Z = 212 - 128 = 84$.

– L'élément 84 du tableau périodique est le polonium (Po).

La notation symbolique et le nom sont :
$^{212}_{84}\mathrm{Po}$, **polonium 212.**

• Colonne 4

– On connaît le nombre de nucléons, $A = 208$ et aussi le nombre de protons $Z = 84$.

Le nombre de neutrons, N, se déduit de la relation : $A = Z + N$, d'où
$N = 208 - 84 = \mathbf{124}$.

– L'élément 84, déjà rencontré en colonne 3, est le polonium (Po). La notation symbolique et le nom sont : $^{208}_{84}\mathrm{Po}$, **polonium 208.**

Tableau renseigné :

	1	2	3	4
Nom du nucléide	**thallium 206**	**thallium 209**	**polonium 212**	**polonium 208**
Notation symbolique	$^{206}_{81}\mathrm{Tl}$	$^{209}_{81}\mathrm{Tl}$	$^{212}_{84}\mathrm{Po}$	$^{208}_{84}\mathrm{Po}$
A	**206**	**209**	212	208
N	**125**	128	128	**124**
Z	**81**	81	**84**	84

2° **Des isotopes ont le même nombre de protons et des nombres de neutrons (donc de nucléons) différents.**

On trouve deux couples d'isotopes dans le tableau :

$$^{206}_{81}\mathbf{Tl},\ ^{209}_{81}\mathbf{Tl} \text{ et } ^{212}_{84}\mathbf{Po},\ ^{208}_{84}\mathbf{Po}.$$

Exercice 5 : conseil à retenir

• Le tableau périodique nous permet de connaître le symbole et le nom d'un élément à partir de son numéro atomique (le nombre de protons), *Z*.
Les éléments y sont classés par numéros atomiques croissants.

• Des noyaux isotopes ont le même nombre de protons (*Z*) et des nombres de neutrons (*N*), donc de nucléons (*A*), différents.

Attention au piège !

Si deux noyaux ont le même nombre de nucléons, *A*, ils ne sont pas isotopes, mais isobares.

6 1° La désintégration de l'or 203 donne le noyau fils, le mercure 203, et une particule :

$$^{203}_{79}\mathbf{Au} \rightarrow {}^{203}_{80}\mathbf{Hg} + {}^{a}_{z}q.$$

Les lois de conservation donnent :

– pour les charges :

$79 = 80 + z$, soit $z = 79 - 80 = \mathbf{-1}$;

– pour les nucléons :

$203 = 203 + a$, soit $\boldsymbol{a} = 203 - 203 = \mathbf{0}$.

2° La particule est un **électron**, sa notation symbolique est : $^{0}_{-1}\mathbf{e}$.

3° Une désintégration qui émet des électrons correspond à une **radioactivité β^-**.

Les **électrons** sont vite arrêtés par la matière (une feuille d'aluminium) ; ils sont donc **faiblement pénétrants**.

Exercice 6 : conseil à retenir

La charge de la particule qui est émise permet de l'identifier :

• $z = +2$: la particule est un noyau d'hélium, noté $^{4}_{2}\text{He}$, radioactivité α ;

• $z = -1$: la particule est un électron, noté $^{0}_{-1}\text{e}$, radioactivité β^- ;

• $z = +1$: la particule est un positon, noté $^{0}_{+1}\text{e}$, radioactivité β^+.

• $z = 0$: c'est un photon, noté γ, radioactivité γ.

Attention au piège !

Il ne faut pas confondre positon ($^{0}_{+1}\text{e}$) et électron ($^{0}_{-1}\text{e}$). Ces deux particules ont le même symbole « e », mais leurs charges électriques sont opposées.

7 1° L'écriture du noyau dans un état excité utilise un astérisque : $^{222}_{86}\mathbf{Rn}^*$.
L'équation de la désexcitation est alors :

$$^{222}_{86}\mathbf{Rn}^* \rightarrow {}^{222}_{86}\mathbf{Rn} + \gamma.$$

2° Le noyau de radium se désintègre en donnant une particule $\alpha(^{4}_{2}\text{He})$, un noyau de radon et un rayonnement gamma :

$$^{226}_{88}\mathbf{Ra} \rightarrow {}^{4}_{2}\mathbf{He} + {}^{222}_{86}\mathbf{Rn} + \gamma.$$

Exercice 7 : conseil à retenir

Lors d'une émission de photons γ, la constitution du noyau émetteur γ n'est pas modifiée. L'astérisque montre que ce noyau est dans un état excité :

$$^{A'}_{Z'}Y^* \rightarrow {}^{A'}_{Z'}Y + \gamma.$$

8 1° **L'activité d'un échantillon radioactif est**, par définition, **égale au nombre moyen de désintégrations par seconde. Son unité est le becquerel (Bq).**
N est le nombre de désintégrations qui ont lieu pendant cinq secondes ; on a donc : $A(t) = \dfrac{N(t)}{5}$.
Ce qui donne, en arrondissant à l'unité :

Date *t* (min)	0	1	2	3	4	5	6	7	8	9	10	11	12	13
***N*(t)**	1 600	1 257	1 075	873	741	584	471	428	355	296	235	195	155	132
***A*(*t*)(Bq)**	**320**	**251**	**215**	**175**	**148**	**117**	**94**	**86**	**71**	**59**	**47**	**39**	**31**	**26**

2° L'activité est portée en ordonnée en prenant pour échelle : 40 Bq pour 1 carreau. On obtient la courbe $A(t)$ ci-dessous.

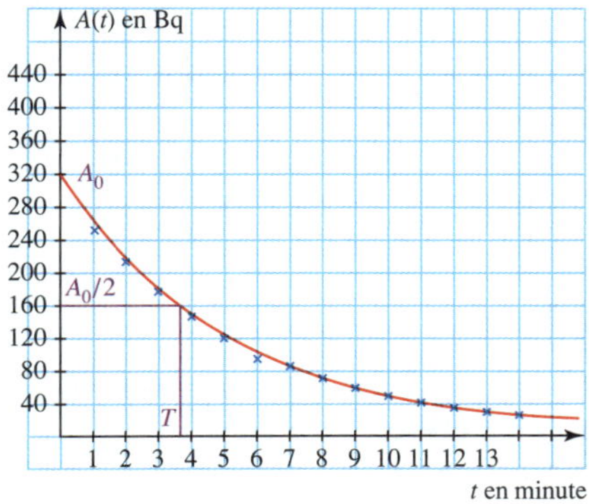

La période est la durée au bout de laquelle l'activité d'un échantillon est divisée par deux. On note sur la courbe de $A(t)$ que l'activité initiale, A_0, est divisée par deux pour $\boldsymbol{T \approx 3{,}75}$ **min**.

3° Le nombre de périodes contenues dans 30 minutes est : $n' = \dfrac{30}{3{,}75} = 8$.

L'activité de l'échantillon, 30 minutes, après le début de l'expérience est alors huit fois divisée par 2, donc divisée par $2^8 = 256$.

D'où : $\boldsymbol{A(30 \text{ min}) = \dfrac{320}{256} = 1{,}25}$ **Bq.**

Exercice 8 : conseil à retenir

• Pour déterminer la période (ou demi-vie) d'un échantillon radioactif à partir de sa courbe de décroissance, il suffit de diviser par deux son activité initiale et de rechercher le temps pour lequel l'activité a cette valeur.

• Pour connaître l'activité d'un échantillon au bout d'une durée Δt, il faut d'abord déterminer le nombre n de périodes que contient cette durée, $n = \dfrac{\Delta t}{T}$. L'activité initiale doit alors être divisée par 2^n.

Attention aux pièges !

• Pour tracer une courbe à partir de données expérimentales, il ne faut pas relier les points, mais tracer une courbe sans points anguleux qui passe au plus près de tous les points.

• Au bout de huit périodes, l'activité n'est pas divisée par 8, mais par 2^8 !

9 1° On note, sur le diagramme, que les valeurs des écarts des niveaux d'énergie des états excités, qui correspondent aux émissions des photons γ_2 et γ_1, sont respectivement :

$\boldsymbol{E_2 = 1{,}33}$ **MeV**

et $E_1 = 2{,}5 - 1{,}33 = \mathbf{1{,}17}$ **MeV**.

2° Comme 1 MeV = 10^6 eV et que 1 eV = $1{,}60 \times 10^{-19}$ J, on a :

$E_1 = 1{,}17 \times 10^6 \times 1{,}60 \times 10^{-19}$
$= \mathbf{1{,}87 \times 10^{-13}}$ **J** ;

et $E_2 = 1{,}33 \times 10^6 \times 1{,}60 \times 10^{-19}$
$= \mathbf{2{,}13 \times 10^{-13}}$ **J**.

3° La relation qui donne l'énergie d'un photon est : $E = \text{h} \cdot \nu$.

L'**énergie** s'exprime **en joule (J)**, la **fréquence** de l'onde électromagnétique, ν, s'exprime **en hertz (Hz)** et la **constante h en J · s.**

La fréquence de l'onde électromagnétique est liée à sa longueur d'onde par la relation : $\lambda = \dfrac{\text{c}}{\nu}$; la **longueur d'onde λ** s'exprime **en mètre** et **c**, la **vitesse de la lumière dans le vide, en m · s^{-1}**.

On en déduit que $\nu = \dfrac{\text{c}}{\lambda}$ et donc $\boldsymbol{E = \text{h} \cdot \dfrac{\text{c}}{\lambda}}$.

4° De l'expression précédente, on déduit la longueur d'onde du photon émis : $\lambda = \text{h} \cdot \dfrac{\text{c}}{E}$.

Ainsi, on a :

$$\lambda_1 = \text{h} \cdot \frac{\text{c}}{E_1} = 6{,}63 \times 10^{-34} \times \frac{3{,}00 \times 10^8}{1{,}87 \times 10^{-13}}$$
$$\approx \mathbf{1{,}06 \times 10^{-12}} \textbf{ m} ;$$

$$\lambda_2 = h \cdot \frac{c}{E_2} = 6{,}63 \times 10^{-34} \times \frac{3{,}00 \times 10^8}{2{,}13 \times 10^{-13}}$$

$$\approx \mathbf{9{,}34 \times 10^{-13}\ m}\ ;$$

Exercice 9 : conseils à retenir

Dans la relation $E = h \cdot \frac{c}{\lambda}$, les grandeurs doivent être exprimées dans le système international d'unités, dans lequel l'unité d'énergie est le joule.
Si les données expriment l'énergie en eV, ou ses multiples, il faut convertir E en joule avant de passer à l'application numérique.

S'entraîner

10 **1°** Le numéro atomique du néon est $\boldsymbol{Z = 10}$.

2° L'isotope de masse atomique $A = 20$ s'écrit : $^{20}_{10}\mathbf{Ne}$.
L'isotope de masse atomique $A = 22$ s'écrit : $^{22}_{10}\mathbf{Ne}$.

3° Le nombre de masse moyen du néon atmosphérique se déduit des pourcentages respectifs des deux isotopes :

$A = 90\ \% \times 20 + 10\ \% \times 22 \approx \mathbf{20{,}2}$.

La masse molaire atomique, exprimée en $g \cdot mol^{-1}$, a une valeur voisine du nombre de masse A, car la masse d'une mole de nucléons est pratiquement égale à un gramme. La masse molaire du néon est de $20{,}2\ g \cdot mol^{-1}$.

11 **1°**

	$^{12}_{5}B$	$^{12}_{6}C$	$^{12}_{7}N$
Protons	5	6	7
Neutrons ($A - Z$)	7	6	5

Ces noyaux n'ont pas le même nombre de protons, ils **ne sont pas isotopes.**

2° Le nucléide le plus riche en neutrons est le bore 12, et le plus riche en protons est l'azote 12.

3° a) Lors de la désintégration du bore 12 en carbone 12, un neutron se transforme en **proton**.

b) La particule émise est un **électron**. C'est une émission β^-.

Pour assurer la conservation des charges, c'est nécessairement un électron qui est émis, on a :

$$^{1}_{0}n \rightarrow {}^{1}_{1}p + {}^{0}_{-1}e.$$

4° a) À l'inverse, lors de la désintégration du l'azote 12 en carbone 12, un proton se transforme en **neutron.**

b) La particule émise est un **positon.** C'est une émission β^+.

Pour assurer la conservation des charges c'est nécessairement un positon qui est émis, on a :

$$^{1}_{1}p \rightarrow {}^{1}_{0}n + {}^{0}_{1}e.$$

12 **1°** Une particule α est un noyau d'hélium, $^{4}_{2}\mathbf{He}$**, qui comporte deux protons et deux neutrons.**

2° Le noyau fils a, par rapport au noyau père :

– deux protons de moins, soit

$Z = 84 - 2 = \mathbf{82}$;

– et deux neutrons de moins, soit

$A = 210 - 4 = \mathbf{206}$.

3° L'élément 82 est le **plomb**, le noyau fils est donc : $^{206}_{82}\mathbf{Pb}$.

13 **1°** $^{174}_{73}Ta \rightarrow {}^{174}_{72}Hf + {}^{0}_{1}\mathbf{e}$;
c'est une **émission β^+.**

2° $^{213}_{84}Po \rightarrow {}^{209}_{82}Pb + {}^{4}_{2}\mathbf{He}$;
c'est une **émission α.**

3° $^{209}_{82}Pb \rightarrow {}^{209}_{83}Bi + {}^{0}_{-1}\mathbf{e}$;
c'est une **émission β^-.**

14 **1°** $^{103}_{42}Mo \rightarrow {}^{103}_{43}\mathbf{Tc} + {}^{0}_{-1}e$, Tc est le technétium.

2° $^{174}_{72}Hf \rightarrow {}^{170}_{70}\mathbf{Yb} + {}^{4}_{2}He$, Yb est l'ytterbium.

3° $^{207}_{83}Bi \rightarrow {}^{207}_{82}\mathbf{Pb} + {}^{0}_{1}e$, Pb est le plomb.

15 **1°** Le nombre de photons γ absorbés par l'organe au cours d'une séance se calcule en multipliant le temps (en seconde), par le nombre de photons absorbés par seconde, soit :

$N = 10 \times 60 \times 1{,}39 \times 10^9$

$= \mathbf{8{,}34 \times 10^{11}}$.

2° L'énergie, E, est obtenue en multipliant l'énergie d'un photon (J) par le nombre de photons absorbés :

$$\boldsymbol{E} = 12 \times 10^{6} \times 1{,}6 \times 10^{-19} \times 8{,}34 \times 10^{11} \approx \mathbf{1{,}6\ J.}$$

3° a) En appliquant la définition, on obtient : $\boldsymbol{D} = \frac{E}{m} = \frac{1{,}6}{0{,}8} = \mathbf{2\ Gy.}$

b) Le traitement nécessite 25 séances de 2 Gy pour obtenir 50 Gy. Au rythme de 5 séances par semaine, **le traitement durera 5 semaines**.

16 **1°** ${}^{14}_{6}\mathrm{C} \rightarrow {}^{14}_{7}\mathrm{N} + {}^{0}_{-1}\mathrm{e}$. La particule émise lors de sa désintégration est un **électron**, le type de **radioactivité** est $\boldsymbol{\beta^-}$.

2° L'activité est successivement divisée par deux chaque fois que t augmente de $t_{1/2}$. On a donc le tableau de valeurs suivant, et la courbe :

t	$\frac{A(t)}{A_0}$
0	1
$t_{1/2}$	0,5
$2\,t_{1/2}$	0,25
$3\,t_{1/2}$	0,125
$4\,t_{1/2}$	0,067

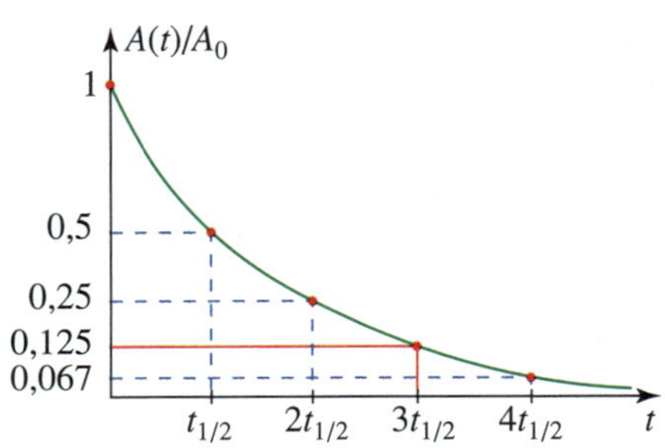

3° L'activité est le nombre de désintégrations par seconde.

L'activité du bois préhistorique est :

$$\boldsymbol{A} = \frac{17}{60 \times 10} \approx \mathbf{2{,}83 \times 10^{-2}\ Bq.}$$

Celle du bois contemporain est :

$$\boldsymbol{A_0} = \frac{13{,}7}{60} \approx \mathbf{2{,}28 \times 10^{-1}\ Bq.}$$

La valeur du rapport :

$$\frac{\boldsymbol{A}}{\boldsymbol{A_0}} = \frac{2{,}83 \times 10^{-2}}{2{,}28 \times 10^{-1}} = \mathbf{0{,}12.}$$

4° L'âge du site préhistorique de Lascaux est voisin de $3\,t_{1/2}$, soit **environ 16 700 années**.

Pour aller plus loin

17 **1°** Le glucose est particulièrement assimilé par les cellules cancéreuses dont le métabolisme est important. Le FDG semblable au glucose se retrouve donc au niveau de ces cellules, et l'atome de fluor radioactif, que contient le FDG, permettra de les repérer par son émission β^+.

2° Les positons sont les antiparticules de l'électron. Ils rencontrent, dès qu'ils sont émis, les électrons de la matière des tissus environnants et s'annihilent avec eux.

3° **Les détecteurs sont indirectement sensibles aux positons** par l'intermédiaire des photons provenant de leur annihilation.

4° **Les cellules cérébrales lorsqu'elles sont actives consomment du glucose, ici du FDG, et sont donc repérables.**

5° $\mathbf{{}^{18}_{9}F} \rightarrow \mathbf{{}^{18}_{8}}\boldsymbol{X} + \mathbf{{}^{0}_{1}e}$; X est l'élément oxygène, le noyau fils est donc : $\mathbf{{}^{18}_{8}O}$.

6° Les deux particules qui s'annihilent sont : un électron $\mathbf{{}^{0}_{-1}e}$, et un positon, $\mathbf{{}^{0}_{1}e}$.

7° L'équation de l'annihilation est :

$$\mathbf{{}^{0}_{-1}e + {}^{0}_{1}e \rightarrow 2\ \gamma.}$$

8° Lors de l'annihilation, la perte de masse est égale à la masse des deux électrons :

$$\Delta m = 2m_e = 2 \times 5{,}49 \times 10^{-4} = 1{,}098 \times 10^{-3}\ \mathrm{u}.$$

Comme $1\ \mathrm{u} = 931{,}5\ \mathrm{MeV/c^2}$,

$$\Delta m = 1{,}098 \times 10^{-3} \times 931{,}5 = 1{,}0228\ \mathrm{MeV/c^2}.$$

L'énergie libérée lors de l'annihilation est : $\boldsymbol{E} = \Delta m \cdot c^2 = \mathbf{1{,}0228\ MeV}$.

9° Comme les deux photons ont la même énergie, l'énergie de chaque photon est :

$$E_{ph} = \frac{1}{2} \times 1{,}0228 = 0{,}511\ \text{MeV}.$$

Exprimons l'énergie du photon en joule :

$$\boldsymbol{E_{ph}} = 0{,}511 \times 10^6 \times 1{,}60 \times 10^{-19}$$

$$\approx \mathbf{8{,}18 \times 10^{-14}\ J.}$$

Comme $E_{ph} = h \cdot \nu$, on a :

$$\nu = \frac{E_{ph}}{h} = \frac{8{,}18 \times 10^{-14}}{6{,}63 \times 10^{-34}} \approx \mathbf{1{,}23 \times 10^{20}\ Hz},$$

$$\lambda = \frac{c}{\nu} = \frac{3{,}00 \times 10^8}{1{,}23 \times 10^{20}} \approx \mathbf{2{,}43 \times 10^{-12}\ m.}$$

Les radiations dont les fréquences sont supérieures à 10^{20} Hz appartiennent au **domaine des ondes gamma**.

18 **1° a)** Les agents infectieux sont : **les bactéries, les levures et les champignons, les virus et les prions**.

b) **L'élévation de température peut provoquer la dénaturation du goût des aliments** (en particulier, les épices), **détruire les protéines et les vitamines.**

2° $\boldsymbol{E = m \cdot D} = 10^3 \times 3{,}5 \times 10^3$

$= \mathbf{3{,}5 \times 10^6\ J}.$

3° $\boldsymbol{A} = 10^6 \times 3{,}7 \times 10^{10} = \mathbf{3{,}7 \times 10^{16}\ Bq.}$

4° La puissance, énergie libérée à chaque seconde, est égale au nombre de photons émis par seconde (A) multiplié par l'énergie d'un photon (en J) :

$\boldsymbol{P} = 3{,}7 \times 10^{16} \times 1{,}25 \times 10^6 \times 1{,}6 \times 10^{-19}$

$= \mathbf{7{,}4 \times 10^3\ W.}$

5° La puissance absorbée est réduite à 20 % de celle émise par la source de cobalt, soit : $P_{absorbée} = 0{,}2\ P$.

La durée d'irradiation pour une tonne d'aliments est donc :

$$\boldsymbol{t} = \frac{E}{P_{absorbée}} = \frac{3{,}5 \times 10^6}{0{,}2 \times 7{,}4 \times 10^3} \approx \mathbf{2\ 365\ s},$$

soit, en heure : $\boldsymbol{t} = \dfrac{2\ 365}{3\ 600} = \mathbf{0{,}66\ h.}$

6° Le nombre de tonnes d'aliments traités par an est donc :

$$\boldsymbol{n} = \frac{7\ 000}{0{,}66} \approx \mathbf{10\ 600\ tonnes.}$$

L'interrogation écrite

19 **1°** $^{191}_{77}\mathrm{Ir} + {}^{1}_{0}\mathrm{n} \rightarrow {}^{192}_{77}\mathrm{Ir} + \gamma$

$^{191}_{77}\mathrm{Ir} + 3\ {}^{1}_{0}\mathrm{n} \rightarrow {}^{194}_{77}\mathrm{Ir} + \gamma.$

2° La période de l'iridium 194 est $T_2 = 19$ h, et la durée de stockage $D = 8\ \text{j} = 8 \times 24 = 192$ h.

Soit $D = \dfrac{192}{19} \approx 10\ T_2$. L'activité due à l'iridium 194 au bout de huit jours sera :

$$A(\mathbf{8\ j}) = \frac{A_0}{2^{10}} = \frac{10^4}{2^{10}} = \mathbf{9{,}8\ Bq}\ \ell\ \mathbf{10\ Bq.}$$

3° La période de l'iridium 192 est de 74 jours. Ce n'est qu'au bout de ce délai que l'activité de l'iridium 192 sera divisée par deux. Ainsi, **au bout de huit jours, l'activité de l'iridium 192 sera bien supérieure à la moitié de son activité initiale**. Les fils de platine sont stockés 8 jours **pour éliminer l'iridium 194**.

4° $^{192}_{77}\mathrm{Ir} \rightarrow {}^{192}_{78}\mathrm{Pt} + {}^{0}_{-1}\mathrm{e} + \gamma$. La particule émise lors de la désintégration est un **électron**, c'est une **radioactivité de type β^-**.

5° a) Lors de sa formation, le noyau de platine se forme dans l'un de ses états excités. Ces états sont quantifiés et d'énergies différentes. Le photon est émis lorsque le noyau passe de l'un de ses états excités à son état fondamental. **Comme il y a différentes transitions de niveaux possibles, il peut se créer des photons d'énergies différentes**.

b) L'énergie libérée par la réaction se retrouve dans deux termes : sous forme d'énergie cinétique (particule émise + noyau fils) + l'énergie du photon émis. Si l'énergie du photon est maximale, **l'énergie de la particule émise est minimale**.

c) Exprimons l'énergie du photon en joule :

$$E_{ph} = 0{,}468 \times 10^6 \times 1{,}60 \times 10^{-19}$$

$$\approx 7{,}49 \times 10^{-14}\ \text{J}.$$

Comme $E_{ph} = h \cdot \nu$, on a :

$$\nu = \frac{E_{ph}}{h} = \frac{7{,}49 \times 10^{-14}}{6{,}63 \times 10^{-34}} \approx \mathbf{1{,}13 \times 10^{20}\ Hz},$$

$$\lambda = \frac{c}{\nu} = \frac{3{,}00 \times 10^8}{1{,}13 \times 10^{20}} \approx \mathbf{2{,}65 \times 10^{-12}\ m}\ .$$

CHAPITRE 8

Champs et forces

LE COURS

Champs dans un fluide

▶ EXERCICE D'APPLICATION 5, p. 143

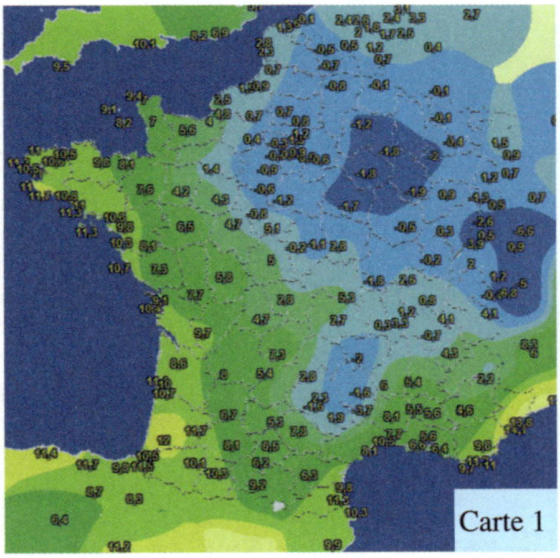
Carte 1

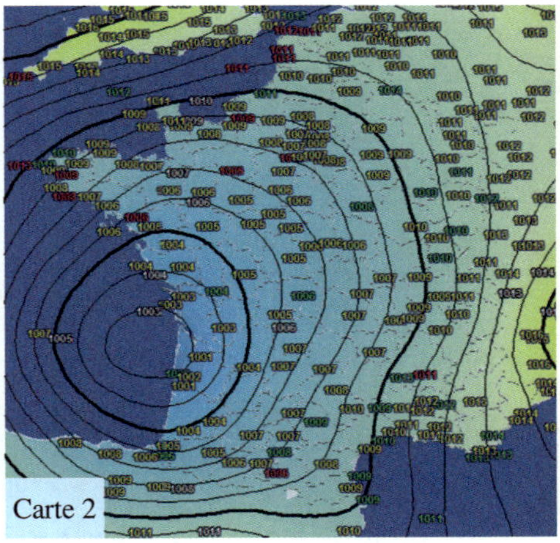
Carte 2

Les cartes 1 et 2 montrent les champs de pression et de température sur la France : ce sont des **champs scalaires**. Elles précisent la valeur de grandeurs scalaires (température pour la carte 1 et pression pour la carte 2) en tout point de la région de l'espace considéré.

La carte 3 montre une carte des vents : c'est un **champ vectoriel**. Elle précise, en tout point de la région considérée, la valeur de vitesse, la direction et le sens du vent.

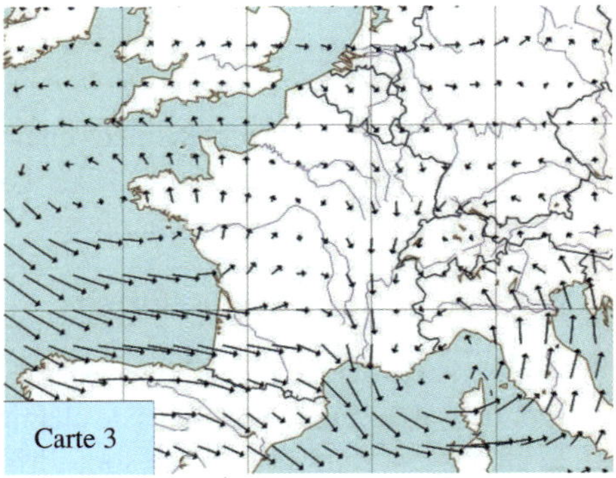
Carte 3

Champ électrique

▶ EXERCICE D'APPLICATION 6, p. 143

• Si un champ électrique $\vec{E}$ règne dans une région de l'espace, une charge électrique q placée en un point A de cette région est soumise à une force $\vec{F} = q \cdot \vec{E}(A)$.
Cette relation permet de définir le champ électrique en A par :

$$\vec{E}(A) = \frac{\vec{F}}{q}$$

E se mesure en volt par mètre ($\text{V} \cdot \text{m}^{-1}$), F en newton (N) et q en coulomb (C).

• La **loi de Coulomb** permet de connaître les forces d'interaction électriques entre deux charges ponctuelles Q et q.
Deux charges ponctuelles, de charge Q et q, séparées d'une distance d, exercent l'une sur l'autre des forces électriques, attractives (Q et q sont de signes contraires) ou répulsives (Q et q sont de même signe), et de même valeur :

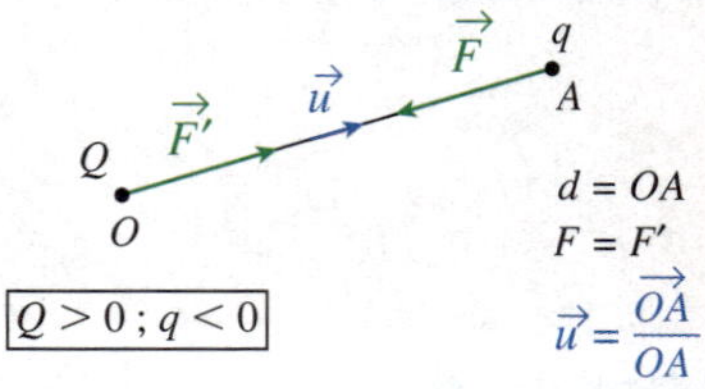

– Force exercée sur la charge q :

$$\vec{F} = 9 \times 10^9 \frac{Q \cdot q}{d^2} \vec{u}$$

– Force exercée sur la charge Q :

$$\vec{F}' = -9 \times 10^9 \frac{Q \cdot q}{d^2} \vec{u}$$

– Ces forces ont des valeurs égales :

$$F = F' = 9 \times 10^9 \frac{|Q \cdot q|}{d^2}$$

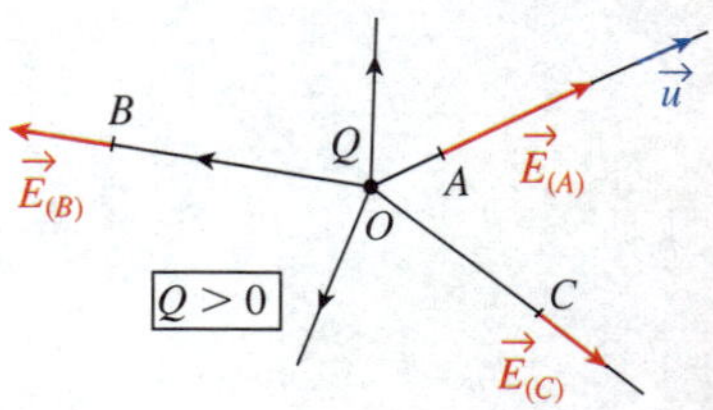

On en déduit l'expression du champ électrique créé en A par la charge ponctuelle Q :

$$\vec{E}(A) = \frac{\vec{F}}{q} = 9 \times 10^9 \frac{Q}{d^2} \vec{u}$$

Les lignes de champ (représentées en noir) sont des lignes tangentes en chaque point au vecteur champ électrique. Elles sont radiales, dirigées vers l'extérieur de la charge si $Q > 0$, et vers la charge si $Q < 0$.

▶ Champ électrique uniforme

Entre deux plaques conductrices chargées en regard (condensateur plan), les lignes de champ sont parallèles : le champ est uniforme. Elles sont dirigées de la plaque positive vers la plaque négative.

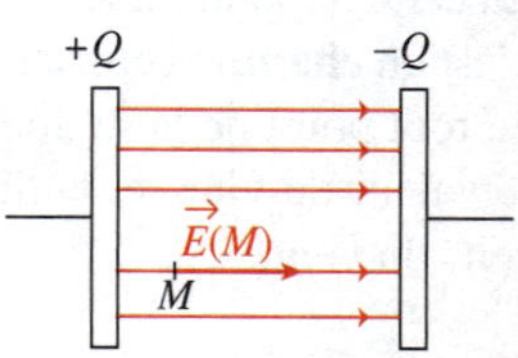

Champ magnétique

▶ EXERCICE D'APPLICATION 8, p. 143

Si un champ magnétique $\vec{B}$ règne dans une région de l'espace, une aiguille aimantée placée dans cette région est soumise à une force qui l'oriente.
Un champ magnétique peut être créé par un **aimant**, par un **courant** ou par un **astre** comme la Terre.
B se mesure en tesla (T).

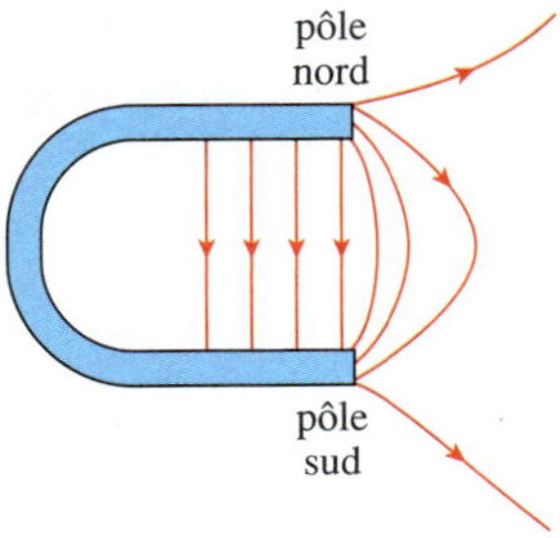

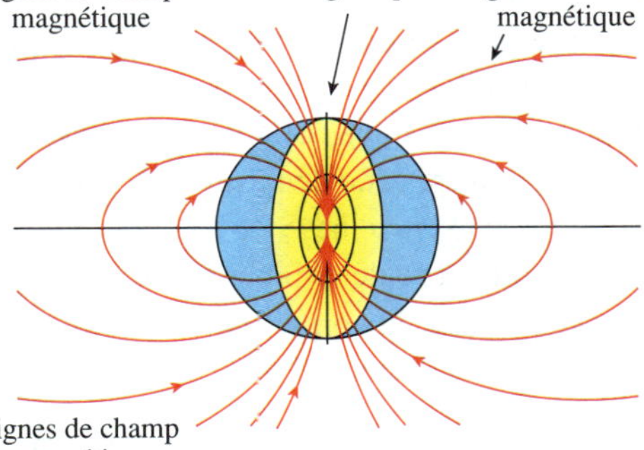

Dans l'entrefer d'un aimant en U, les lignes de champs sont parallèles : le champ magnétique y est uniforme.
Les lignes de champ sortent de l'aimant par le pôle nord et entrent par le pôle sud.

Une boussole (aiguille aimantée) s'oriente sous l'effet du champ magnétique terrestre dont la valeur de la composante horizontale est de l'ordre de 2×10^{-5} T. Les lignes du champ terrestre sont dirigées du pôle Sud magnétique vers le pôle Nord magnétique.

Champ de gravitation et champ de pesanteur

▶ EXERCICE D'APPLICATION 9, p. 144

▶ Loi d'interaction gravitationnelle

• Deux corps ponctuels, de masses M et m, séparés d'une distance d, exercent l'un sur l'autre des forces gravitationnelles, attractives, de même valeur :

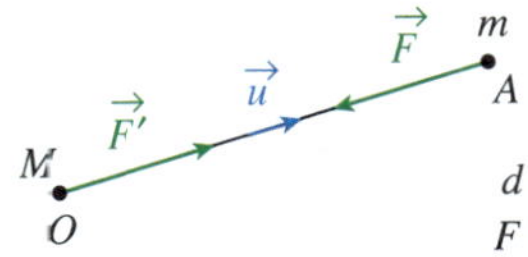

$d = OA$
$F = F'$
$\vec{u} = \dfrac{\overrightarrow{OA}}{OA}$

– Force exercée sur la masse m :

$$\vec{F} = -\frac{G \cdot M \cdot m}{d^2}\vec{u}$$

– Forces exercée sur la masse M : $\vec{F}' = \dfrac{G \cdot M \cdot m}{d^2}\vec{u}$

G est la constante de gravitation universelle ; $G = 6{,}67 \times 10^{-11}\ m^3 . kg^{-1} . s^{-2}$.
Unités : F en newton (N), M et m en kilogramme (kg) et d en mètre (m).

• On en déduit l'expression du champ de gravitation créé en A par la masse M :

$$\vec{\mathcal{G}}(A) = \frac{\vec{F}}{m} = -\frac{G \cdot M}{d^2}\vec{u}.$$

$$\vec{\mathcal{G}}(A) = -\frac{G \cdot M}{d^2}$$

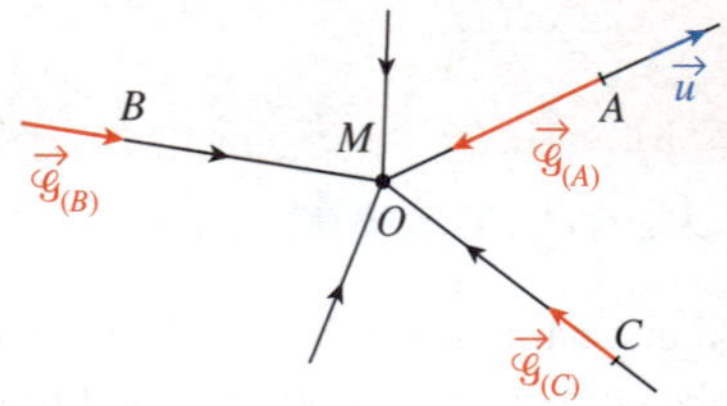

Les lignes de champ gravitationnel (représentées en noir) sont radiales. Elles sont toujours dirigées vers la masse M.

Poids d'un corps

Le poids d'un corps peut, **en première approximation,** s'identifier à la force de gravitation qu'exerce la Terre sur ce corps. Le poids est donc une grandeur vectorielle qui possède les caractéristiques suivantes :
– sa direction est celle de la verticale du lieu ;
– son sens est vers le bas ;
– sa valeur peut se déterminer par le calcul suivant :
si m est la masse du corps, M_T la masse de la Terre, d la distance du corps au centre de la Terre et g l'intensité de la pesanteur terrestre, on a alors :

$$F = G \cdot M_T \cdot \frac{m}{d^2},$$

or $P = m\,.\,g$ et $F = P$,

d'où $g = G \cdot \dfrac{M_T}{d^2}$.

Au niveau du sol, $d = R_T$ (rayon terrestre) et $g_0 = G \cdot \dfrac{M_T}{R_T^2} \approx 9{,}8\ \text{N}\,.\,\text{kg}^{-1}$.

Le point d'application du poids d'un corps est son centre de gravité.
Le champ de pesanteur est défini par :

$$\vec{g} = \frac{\vec{P}}{m},$$

sa valeur est l'intensité de la pesanteur g.

LA DIFFICULTÉ DU CHAPITRE

Composition de champs

Un champ électrique, un champ magnétique et un champ de gravitation sont des grandeurs vectorielles : il faut donc les manipuler comme des vecteurs.

Exemple : composition d'un champ magnétique créé par un aimant et du champ magnétique terrestre

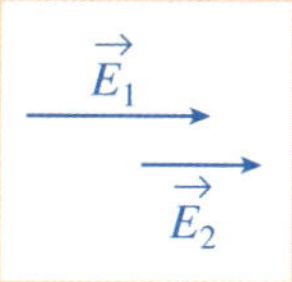	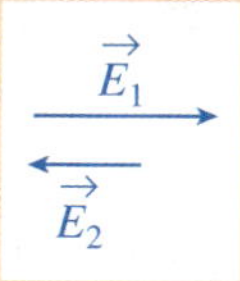	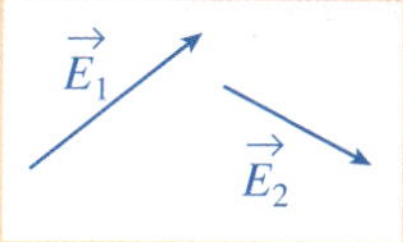
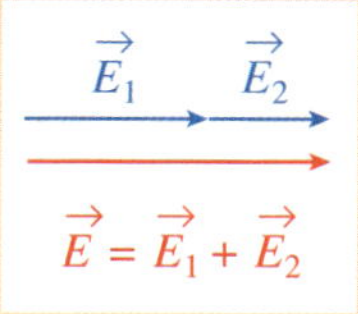	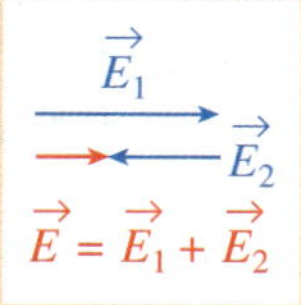	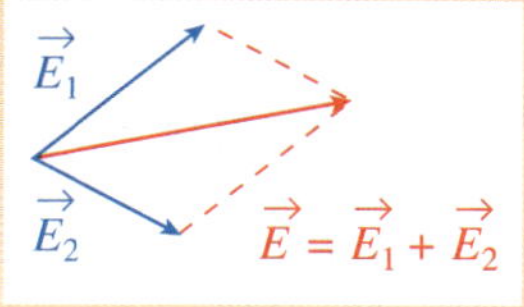
$E = E_1 + E_2$	$E = E_1 - E_2$	E s'obtient par résolution trigonométrique ou géométrique

On approche un aimant droit d'une boussole comme l'indique le schéma. L'aiguille de la boussole tourne de 70°. Sachant que la composante horizontale du champ magnétique terrestre est $B_H = 2 \times 10^{-5}$ T, déterminer le champ magnétique créé en O par l'aimant.

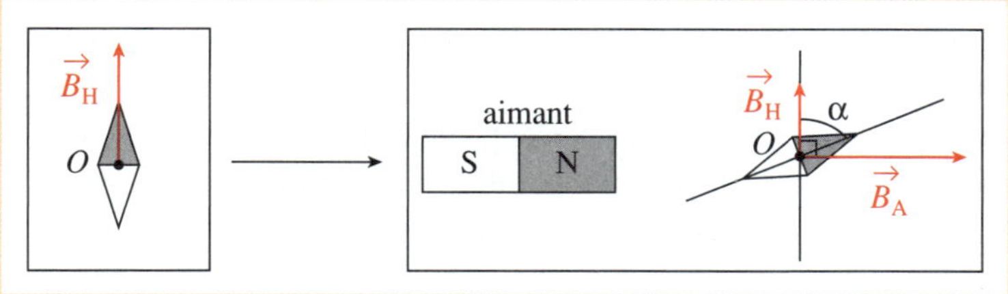

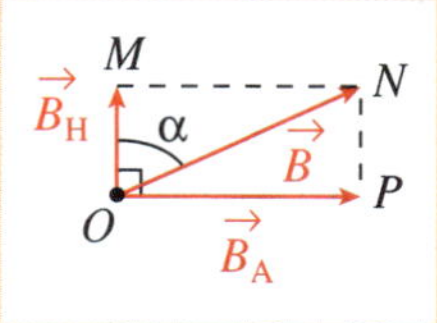

L'aiguille s'oriente suivant la somme (résultante) $\vec{B}$ des champs $\overrightarrow{B_H}$ et $\overrightarrow{B_A}$:

$$\vec{B} = \overrightarrow{B_H} + \overrightarrow{B_A}.$$

Le quadrilatère $OMNP$ est un rectangle (côtés deux à deux parallèles et un angle droit).

Dans le triangle rectangle OMN, on a $\tan\alpha = \dfrac{MN}{OM}$;

d'où $MN = OM \times \tan\alpha$, or $OM \mapsto B_H$; $MN = OP \mapsto B_A$;
ainsi $\boldsymbol{B_A = B_H \cdot \tan\alpha}$.

EXERCICES

Tester ses connaissances

1 QCM 1

(corrigés p. 147)

Parmi les affirmations suivantes, lesquelles sont vraies ?

1° a) Le champ électrique est un champ vectoriel.

b) Le champ des températures est un champ vectoriel.

c) Le champ magnétique est un champ vectoriel.

d) Le champ des pressions est un champ scalaire.

e) Le champ de pesanteur est un champ scalaire.

2° a) Un aimant crée un champ électrique.

b) Un courant crée un champ magnétique.

c) Une charge au repos crée un champ électrique.

d) Une masse crée un champ gravitationnel.

2 QCM 2

(corrigés p. 147)

Parmi les affirmations suivantes, lesquelles sont vraies ?

1° Les lignes de champ créées par une charge électrique positive sont dirigées vers la charge positive.

2° Les lignes de champ magnétique créées par un aimant sortent du pôle nord de cet aimant.

3° Les lignes de champ gravitationnel créées par une planète sont dirigées vers la planète.

4° Lorsque des lignes de champ sont parallèles, le champ est uniforme.

5° Lorsque les lignes de champ se resserrent, le champ est plus intense.

3 QCM 3

(corrigés p. 147)

Parmi les affirmations suivantes, lesquelles sont vraies ?

1° Un champ électrique se mesure en :

a) volt ; **b)** coulomb ; **c)** volt par mètre.

2° Un champ magnétique se mesure en :

a) tela ; **b)** tesla ; **c)** volt par mètre.

3° Le champ de pesanteur se mesure en :

a) newton ; **b)** kilogramme ; **c)** newton par kilogramme.

4 QCM 4

(corrigés p. 147)

Choisir les bonnes propositions.

1° La valeur du champ électrique créé par une charge ponctuelle est :

a) proportionnelle à la distance à la charge ;

b) inversement proportionnelle à la distance à la charge ;

c) inversement proportionnelle au carré de la distance à la charge.

2° Entre deux plaques chargées, le champ électrique est uniforme. Lorsqu'on se rapproche de la plaque chargée positivement, la valeur du champ électrique :

a) augmente ; **b)** diminue ; **c)** ne varie pas.

Maîtriser les méthodes

Les exercices de cette rubrique font appel aux méthodes de base, qu'il faut maîtriser. Ils font l'objet d'une correction guidée pas à pas, qui récapitule ces méthodes, pour mieux les mémoriser.

5 CARTE MÉTÉO

(corrigés p. 147)

Cette carte météo donne la direction et la vitesse des vents dans le sud-est de la France et le nord de l'Italie.

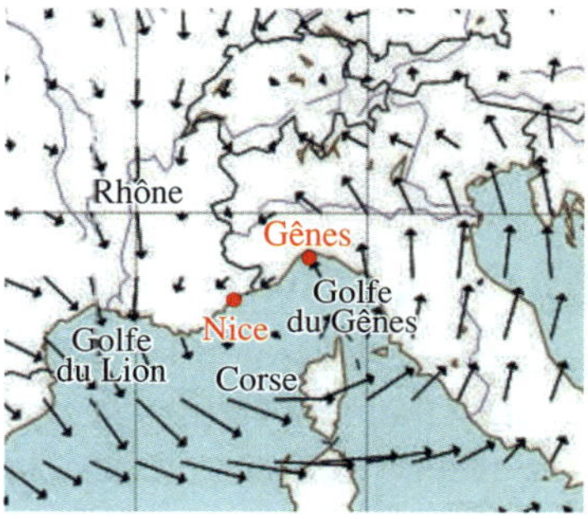

1° Comparer les vents soufflant dans la vallée du Rhône et dans la région niçoise.

2° Dans quelle région les vents sont-ils les plus forts ?

3° Cette carte des vents montre un champ vectoriel. Quelle est l'allure des lignes de champ ?

6 CHAMP ÉLECTRIQUE CRÉÉ PAR UNE CHARGE PONCTUELLE

(corrigés p. 147)

En un point O de l'espace se trouve une charge ponctuelle $Q = 1\ \mu C$.

1° Donner les caractéristiques de la force $\vec{F}(A)$ qu'exerce cette charge Q sur une charge $q = -0{,}2\ \mu C$ située en A, à 5 cm de O.

2° Donner les caractéristiques du champ électrique $\vec{E}(A)$ créé par la charge Q.

3° Schématiser la situation en faisant apparaître $\vec{F}(A)$, $\vec{E}(A)$ et quelques lignes de champ.

4° On retire la charge q. Existe-t-il toujours un champ électrique en A ?

7 CHAMP ÉLECTRIQUE UNIFORME

(corrigés p. 148)

La figure ci-contre montre quelques lignes de champ électrique entre les armatures d'un condensateur plan.

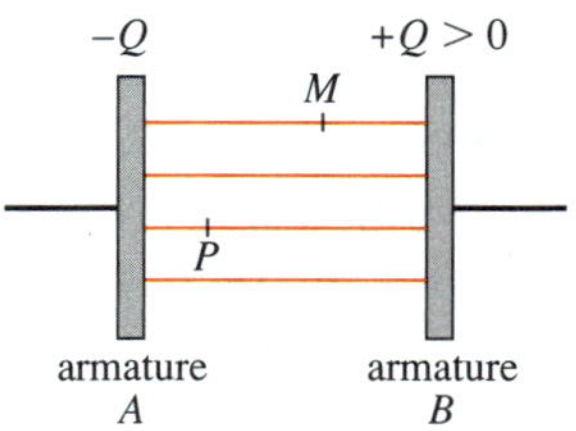

1° Qu'est-ce qu'une ligne de champ électrique ?

2° a) Préciser l'orientation des lignes de champ.

b) Le champ électrique en M vaut $100\ V \cdot m^{-1}$.
Peut-on connaître la valeur du champ électrique en P ?

c) Représenter $\vec{E}(M)$ et $\vec{E}(P)$.

3° On place en M une charge $q = 0{,}7\ \mu C$. Déterminer les caractéristiques de la force électrique qui s'exerce sur cette charge.

8 CHAMP MAGNÉTIQUE

(corrigés p. 148)

Une petite aiguille aimantée horizontale peut pivoter sans frottement autour d'un axe vertical. Un aimant droit A est disposé dans le plan horizontal de l'aiguille, selon une direction Ouest-Est. L'aiguille pivote d'un angle $\alpha = 70°$ (figure ci-après).

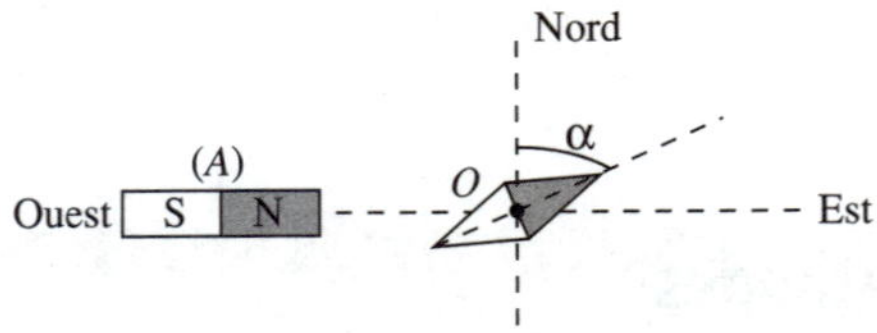

1° Quelles sont la direction et le sens du champ magnétique total $\vec{B}$ en O ?

2° Représenter graphiquement le champ $\overrightarrow{B_A}$ créé par l'aimant droit en O, la composante horizontale $\overrightarrow{B_H}$ du champ magnétique terrestre et le champ $\vec{B}$ total.

3° a) Trouver la relation entre B_H, B_A et α.

b) Calculer B_A sachant que $B_H = 2 \times 10^{-5}$ T.

4° a) Trouver la relation entre B_H, B et α.

b) Calculer B.

9 CHAMP GRAVITATIONNEL (corrigés p. 148)

Galileo est le projet de système européen de positionnement par satellites. La « constellation » Galileo sera composée de 30 satellites, dont 27 opérationnels et 3 de réserve, sur des orbites circulaires à 23 000 km d'altitude.

1° Déterminer les caractéristiques de la force gravitationnelle qui s'exerce sur un tel satellite, de masse $m = 600$ kg.

2° En déduire la valeur du champ gravitationnel à cette altitude.

3° Quelle est la valeur du champ gravitationnel sur le sol terrestre ? Comparer ces deux valeurs.

Données : $G = 6{,}67 \times 10^{-11}\ m^3 . kg^{-1} . s^{-2}$; masse de la Terre : $M_T = 5{,}98 \times 10^{24}$ kg ; rayon terrestre $R_T = 6\ 380$ km.

S'entraîner

10 DÉTERMINER UN CHAMP ÉLECTRIQUE ★★ 8 min (corrigés p. 149)

1° Déterminer le champ électrique (direction, sens et valeur) capable de produire sur un électron une force compensant son poids. Commenter le résultat.

2° Répondre à la même question pour un proton.

Données : masse d'un électron : $m_e = 9{,}1 \times 10^{-31}$ kg ;
masse du proton : $m_P = 1{,}67 \times 10^{-27}$ kg ; $g = 9{,}8$ N . kg^{-1} ; e = $1{,}6 \times 10^{-19}$ C.

11 COMPARAISON D'UNE FORCE ÉLECTRIQUE ET D'UNE FORCE GRAVITATIONNELLE ★★ 8 min (corrigés p. 150)

1° Calculer la valeur de la force électrique qui s'exerce sur un électron de l'atome d'hydrogène en mouvement autour du noyau. La distance entre le noyau et l'électron est de 0,053 nm.

2° Calculer la valeur de la force gravitationnelle, due au noyau, qui s'exerce sur cet électron.

3° Comparer ces deux forces. Conclure.
Données : $m_e = 9{,}1 \times 10^{-31}$ kg ; masse du proton : $m_P = 1{,}67 \times 10^{-27}$ kg ; $e = 1{,}6 \times 10^{-19}$ C ; $G = 6{,}67 \times 10^{-11}$ m^3.kg^{-1}.s^{-2}.

12 CHAMPS MAGNÉTIQUES ★★ 8 min (corrigés p. 150)

En un point M de l'espace se superposent deux champs magnétiques $\vec{B_1}$ et $\vec{B_2}$ créés par deux aimants droits, dont les directions sont orthogonales. Leurs valeurs sont $B_1 = 3 \times 10^{-3}$ T et $B_2 = 4 \times 10^{-3}$ T.

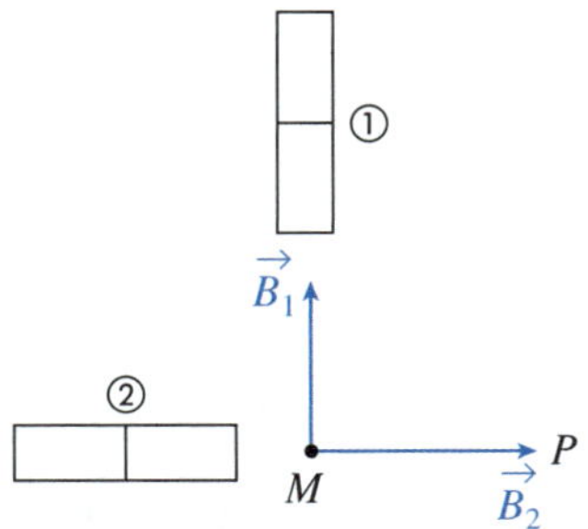

1° Déterminer les pôles des deux aimants.
2° Représenter graphiquement le champ résultant $\vec{B}$.
3° Déterminer les caractéristiques de ce champ (on précisera l'angle α que fait ce champ avec $\vec{B_2}$).

Pour aller plus loin

13 PENDULE ÉLECTROSTATIQUE ★★★ 12 min (corrigés p. 150)

La boule d'un pendule électrostatique, de masse $m = 2$ g, porte une charge $q = 0{,}1$ µC. Elle est placée dans un champ électrique uniforme, horizontal, de valeur $E = 10^5$ V . m^{-1}.
1° Quel angle α fait le fil avec la verticale ?
2° Quelle doit être la valeur du champ électrique pour avoir un angle de 10° ?
On rappelle que, lorsqu'un corps soumis à des forces est en équilibre, la somme vectorielle de ces forces est nulle.
On prendra : $g = 10$ N . kg^{-1}.

14 POINT DE GRAVITÉ ZÉRO ★★★★ 15 min (corrigés p. 151)

À quelle distance de la Terre le champ de gravitation terrestre est-il compensé par le champ de gravitation lunaire ?
Données : rapport des masses de la Terre et de la Lune : $M_T/M_L = 81$; distance Terre-Lune : $D = 380\,000$ km.

L'interrogation écrite

15 ANALOGIE ENTRE LES LOIS DE COULOMB ET LES LOIS DE LA GRAVITATION 20 min (corrigés p. 151)

1° Énoncer la loi de Coulomb. Écrire la formule correspondante.

2° Énoncer la loi de la gravitation universelle entre deux masses ponctuelles. Écrire la formule correspondante.

3° Compléter le tableau des analogies entre les différentes grandeurs intervenant dans ces deux formules.

Loi de Coulomb		Loi de la gravitation	
Charge Q	Unité : …………………	…………………	Unité : …………………
Distance d	Unité : …………………	…………………	Unité : …………………
Coefficient 9×10^9	Unité : $N \cdot m^2 \cdot C^{-2}$	…………………	Unité : $m^3 \cdot kg^{-1} \cdot s^{-2}$

4° Les forces de gravitation et électriques sont des forces newtoniennes : elles sont inversement proportionnelles au carré de la distance. Leur portée est donc infinie. Si les forces de gravitation agissent entre les astres, entre les galaxies, pourquoi n'en est-il pas de même avec les forces électriques ?

5° Dans un noyau d'hélium, la distance entre deux protons est de $4{,}8 \times 10^{-15}$ m.

a) Déterminer les caractéristiques des forces électriques et gravitationnelles qui agissent entre ces deux particules.

b) Ces types de forces permettent-elles d'interpréter la cohésion de noyau ? Conclure.

Données : masse du proton : $m_P = 1{,}67 \times 10^{-27}$ kg ; $e = 1{,}6 \times 10^{-19}$ C ;
$G = 6{,}67 \times 10^{-11}$ $m^3 \cdot kg^{-1} \cdot s^{-2}$.

CORRIGÉS

Tester ses connaissances

1 Affirmations **vraies** : **1° a), c)** et **d) ; 2° b), c)** et **d).**

2 Affirmations **vraies** : **2° ; 3° ; 4° ; 5°.**

3 Affirmations **vraies** : **1° c) ; 2° b) ; 3° c).**

4 Affirmations **vraies** : **1° c) ; 2° c).**

Maîtriser les méthodes

5 1° **Dans la vallée du Rhône, le vent est fort et vient du nord** (mistral). **Dans la région niçoise, le vent est faible, il souffle du nord-est vers le sud-ouest** (vent de nord-est).
2° **Les vents sont les plus forts dans le golfe du Lion** (au large de Perpignan).
3° **Les lignes de champ sont** pratiquement **des cercles concentriques**, centrés sur le golfe de Gênes (au nord de la Corse).

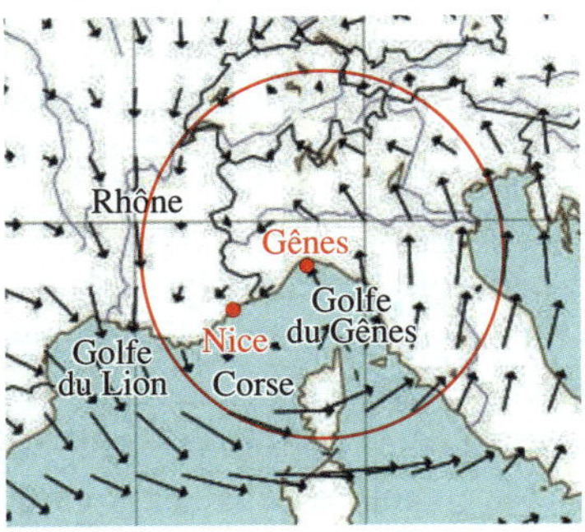

Exercice 5 : conseils à retenir
• Pour la question 1° : une flèche indique la direction et le sens dans lequel souffle le vent ; sa longueur indique si le vent est faible (flèche courte) ou fort (flèche longue).
• Pour la question 3° : la direction du vent est constamment tangente à une ligne de champ.

6 1° **La force $\vec{F}(A)$:**
– à la **direction OA** ;
– est **attractive**, car les charges sont de signes contraires ; elle est donc dirigée **de A vers O** ;
– a pour **valeur**

$$F = \frac{9\times10^9\times10^{-6}\times0{,}2\times10^{-6}}{(5\times10^{-2})^2} = \mathbf{0{,}7\ N}.$$

2° On a $\vec{E}(A) = \dfrac{\vec{F}(A)}{q}$.

La charge q étant négative, **le champ électrique $\vec{E}(A)$ a la direction de la force**, mais est **de sens contraire**. Sa valeur est égale à :

$$E(A) = \frac{0{,}7}{0{,}2\times10^{-6}} = \mathbf{3{,}5\times10^6\ V\cdot m^{-1}}.$$

3°

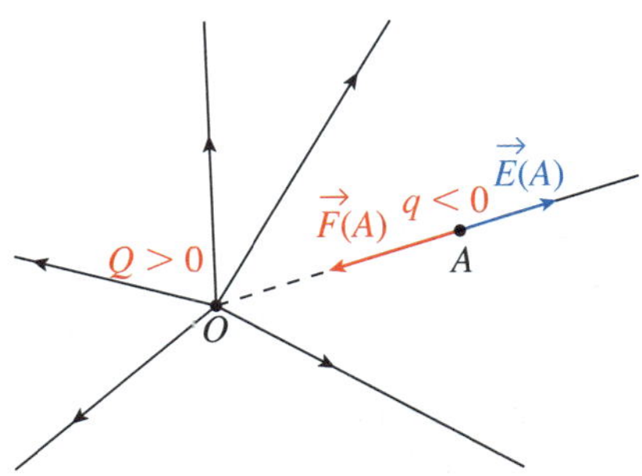

4° **Le champ existe toujours**, car il est créé par la charge Q placée en O.

Exercice 6 : conseils à retenir
• Pour la question 1° : un vecteur possède trois caractéristiques
– sa direction,
– son sens,
– et sa valeur (ou norme).
• Pour la question 2° : pour le calcul de la valeur de la force, on prend les valeurs absolues des charges.

• Pour la question 4° : le champ est une propriété de l'espace ; la charge Q crée, en tout point de l'espace qui l'environne, un champ électrique, qu'il y ait où non d'autres charges ; si une autre charge est placée dans cette région, elle est alors soumise à une force $\vec{F} = q \cdot \vec{E}$ de la part du champ électrique.

7 1° **Une ligne de champ électrique est une ligne tangente, en chaque point, au vecteur champ électrique.**

2° a) **Les lignes de champ sont dirigées de *B* vers *A*.**

b) Les lignes de champ sont parallèles : le champ est uniforme. **Le champ électrique $\vec{E}$ est donc le même en tout point de cette région : $\vec{E}(M) = \vec{E}(P)$.**

On a $E(M) = \mathbf{E(P) = 100\ V \cdot m^{-1}}$.

c)

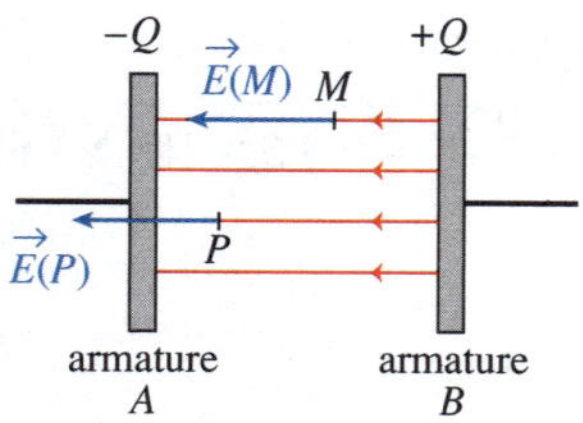

3° On a $\vec{F} = q \cdot \vec{E}(M)$.

La charge q étant positive, $\vec{F}$ et $\vec{E}(M)$ ont même direction et même sens.

$F = 0{,}7 \times 10^{-6} \times 100 = \mathbf{7{,}0 \times 10^{-5}\ N}$.

Exercice 7 : conseils à retenir

• Pour la question 2° a) : les lignes de champ sont dirigées vers les charges négatives (ou à « l'opposé » des charges positives).

• Pour la question 2° b) : des lignes de champ parallèles caractérisent un champ uniforme.

• Pour la question 3° :
1 μC (1 microcoulomb) = 10^{-6} C.

8 1° **La direction du champ total, $\vec{B} = \vec{B}_H + \vec{B}_T$, est donnée par la direction indiquée par l'aiguille aimantée.**

2° Le champ total est porté par la diagonale ON du rectangle $OMNP$.

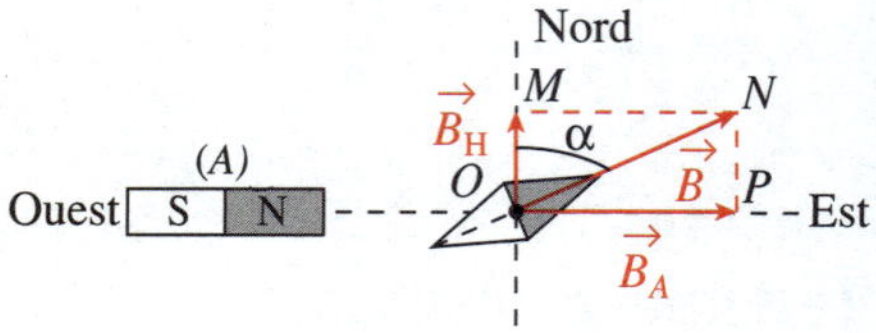

3° a) Le quadrilatère $OMNP$ est un rectangle (il a des côtés deux à deux parallèles et un angle droit).

Dans le triangle rectangle OMN, on a $\tan\alpha = \dfrac{MN}{OM}$, donc $MN = OM \cdot \tan\alpha$;

or $OM \leftrightarrow B_H$; $MN = OP \leftrightarrow B_A$;

d'où $\mathbf{B_A = B_H \cdot \tan\alpha}$.

b) $B_A = 2 \times 10^{-5} \times \tan 70° = \mathbf{5{,}5 \times 10^{-5}\ T}$.

4° a) Dans le triangle rectangle OMN, on a $\cos\alpha = \dfrac{OM}{ON}$; donc $ON = \dfrac{OM}{\cos\alpha}$;

or $ON \leftrightarrow B$; $OM \leftrightarrow B_H$;

d'où $B = \dfrac{B_H}{\cos\alpha}$.

b) $B = \dfrac{2 \times 10^{-5}}{\cos 70°} = \mathbf{5{,}8 \times 10^{-5}\ T}$.

Exercice 8 : conseils à retenir

• Pour la question 2° : pour obtenir la valeur de $\vec{B}$, il faut réaliser une construction géométrique de la somme de deux vecteurs : $\vec{B} = \vec{B}_A + \vec{B}_H$.

• Pour les questions 3° et 4° : il est indispensable de revoir les définitions des fonctions trigonométriques dans le triangle rectangle ; la tangente est le rapport du côté opposé sur le côté adjacent et le cosinus est égal au rapport du côté adjacent sur l'hypoténuse.

9 1° La force gravitationnelle a pour support la droite qui passe par le satellite et le centre de la Terre ; elle est dirigée vers le centre de la Terre et a pour valeur :

$$F = \frac{G \cdot M_T \cdot m}{(R_T + h)^2},$$

où h désigne l'altitude.

Numériquement :

$$F = \frac{6,67 \times 10^{-11} \times 5,98 \times 10^{24} \times 600}{(6,380 \times 10^6 + 23 \times 10^6)^2}$$
$$= \mathbf{277\ N}.$$

2° Le champ gravitationnel au point où se trouve le satellite est égal à $g = \frac{F}{m}$.

$$\boldsymbol{g} = \frac{277}{600} = \mathbf{0{,}46\ N \cdot kg^{-1}}.$$

3° La valeur du champ gravitationnel au niveau du sol terrestre est donnée par :

$$g_0 = \frac{G \cdot M_T}{R_T^2}.$$

Numériquement : $\boldsymbol{g_0} = \mathbf{9{,}8\ N \cdot kg^{-1}}$.

Calculons le rapport $\frac{g}{g_0}$:

$\frac{g}{g_0} = \frac{0,46}{9,8} \approx 0,05 = \frac{1}{20}$ **; le champ gravitationnel où se trouve le satellite représente** environ **le vingtième du champ gravitationnel au niveau du sol terrestre**.

Exercice 9 : conseils à retenir

• Pour la question 1° : il ne faut surtout pas oublier d'ajouter le rayon terrestre à l'altitude h pour calculer la distance au centre de la Terre.
Les distances sont exprimées en **mètre** et non en kilomètre.

• Pour la question 3° : localement, au niveau du sol, on assimile le champ gravitationnel au champ de pesanteur. g_0 s'identifie donc à l'intensité de la pesanteur g_0.

• Pour comparer deux grandeurs, on calcule leur rapport.

S'entraîner

10 1° Calculons le poids de l'électron :

$$P = m_e \cdot g = 9,1 \times 10^{-31} \times 9,8$$
$$= 8,92 \times 10^{-30}\ \text{N}.$$

La force électrique $\vec{F}$ doit compenser le poids $\vec{P}$; d'où : $\vec{F} + \vec{P} = \vec{0}$;

Lorsqu'un corps est en équilibre, la somme des forces qui lui sont appliquées est nulle.

soit $\vec{F} = -\vec{P} = -m_e \cdot \vec{g}$ (1)

Or cette force est liée au champ électrique par : $\vec{F} = q \cdot \vec{E}$,
avec $q = -\text{e}$, charge de l'électron.

Donc $\vec{F} = -\text{e} \cdot \vec{E}$ (2).

Des deux relations (1) et (2), on déduit que :

$$-m_e \cdot \vec{g} = -\text{e} \cdot \vec{E},$$

d'où $\vec{E} = \left(\frac{m_e}{\text{e}}\right) \cdot \vec{g}$.

On a $\left(\frac{m_e}{\text{e}}\right) > 0$: $\vec{E}$ **a donc la même direction et le même sens que** $\vec{g}$ **; il doit être vertical, dirigé vers le bas.**

Sa valeur est donnée par : $\boldsymbol{E} = \frac{(\boldsymbol{m_e \cdot g})}{\mathbf{e}}$.

Numériquement :

$$E = \frac{9,1 \times 10^{-31} \times 9,8}{1,6 \times 10^{-19}}$$
$$= \mathbf{5{,}6 \times 10^{-11}\ V \cdot m^{-1}}.$$

Un champ électrique très faible permet de compenser le poids.

2° En considérant un proton, de charge e, on arrive à la relation :

$$-m_p \cdot \vec{g} = \text{e} \cdot \vec{E},$$

soit $\vec{E} = -\left(\frac{m_p}{\text{e}}\right) \cdot \vec{g}$;

$-\left(\frac{m_p}{\text{e}}\right) < 0$: $\vec{E}$ **a la même direction que** $\vec{g}$**, mais un sens opposé : il doit être vertical, dirigé vers le haut.**

Sa valeur est donnée par :

$$\boldsymbol{E} = \frac{(\boldsymbol{m_p \cdot g})}{\mathbf{e}}.$$

Numériquement :

$$E = \frac{1{,}67 \times 10^{-27} \times 9{,}8}{1{,}6 \times 10^{-19}}$$

$$= \mathbf{1{,}02 \times 10^{-7}\ V \cdot m^{-1}}.$$

Une valeur (norme vectorielle) est toujours positive. On prend donc les valeurs absolues des grandeurs scalaires.

11 1° Le noyau d'un atome d'hydrogène ne comporte qu'un seul proton. Il porte la charge + e.

L'électron de charge − e se trouve à la distance $r = 0{,}053$ nm du noyau. Il est donc soumis, de la part du noyau, à une force électrique attractive dont la valeur est donnée par la loi de Coulomb :

$$F_e = \frac{9 \times 10^9 e^2}{r^2}.$$

On prend les valeurs absolues des charges car on calcule la valeur de la force électrique.

Numériquement :

$$F_e = \frac{9 \times 10^9 \times (1{,}6 \times 10^{-19})^2}{(0{,}053 \times 10^{-9})^2}$$

$$= \mathbf{8{,}2 \times 10^{-8}\ N}.$$

2° La valeur de la force gravitationnelle qui s'exerce sur l'électron est donnée par :

$$F_g = \frac{G \cdot m_e \cdot m_P}{r^2}.$$

Numériquement :

$$F_g = \frac{6{,}67 \times 10^{-11} \times 9{,}1 \times 10^{-31} \times 1{,}67 \times 10^{-27}}{(0{,}053 \times 10^{-9})^2}$$

$$\mathbf{F_g = 3{,}6 \times 10^{-47}\ N}.$$

3° On calcule le rapport :

$$\frac{F_g}{F_e} \approx 4 \times 10^{-40}.$$

La force gravitationnelle est négligeable devant la force électrique.

Pour comparer deux grandeurs, on calcule leur rapport.

12 1° Les lignes de champ sortant du pôle nord et entrant par le pôle sud d'un aimant, on a le schéma ci-après.

2° $\vec{B}$ est la somme vectorielle des champs magnétiques $\vec{B}_1$ et $\vec{B}_2$ (voir schéma ci-dessous).

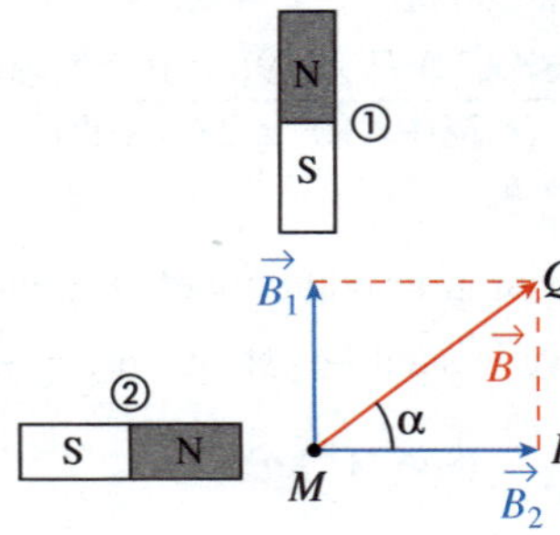

3° Nous avons dans le triangle rectangle MPQ :

$$\tan\alpha = \frac{PQ}{MP} \leftrightarrow \tan\alpha = \frac{B_1}{B_2}.$$

Numériquement :

$$\tan\alpha = \frac{3 \times 10^{-3}}{4 \times 10^{-3}}, \quad \text{soit} \quad \tan\alpha = 0{,}75 \quad \text{et}$$

$\boldsymbol{\alpha = 37°}$.

Calculons B :

$$\cos\alpha = \frac{B_2}{B}, \text{ soit } B = \frac{B_2}{\cos\alpha}.$$

Numériquement :

$$\mathbf{B} = \frac{4 \times 10^{-3}}{\cos 37°} = \mathbf{5 \times 10^{-3}\ T}.$$

On aurait pu calculer directement B en utilisant le théorème de Pythagore :

$$B^2 = B_1^2 + B_2^2.$$

Pour aller plus loin

13 1° La charge portée par la boule est positive : la boule se déplace dans le sens du champ électrique (schéma 1 page suivante).

Faisons le bilan des forces s'exerçant sur la boule en équilibre.

La boule est soumise :

– à son poids $\vec{P}$, vertical et de valeur

$P = m \cdot g = 2 \times 10^{-3} \times 10$;

$P = 2 \times 10^{-2}$ N ;

– à la force électrique $\vec{F} = q \cdot \vec{E}$, horizontale, de valeur

$F = q \cdot E = 0{,}1 \times 10^{-6} \times 10^5$

$F = 10^{-2}$ N ;

– à la tension $\vec{T}$ du fil, dirigée suivant le fil.

La boule étant en équilibre, ces trois forces vérifient la relation :

$$\vec{P} + \vec{F} + \vec{T} = \vec{0}.$$

D'un point O quelconque, construisons ces vecteurs représentant ces forces (schéma 2 ci-après) : ils délimitent un triangle rectangle OAB.

Dans ce triangle, nous avons :

$$\tan\alpha = \frac{AB}{OA} \leftrightarrow \tan\alpha = \frac{F}{P},$$

d'où $\tan\alpha = \dfrac{10^{-2}}{2 \times 10^{-2}} = 0{,}5$;

ainsi $\alpha = 27°$.

Le fil s'incline d'un angle de 27°.

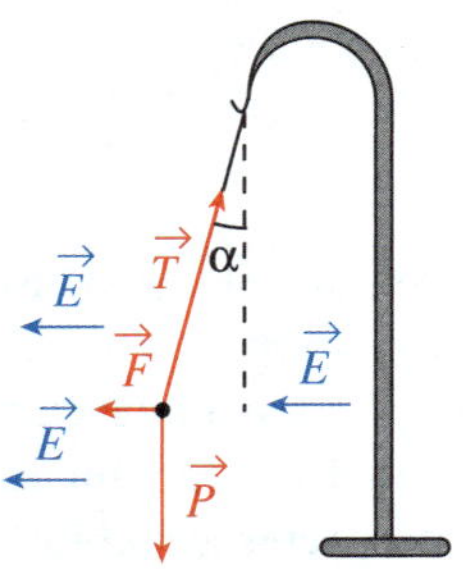

schéma 1

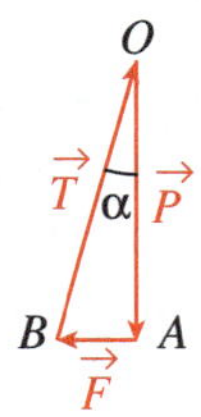

schéma 2

2° On a $\tan\alpha = \dfrac{F}{P}$, d'où : $F = P \cdot \tan\alpha$.

On en déduit : $E = \dfrac{P}{q} \cdot \tan\alpha$·

Numériquement :

$$\boldsymbol{E} = \frac{2 \times 10^{-2} \times 0{,}5}{0{,}1 \times 10^{-6}} = \mathbf{10^5\ V \cdot m^{-1}}.$$

14 Notons D la distance entre les centres de la Terre et de la Lune et d la distance, au centre de la Terre, du point P de gravité zéro.

En ce point, le champ de gravitation terrestre $\vec{E}_T$, dirigé vers le centre de la Terre, est directement opposé au champ de gravitation lunaire $\vec{E}_L$, dirigé vers le centre de la Lune (schéma ci-après).

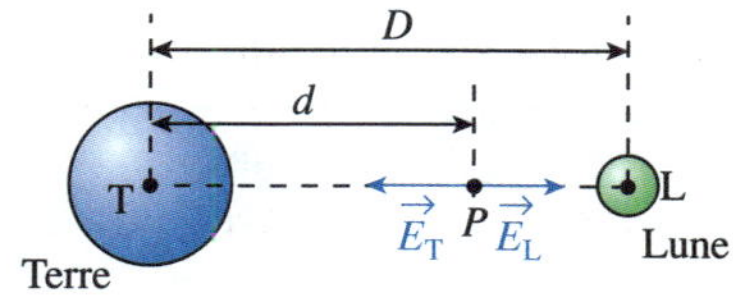

Ces champs ont donc la même valeur. Nous pouvons alors écrire :

$\dfrac{G \cdot M_T}{d^2} = \dfrac{G \cdot M_L}{(D-d)^2}$, soit :

$(D-d)^2 \cdot M_T = d^2 \cdot M_L$.

Donc : $\dfrac{(D-d)^2 \cdot M_T}{M_L} = d^2$.

Or $\dfrac{M_T}{M_L} = 81 = 9^2$,

d'où $[(D-d) \times 9]^2 = d^2$.

On en déduit les deux solutions possibles :

(1) : $9(D-d) = d$, soit :

$9D = 10d \leftrightarrow d = \dfrac{9D}{10} = 342\,000$ km ;

(2) : $9(D-d) = -d$, soit :

$9D = 8d \leftrightarrow d = \dfrac{9D}{8} > D$: impossible, donc à rejeter.

Le point de gravité zéro se situe à 342 000 km du centre de la Terre.

Si on ne remarque pas que $81 = 9^2$, on doit alors résoudre une équation du second degré.

L'interrogation écrite

15 **1°** Deux charges ponctuelles, de charge Q et q, séparées d'une distance d, exercent l'une sur l'autre des forces électriques, attractives (Q et q sont de signes contraires) ou répulsives (Q et q sont de même signe), et de même valeur :

$$\boldsymbol{F} = \frac{\mathbf{9 \times 10^9} \boldsymbol{Q \cdot q}}{\boldsymbol{d^2}}.$$

2° Deux corps ponctuels, de masses M et m, séparés d'une distance d, exercent l'un sur l'autre des forces gravitationnelles, attractives, de même valeur :

$$F = \frac{G \cdot M \cdot m}{d^2}.$$

3°

Loi de Coulomb		Loi de la gravitation	
Charge Q	Unité : **coulomb**	**Masse**	Unité : **kilogramme**
Distance d	Unité : **mètre**	**Distance *d***	Unité : **mètre**
Coefficient 9×10^9	Unité : $N \cdot m^2 \cdot C^{-2}$	**G**	Unité : $m^3 \cdot kg^{-1} \cdot s^{-2}$

4° **La matière étant neutre à l'échelle macroscopique, il y a autant de charges positives que de charges négatives et les forces électriques peuvent être attractives et répulsives : elles s'annulent** donc **à grande échelle**. Ce n'est pas le cas des forces gravitationnelles toujours attractives et qui additionnent leurs effets.

5° a) • Les forces électriques sont répulsives et ont pour valeur :

$$F_e = \frac{9 \times 10^9 Q \cdot q}{d^2}$$

avec $Q = q = e$.

Numériquement :

$$F_e = \frac{9 \times 10^9 (1{,}6 \times 10^{-19})^2}{(4{,}8 \times 10^{-15})^2};$$

$F_e = 10$ **N.** C'est une force énorme au niveau atomique.

• Les forces de gravitation sont attractives et ont pour valeur :

$$F_g = \frac{G \cdot m_p^2}{d^2}.$$

Numériquement :

$$F_g = \frac{6{,}67 \times 10^{-11} \times (1{,}67 \times 10^{-27})^2}{(4{,}8 \times 10^{-15})^2}$$

$F_g = 8{,}1 \times 10^{-36}$ **N.**

b) Les forces attractives dues à la gravitation sont négligeables devant les forces répulsives électriques. **Le noyau devrait éclater. Ces deux types d'interaction ne permettent pas d'interpréter la stabilité des noyaux** : il faut faire appel à l'interaction forte (voir *chapitre* 5).

CHAPITRE 9

Énergie mécanique

Comprendre

LE COURS

Énergie mécanique ▶ EXERCICE D'APPLICATION 6, p. 158

▶ Énergie cinétique

Un solide en mouvement possède de l'énergie, liée à sa vitesse, appelée énergie cinétique.

L'énergie cinétique d'un solide de masse m animé d'un mouvement de translation est définie par :

$$E_c = \frac{1}{2}m \cdot v^2$$

v est la vitesse du solide à l'instant considéré.

E_c est exprimée en joule (J), m en kilogramme (kg) et v en mètre par seconde ($m \cdot s^{-1}$).

L'énergie cinétique dépend, comme la vitesse, du référentiel d'étude du mouvement du solide.

▶ Énergie potentielle

Un solide de masse m, dont le centre de gravité est situé à l'altitude z_G dans le champ de pesanteur, a stocké de l'énergie appelée énergie potentielle de pesanteur.

Cette énergie résulte de l'interaction gravitationnelle entre la Terre et le corps.

L'énergie potentielle de pesanteur est définie par la relation :

$$E_p = m \cdot g \cdot z_G$$

L'altitude du centre de gravité est mesurée sur un axe vertical zz' orienté vers le haut.

E_p est exprimée en joule (J), m en kilogramme (kg), z_G en mètre (m) et g, intensité de la pesanteur, en newton par kilogramme ($N \cdot kg^{-1}$).

En mécanique, seule la variation de l'énergie a une importance : le choix de l'origine O de l'axe zz' est arbitraire. Très souvent, on prend cette origine au niveau du sol.

Lorsque le centre de gravité d'un corps passe d'un point $A(z_A)$ à un point $B(z_B)$, son énergie potentielle varie de :

$$\Delta E_p = E_p(B) - E_p(A) = m \cdot g \cdot (z_B - z_A)$$

Énergie mécanique

L'énergie mécanique d'un solide est la somme de son énergie cinétique et de son énergie potentielle.

$$E_m = E_c + E_p$$

E_c et E_p sont des **formes** de l'énergie mécanique.
L'énergie mécanique d'un solide en chute libre ne varie pas au cours du temps : on dit qu'elle se conserve ou qu'il y a **conservation de l'énergie mécanique**.
Il en est de même si un solide glisse sans frottement sur un support.
Dans ce cas, $\Delta E_m = \Delta E_c + \Delta E_p = 0$.

Donc : $$\Delta E_m = 0 \Leftrightarrow \Delta E_c = -\Delta E_p$$

S'il y a des frottements entre le support et le solide, l'énergie mécanique ne se conserve plus : elle diminue, une partie étant transférée à l'extérieur sous forme de chaleur.

LA DIFFICULTÉ DU CHAPITRE

Exploiter un enregistrement des énergies cinétique et potentielle d'un solide en chute libre

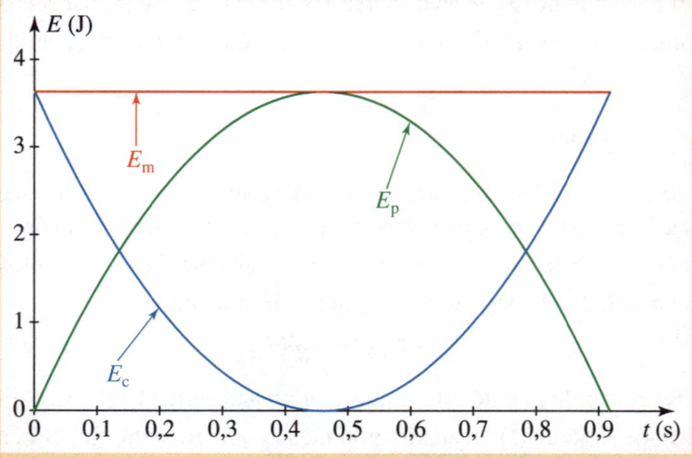

Dans cet enregistrement de la chute libre d'un solide, qu'a-t-on représenté ?

On a enregistré les énergies cinétique (en bleu), potentielle (en vert) et mécanique (en rouge) du solide, en fonction du temps.
L'axe des ordonnées indique que les énergies sont mesurées en joule (J).
L'axe des abscisses indique que les durées sont mesurées en seconde.

▶ Cet enregistrement correspond-il a une chute libre sans vitesse initiale ?

À $t = 0$, l'énergie cinétique est maximale et l'énergie potentielle nulle : le solide est donc lancé vers le haut à la date $t = 0$ en un point dont l'altitude est pris pour origine de l'énergie potentielle de pesanteur.

▶ Que peut-on en déduire sur le mouvement ?

Au départ, l'énergie potentielle augmente et l'énergie cinétique diminue : le solide s'élève et va de moins en moins vite.

À $t = 0{,}45$ s, l'énergie potentielle est maximale et l'énergie cinétique nulle : le solide atteint son altitude maximale, la vitesse s'annule.

Pour $0{,}45 \text{ s} < t < 0{,}91 \text{ s}$, l'énergie potentielle diminue et l'énergie cinétique augmente : le solide redescend et va de plus en plus vite.

▶ Comment connaître la vitesse du solide à un instant *t* quelconque ?

À la date t considérée (par exemple, $t = 0{,}2$ s), on trace une parallèle à l'axe des ordonnées. Cette droite coupe la courbe de l'énergie cinétique en P (*doc.* ci-dessous).

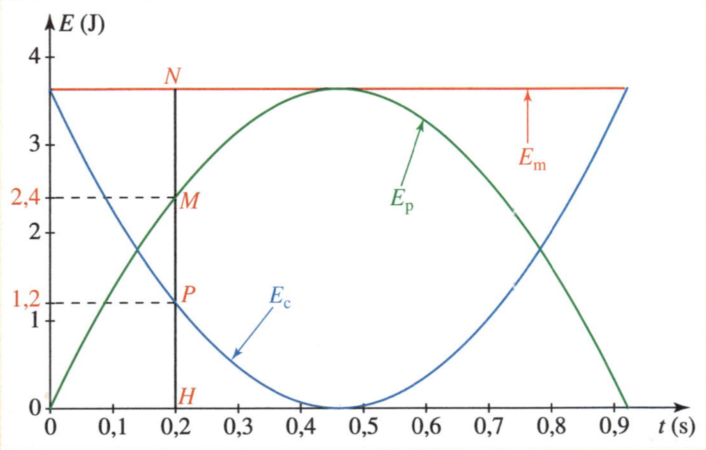

L'énergie cinétique correspond à l'ordonnée de P : 1,2 J.

La vitesse correspondante est donnée par : $E_c = \frac{1}{2}m \cdot v^2$, soit $v = \left(\frac{2E_c}{m}\right)^{\frac{1}{2}}$.

Connaissant la masse m, on en déduit v.

▶ Comment connaître l'altitude du solide à un instant *t* quelconque ?

La droite HP coupe la courbe de l'énergie potentielle en M. L'énergie potentielle correspond à l'ordonnée de M : 2,4 J.

cours
exercices
interro
corrigés

L'altitude correspondante, au-dessus du niveau de référence $z = 0$, est donnée par :

$$E_p = m \cdot g \cdot z, \text{ d'où : } z = \frac{E_p}{m \cdot g}.$$

Connaissant la masse m, on en déduit z, l'altitude au-dessus du point de référence.

▶ Comment a été obtenue la courbe rouge ? Que peut-on en déduire ?

La courbe rouge représente la somme $E_c + E_p$.

Par exemple, à $t = 0{,}2$ s, l'énergie mécanique correspond à l'ordonnée de N : 3,6 J.

$E_m = E_p + E_c \Leftrightarrow HN = HM + HP$, soit $3{,}6 = 2{,}4 + 1{,}2$.

Donc, du point M, on porte un segment $MN = HP$.

On constate que la courbe rouge est une droite horizontale : l'énergie mécanique se conserve au cours de ce mouvement.

EXERCICES

Tester ses connaissances

1 QCM 1

(corrigés p. 163)

Choisir les bonnes réponses

1° Lorsque la vitesse double, l'énergie cinétique est :

a) multipliée par 2 ; b) divisée par 2 ; c) multipliée par 4.

2° Une automobile de masse 1,2 t, lancée à 90 km · h^{-1}, possède une énergie cinétique égale à :

a) 4 860 J ; b) 15×10^3 J ; c) $3{,}75 \times 10^5$ J.

3° Au tennis, lors d'un service, une balle de tennis de masse 58 g atteint une vitesse de 180 km · h^{-1}. Son énergie cinétique est égale à :

a) $1{,}16 \times 10^6$ J ; b) 72,5 J ; c) 940 J.

4° L'énergie cinétique d'un camion roulant sur autoroute :

a) est toujours supérieure à celle d'une automobile ;

b) peut être égale à celle d'une automobile.

2 QCM 2

(corrigés p. 163)

Parmi les affirmations suivantes, lesquelles sont vraies ?

1° L'énergie potentielle d'un corps augmente toujours lorsque le corps s'élève.

2° Une énergie potentielle peut être négative.

3° Dans l'expression $E_p = m \cdot g \cdot z$, l'axe Oz est vertical, dirigé vers le bas.

4° L'unité d'énergie potentielle est la même que l'unité d'énergie cinétique.

5° Lorsque le centre de gravité d'un corps de masse 1 kg s'élève de 1 m, son énergie potentielle augmente de 1 J.

3 QCM 3

(corrigés p. 163)

Parmi les affirmations suivantes, lesquelles sont vraies ?

1° L'énergie mécanique d'un parachutiste se conserve lorsque la vitesse de chute atteint une valeur limite constante.

2° L'énergie mécanique est égale à l'énergie cinétique lorsque l'énergie potentielle ne varie pas.

3° Lorsque l'énergie mécanique est constante, la variation de l'énergie cinétique est égale à la variation de l'énergie potentielle.

4° Un corps ne possède de l'énergie mécanique que s'il est en mouvement.

5° L'énergie mécanique d'un solide en chute libre est constante lorsque les frottements sont négligeables.

Maîtriser les méthodes

Les exercices de cette rubrique font appel aux méthodes de base, qu'il faut maîtriser. Ils font l'objet d'une correction guidée pas à pas, qui récapitule ces méthodes, pour mieux les mémoriser.

4 ÉNERGIE CINÉTIQUE DE QUELQUES SOLIDES EN TRANSLATION *(corrigés p. 163)*

Calculer l'énergie cinétique :

a) d'une automobile de masse 1,2 t lancée à 130 $km \cdot h^{-1}$ sur une autoroute ;

b) d'une rame de TGV de masse 500 t circulant à la vitesse de 340 $km \cdot h^{-1}$;

c) d'un avion de ligne de masse 300 t décollant à la vitesse de 360 $km \cdot h^{-1}$;

d) d'un pétrolier de 200 000 t naviguant à la vitesse de 12 nœuds.

Donnée : 1 nœud = 1,852 $km \cdot h^{-1}$.

5 ÉNERGIE POTENTIELLE ET CHOIX DE L'ORIGINE *(corrigés p. 163)*

Une boule de masse $m = 600$ g est posée en A, sur le rebord d'une fenêtre situé à 5,50 m du sol.

1° Rappeler la définition de l'énergie potentielle de pesanteur.

2° Calculer l'énergie potentielle de pesanteur de la boule en prenant l'origine de l'axe vertical :

a) au niveau du sol ;

b) au niveau du rebord de la fenêtre.

3° Un coup de vent fait tomber la boule. Lorsque la boule touche le sol en B, calculer l'énergie potentielle de pesanteur de la boule, en prenant l'origine de l'axe vertical :

a) au niveau du sol ;

b) au niveau du rebord de la fenêtre.

4° a) Calculer, dans les deux cas, la variation d'énergie potentielle de la boule au cours de sa chute.

b) Conclure.

Donnée : $g = 10 \text{ N} \cdot \text{kg}^{-1}$.

6 CHUTE LIBRE SANS VITESSE INITIALE *(corrigés p. 164)*

Un ouvrier laisse tomber un marteau, de masse $m = 600$ g, d'un échafaudage situé à une hauteur $h = 8$ m, au-dessus du sol. On fait l'hypothèse que les frottements dus à l'air sont négligeables.

1° On considère le marteau initialement posé sur l'échafaudage (situation 1).

a) Calculer l'énergie potentielle de pesanteur du marteau en prenant l'origine de l'axe vertical au niveau du sol.

b) Calculer l'énergie cinétique du marteau.

c) Calculer l'énergie mécanique du marteau.

2° Le marteau, en mouvement, est sur le point de toucher le sol (situation 2).

a) Calculer son énergie potentielle.

b) Pourquoi peut-on supposer que l'énergie mécanique du marteau se conserve ?

c) En déduire la vitesse du marteau au moment du choc sur le sol.

Donnée : $g = 9{,}8 \text{ N} \cdot \text{kg}^{-1}$.

7 SOLIDE LANCÉ VERS LE HAUT

(corrigés p. 164)

Un enfant, avec un pistolet à flèches, tire verticalement une flèche, de masse $m = 50$ g, vers le haut, d'un point A situé à 1,50 m au-dessus du sol. La flèche part avec une vitesse $v_0 = 10\ \text{m} \cdot \text{s}^{-1}$.

1° Calculer l'énergie mécanique initiale de la flèche. Préciser l'origine prise pour l'énergie potentielle de pesanteur.

2° Quelle est l'altitude maximale, au-dessus du sol, que la flèche peut atteindre ? Quelle est l'hypothèse formulée ?

3° En réalité, la flèche atteint une altitude de 6 m. Que peut-on en déduire ?

Donnée : $g = 10\ \text{N} \cdot \text{kg}^{-1}$.

8 MOUVEMENT D'UNE LUGE

(corrigés p. 165)

Une luge a une masse $m = 34$ kg avec son passager. Partie sans vitesse initiale, elle glisse selon la plus grande pente d'une piste verglacée inclinée de $\alpha = 27°$ avec le plan horizontal.

1° On prend l'énergie potentielle nulle au départ. Quelle est l'énergie mécanique initiale de la luge ?

2° Exprimer l'énergie potentielle de la luge après une descente de longueur L.

3° Les frottements sont négligeables.

a) Que peut-on en déduire au point de vue énergétique ?

b) En déduire, en fonction de L, la vitesse de la luge.

c) Calculer la vitesse atteinte pour une descente de longueur 50 m.

Donnée : $g = 9{,}8\ \text{N} \cdot \text{kg}^{-1}$.

S'entraîner

9 DESCENTE D'UN SKIEUR ★★ 8 min

(corrigés p. 165)

Un skieur effectue une descente sur une piste de 700 m de dénivelé. La masse du skieur équipé est $m = 90$ kg. On prend l'énergie potentielle nulle au départ O.

1° Quelle est l'énergie mécanique initiale du skieur ?

2° À l'arrivée A, le skieur a une vitesse $v = 108\ \text{km} \cdot \text{h}^{-1}$.

Calculer son énergie mécanique.

3° L'énergie mécanique du skieur se conserve-t-elle ? Que peut-on en déduire ?

Donnée : $g = 10\ \text{N} \cdot \text{kg}^{-1}$.

10 MARTEAU-PILON ★★ 12 min

(corrigés p. 166)

Un marteau-pilon est constitué par un cylindre de fonte, de masse $m = 1{,}2$ t. Il est soulevé par un câble jusqu'à sa position haute A située à 1,6 m au-dessus de la surface à marteler. Il est alors lâché et tombe.

1° Calculer la variation d'énergie potentielle de pesanteur du marteau-pilon, entre les positions haute A et basse B.

2° Si l'on admet que l'énergie mécanique du marteau-pilon ne varie pas, quelle est la variation d'énergie cinétique de ce solide au cours de la chute ?

3° Évaluer la vitesse d'arrivée du marteau-pilon au contact de la surface à marteler.

4° En fait, le marteau-pilon arrive avec une vitesse égale à 75 % de la valeur théorique calculée précédemment.

a) Calculer la variation de l'énergie mécanique.

b) Conclure

Donnée : $g = 10\ \text{N} \cdot \text{kg}^{-1}$.

11 PARACHUTISTE ★★ 15 min *(corrigés p. 166)*

Un parachutiste saute à partir d'un hélicoptère en vol stationnaire situé à 2 000 m d'altitude. Il n'ouvre pas son parachute immédiatement. Sa vitesse se stabilise à 108 km · h^{-1}.

À 400 m d'altitude, il ouvre alors son parachute et arrive sur le sol avec une vitesse $v_0 = 6\ \text{m} \cdot \text{s}^{-1}$.

Le parachutiste équipé a une masse de 93 kg.

On prend l'origine de l'énergie potentielle au niveau du sol.

1° Calculer l'énergie potentielle du parachutiste à 2 000 m et à 400 m d'altitude.

2° Calculer l'énergie cinétique du parachutiste à 2 000 m et à 400 m d'altitude (juste avant l'ouverture du parachute), puis lorsqu'il touche le sol.

3° Calculer l'énergie mécanique du parachutiste à 2 000 m et à 400 m d'altitude, puis lorsqu'il touche le sol.

4° Quelle est la variation de l'énergie mécanique :

a) lors de la phase de « chute libre » ?

b) lors de la descente, parachute ouvert ?

c) Conclure.

Donnée : $g = 10\ \text{N} \cdot \text{kg}^{-1}$.

12 LANCEMENT D'UN MOBILE SUR UN PLAN INCLINÉ ★★★ 10 min *(corrigés p. 167)*

Un solide de masse m peut se déplacer sans frottement, d'abord sur un plan horizontal, puis sur un plan incliné, comme le montre la figure ci-dessous. Il est lancé de A à la vitesse de 6,3 m · s^{-1}.

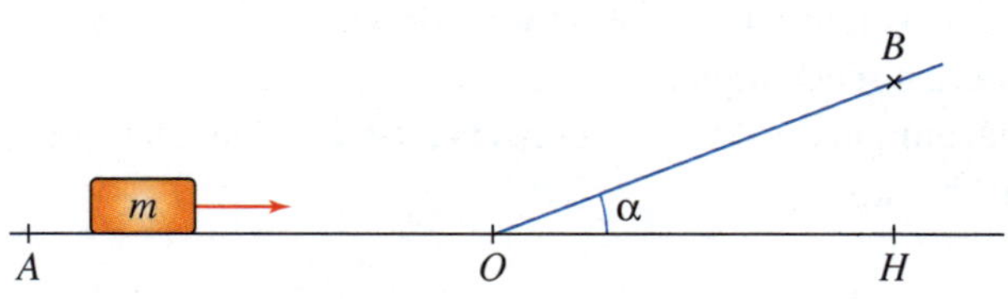

1° À quelle vitesse le solide arrive-t-il en O ?

2° Quelle sera sa vitesse, en B, point le plus haut atteint sur le plan incliné ?

3° Le plan incliné fait un angle $\alpha = 30°$ avec le plan horizontal. Calculer la distance L parcourue par ce solide sur le plan incliné.

Donnée : $g = 10\ \text{N} \cdot \text{kg}^{-1}$.

Pour aller plus loin

13 ÉTUDE D'UN ENREGISTREMENT ★★★ 10 min (corrigés p. 167)

Le document ci-contre est l'enregistrement des énergies cinétique et potentielle d'une boule d'acier tombant en chute libre d'une hauteur $h = 108$ cm au-dessus du niveau du sol. L'intensité de la pesanteur est $g = 9{,}8\ \text{N} \cdot \text{kg}^{-1}$. L'énergie potentielle est prise nulle au niveau du sol.

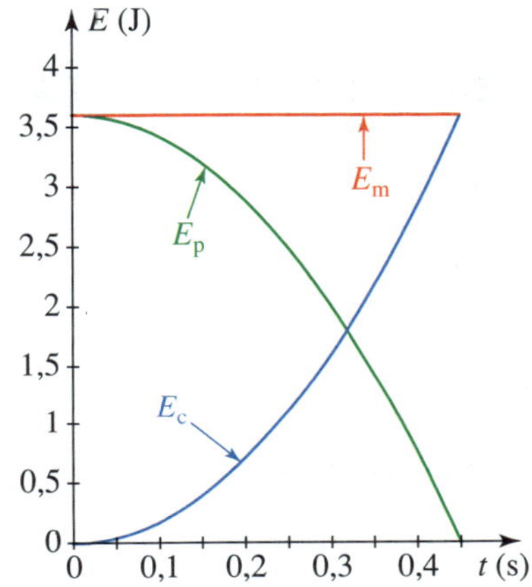

1° Quelle est la masse de cette boule d'acier ?

2° Quelle est la durée de chute ?

3° a) Quelle est la vitesse initiale de la boule ?

b) Avec quelle vitesse cette boule touche-t-elle le sol ?

4° À quelle date l'énergie cinétique est-elle égale à son énergie potentielle ?

5° L'énergie mécanique de la boule se conserve-t-elle ? Que peut-on en déduire ?

14 PENDULE BALISTIQUE ★★★ 10 min (corrigés p. 168)

Une balle, de masse $m = 36$ g et de vitesse horizontale $v = 600\ \text{m} \cdot \text{s}^{-1}$, vient frapper un sac plein de sable, de masse $M = 15{,}8$ kg, suspendu par deux tiges rigides identiques, de masses négligeables. L'axe zz' est choisi comme l'indique le document ci-dessous.

Après le choc, la balle s'incruste dans le sable et l'ensemble [balle – sac] se met en mouvement à la vitesse v' mesurée par un dispositif à photocapteur, qui donne $v' = 1{,}36\ \text{m} \cdot \text{s}^{-1}$.

Cet ensemble s'élève alors jusqu'à une hauteur $z_G = h = 9{,}4$ cm.

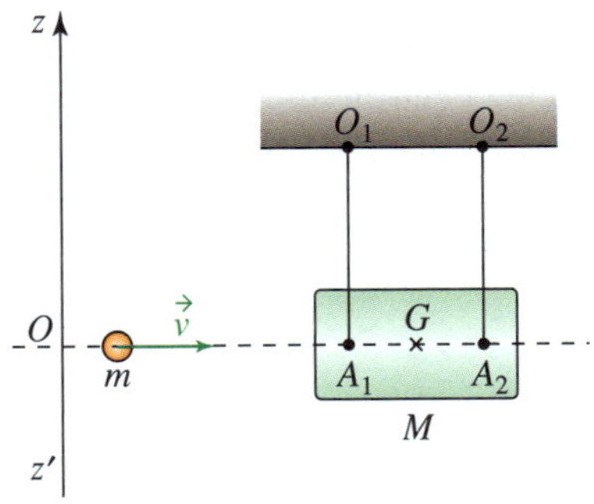

1° Calculer l'énergie mécanique du système [balle – sac] juste avant l'impact.

2° a) Calculer l'énergie mécanique du système [balle – sac] juste après l'impact.

b) Conclure.

3° Quelle est la nature du mouvement du système [balle – sac] après le choc ?

4° a) Calculer l'énergie mécanique du système [balle – sac] lorsque le système atteint la hauteur maximale h.

b) Conclure.

Donnée : $g = 9{,}8\ \text{N} \cdot \text{kg}^{-1}$.

15 ANALYSE D'UN DOCUMENT 20 min *(corrigés p. 169)*

Le document ci-dessous est l'enregistrement des énergies cinétique, potentielle de pesanteur et mécanique d'une boule d'acier, de masse $m = 100$ g, lancée d'un point A, vers le haut.
L'intensité de la pesanteur est $g = 9{,}8\ \text{N} \cdot \text{kg}^{-1}$.

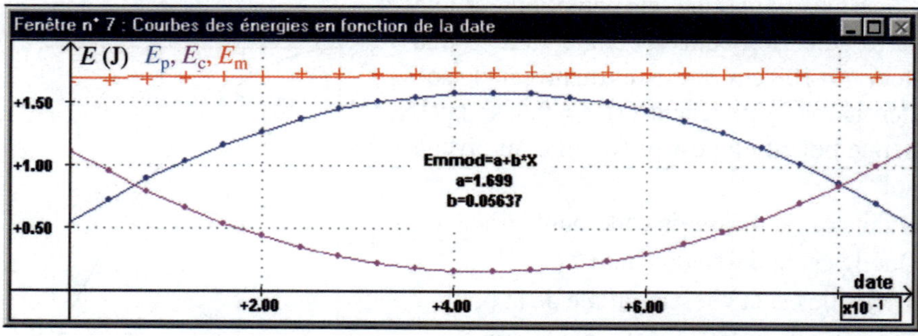

1° a) Décrire sommairement le mouvement de la boule.
b) La boule a-t-elle été lancée rigoureusement suivant la verticale ?
2° a) Exprimer littéralement la relation permettant de calculer la vitesse v de la boule connaissant son énergie cinétique E_c.
b) Calculer la vitesse initiale de la boule.
3° a) À quelle date la boule atteint-elle le sommet S de sa trajectoire ?
b) Donner la définition de l'énergie potentielle de pesanteur. Préciser l'orientation de l'axe zz'.
c) Calculer la variation de l'énergie potentielle de la boule entre les points A (départ) et S (sommet).
4° a) Calculer la variation d'énergie cinétique de la boule entre les points A et S.
b) Comparer ΔE_p et ΔE_c.
c) Que peut-on dire de l'énergie mécanique de la boule ?
Ce résultat est-il conforme au résultat précédent ?

CORRIGÉS

Tester ses connaissances

1 Affirmations **vraies** : **1° c)** ; **2° c)** ; **3° b)** ; **4° b)**.

2 Affirmations **vraies** : **1°** ; **2°** ; **4°**.

3 Affirmation **vraie** : **5°**.

Maîtriser les méthodes

4 L'énergie cinétique d'un solide de masse *m*, en translation à la vitesse *v*, est donnée par :

$$E_c = \frac{1}{2} m \cdot v^2.$$

a) Énergie cinétique de l'automobile :

$$E_c = \frac{1}{2} \times 1\,200 \times \left(\frac{130}{3,6}\right)^2 = \mathbf{7,8 \times 10^5\ J}.$$

b) Énergie cinétique de la rame de TGV :

$$E_c = \frac{1}{2} \times 500 \times 10^3 \times \left(\frac{340}{3,6}\right)^2 = \mathbf{2,2 \times 10^9\ J}.$$

c) Énergie cinétique de l'avion :

$$E_c = \frac{1}{2} \times 300 \times 10^3 \times \left(\frac{360}{3,6}\right)^2 = \mathbf{1,5 \times 10^9\ J}.$$

d) Énergie cinétique du pétrolier :

$$1 \text{ nœud} = 1,852 \text{ km} \cdot \text{h}^{-1} = \frac{1\,852}{3\,600} = 0,514 \text{ m} \cdot \text{s}^{-1}.$$

$$E_c = \frac{1}{2} \times 200 \times 10^6 \times (12 \times 0,514)^2 = \mathbf{3,8 \times 10^9\ J}.$$

Exercice 4 : conseils à retenir

Attention aux unités : il faut exprimer la masse en kilogramme (et non en gramme ou en tonne) et la vitesse en mètre par seconde (en non en $\text{km} \cdot \text{h}^{-1}$ ou en nœud).

$$1 \text{ km} \cdot \text{h}^{-1} = \frac{1\,000}{3\,600} \text{ m} \cdot \text{s}^{-1} = \frac{1}{3,6} \text{ m} \cdot \text{s}^{-1}.$$

5 **1°** L'énergie potentielle d'un solide, de masse *m*, est donnée par :

$$E_p = m \cdot g \cdot z_G.$$

L'axe *Oz*, vertical, est orienté vers le haut.

2° a) L'origine de l'axe *Oz* est au niveau du sol. L'énergie potentielle de la boule en *A* est :

$$E_{p1}(A) = 0,6 \times 10 \times 5,50 = \mathbf{33\ J}.$$

b) L'origine de l'axe *Oz* est au niveau du rebord de la fenêtre. L'énergie potentielle de la boule est donc nulle :

$$\mathbf{E_{p2}(A) = 0.}$$

3° a) L'origine de l'axe *Oz* est au niveau du sol. L'énergie potentielle de la boule en *B*, point situé sur le sol, est donc nulle :

$$\mathbf{E_{p1}(B) = 0.}$$

b) L'origine de l'axe *Oz* est au niveau du rebord de la fenêtre. Le point *B* est situé à la côte $z = -5,50$ m. L'énergie potentielle de la boule est :

$$E_{p2}(B) = 0,6 \times 10 \times (-5,50) = \mathbf{-33\ J}.$$

4° a) • L'origine de l'axe *Oz* est au niveau du sol : $\Delta E_{p1} = E_{p1}(B) - E_{p1}(A)$;
$\Delta E_{p1} = 0 - 33 = \mathbf{-33\ J}$.

• L'origine de l'axe *Oz* est au niveau du rebord de la fenêtre :
$\Delta E_{p2} = E_{p2}(B) - E_{p2}(A)$;
$\Delta E_{p2} = -33 - 0 = \mathbf{-33\ J}$.

b) On trouve : $\Delta E_{p1} = \Delta E_{p2} = -33$ J.
La variation d'énergie potentielle ne dépend pas du choix de l'origine de l'axe 0z.

La variation de l'énergie potentielle est négative : l'énergie potentielle diminue.

Exercice 5 : conseils à retenir

• Pour la question **3° b)** : l'axe *Oz* est orienté vers le haut. *B* est en dessous de *O*, donc z_B est négatif : $z_B = -5,50$ m. L'énergie potentielle est négative en *B*.

• Pour la question **4° b)** :
$\Delta E_p = E_p(B) - E_p(A) < 0$
$\Leftrightarrow E_p(B) < E_p(A)$.
L'énergie potentielle diminue

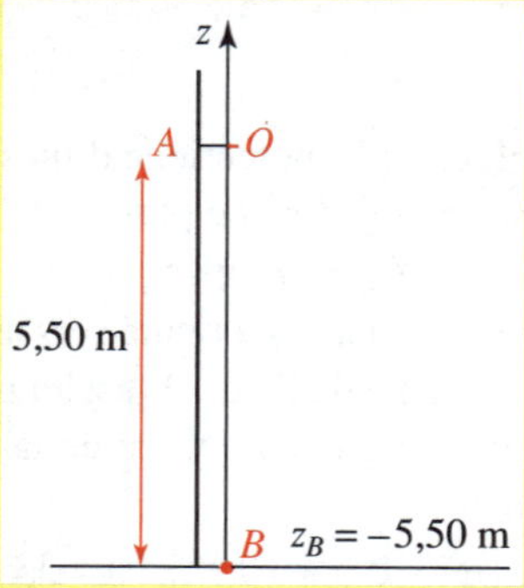

6 **1° a)** L'énergie potentielle du marteau, de masse m, est donnée par :

$$\boldsymbol{E_{p1} = m \cdot g \cdot z_G}.$$

L'axe Oz, vertical, est orienté vers le haut.
Numériquement :

$$\boldsymbol{E_{p1}} = 0{,}600 \times 9{,}8 \times 8 = \mathbf{47\ J}.$$

b) Le marteau est immobile : son énergie cinétique est nulle : $\boldsymbol{E_{c1} = 0}$.

c) L'énergie mécanique est la somme des énergies cinétique et potentielle.

$$\boldsymbol{E_{m1}} = E_{c1} + E_{p1} = \mathbf{47\ J}.$$

2° a) Le marteau arrive au niveau du sol, $z_G = 0$ et $\boldsymbol{E_{p2} = 0}$.

b) On peut négliger les frottements de l'air sur le marteau au cours de sa chute. Dans ce cas, l'énergie mécanique du marteau se conserve : $\boldsymbol{E_{m2} = 47}$ **J**.

c) $E_{m2} = E_{c2} + E_{p2}$, soit $E_{c2} = E_{m2} - E_{p2}$.
Numériquement : $E_{c2} = 47 - 0 = 47$ J.

Or, $E_{c2} = \dfrac{1}{2} \cdot m \cdot v^2$; d'où $v = \left(\dfrac{2E_{c2}}{m}\right)^{\frac{1}{2}}$.

Numériquement :

$$v = \left(2 \times \frac{47}{0{,}6}\right)^{\frac{1}{2}} = \mathbf{12{,}5\ m \cdot s^{-1}}.$$

Exercice 6 : conseils à retenir

• Pour la question **1°** : exprimer la masse du marteau en kilogramme.

• Pour la question **2° b)** : lors de la chute d'un objet, si les forces de frottements dues à l'air sont négligeables devant le poids, alors l'énergie mécanique se conserve.

7 **1°** L'énergie mécanique de la flèche est la somme de son énergie cinétique et de son énergie potentielle de pesanteur :

$$\boldsymbol{E_m = E_c + E_p}.$$

$$E_c = \frac{1}{2} m \cdot v_0^2 = \frac{1}{2} \times 0{,}050 \times 10^2 = 2{,}5\ \text{J}.$$

Prenons **l'origine de l'axe Oz, orienté vers le haut, au niveau du sol ;**
alors $z_A = 1{,}50$ m.

$E_p = m \cdot g \cdot z_A = 0{,}050 \times 10 \times 1{,}50$
$= 0{,}75$ J.

Donc : $\boldsymbol{E_m(A)} = 2{,}5 + 0{,}75 = \mathbf{3{,}25\ J}$.

2° L'altitude maximale pouvant être atteinte peut être calculée dans **l'hypothèse de frottements négligeables**. Dans ce cas, l'énergie mécanique se conserve.
Notons B ce point d'altitude maximale.
$E_m(B) = 3{,}25$ J.
Or, $E_m(B) = E_c(B) + E_p(B)$.
En B, la vitesse de la flèche est nulle :

$$E_c(B) = 0.$$

Donc $E_p(B) = E_m(B) = 3{,}25$ J.
Calculons la hauteur z_B atteinte :

$E_p(B) = m \cdot g \cdot z_B$, d'où $z_B = \dfrac{E_p(B)}{m \cdot g}$.

Numériquement :

$$\boldsymbol{z_B} = \frac{3{,}25}{(0{,}05 \times 10)} = \mathbf{6{,}5\ m}.$$

3° La flèche atteint une altitude plus faible : **l'énergie mécanique ne se conserve pas au cours de ce mouvement, elle diminue. Les frottements dus à l'air ne peuvent pas être complètement négligés.**

Exercice 7 : conseils à retenir

• Pour la question **2°** : pour un tir vertical, la vitesse de la flèche diminue, s'annule au sommet de la trajectoire, puis augmente à nouveau lorsque la flèche descend : au sommet, l'énergie cinétique est nulle et l'énergie potentielle maximale.
Si le tir est oblique, au sommet de la trajectoire, la vitesse ne s'annule pas (la composante verticale du vecteur vitesse est nulle, autrement dit le vecteur vitesse est horizontal), mais sa valeur est minimale : l'énergie cinétique est minimale et l'énergie potentielle toujours maximale.

8 1° Au départ :
– la vitesse est nulle et il en est donc de même de l'énergie cinétique ;
– d'après l'énoncé l'énergie potentielle de pesanteur est nulle.
L'énergie mécanique : $\boldsymbol{E_m} = E_c + E_p = \mathbf{0}$.
2° Au bout d'un parcourt L, la luge sera en A et son énergie potentielle sera :

$$E_p(A) = m \cdot g \cdot z_A.$$

Dans le triangle rectangle grisé, nous avons :

$$\sin\alpha = \frac{h}{L}.$$

Donc, $h = L \cdot \sin\alpha$.
Or, $z_A = -h = -L \cdot \sin\alpha$.
Donc : $\boldsymbol{E_p(A) = -m \cdot g \cdot L \cdot \sin\alpha}$.

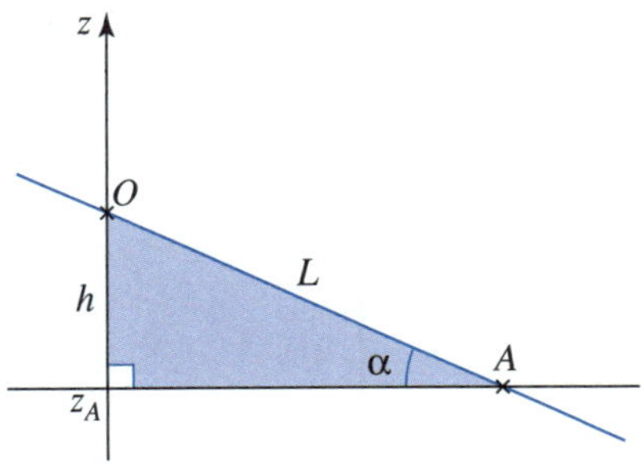

3° a) Si les frottements sont négligeables, **l'énergie mécanique de la luge est constante.**
b) $E_m(A) = E_c(A) + E_p(A) = 0$.
Donc, $E_c(A) = -E_p(A) = m \cdot g \cdot L \cdot \sin\alpha$.

Or, $E_c(A) = \frac{1}{2} m \cdot v^2(A)$

$$\Leftrightarrow \boldsymbol{v(A)} = \left(\frac{2E_c(A)}{m}\right)^{\frac{1}{2}}$$

$$= \boldsymbol{(2g \cdot L \cdot \sin\alpha)^{\frac{1}{2}}}.$$

c) Numériquement :

$$\boldsymbol{v(A)} = (2 \times 9{,}8 \times 50 \times \sin 27°)^{\frac{1}{2}}$$

$$= \mathbf{21\ m \cdot s^{-1}}.$$

Exercice 8 : conseils à retenir
• Pour la question 1° : l'énoncé impose le choix de l'origine de l'axe Oz orienté vers le haut.
O correspond au point de départ de la luge : $z(O) = 0$.
• Pour la question 2° : z_A est négatif, h est une longueur donc positive, donc $z_A = -h$.
• Pour la question 3° : il faut retenir le calcul du sinus de l'angle aigu d'un triangle rectangle : il est égal au rapport du côté opposé à l'hypoténuse.

S'entraîner

9 1° Au départ :
– le skieur est immobile : $E_c(D) = 0$;
– l'énergie potentielle nulle par convention : $E_p(D) = 0$.

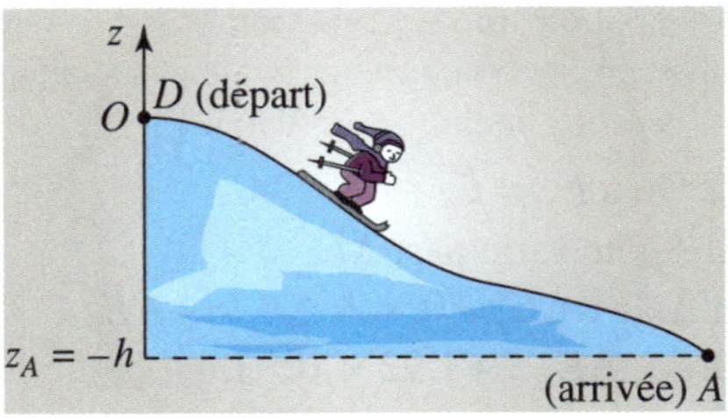

L'énergie mécanique :
$\boldsymbol{E_m(D)} = E_c(D) + E_p(D) = \mathbf{0}$.

$E_p(D) = m \cdot g \cdot z_D = 0$.
Donc : $z_D = 0$; l'origine de l'axe Oz coïncide avec le point de départ D.

2° En A :

• $E_c(A) = \frac{1}{2} m \cdot v^2(A)$.

Numériquement :

$$E_c(A) = \frac{1}{2} \times 90 \times \left(\frac{108}{3{,}6}\right)^2 = 40{,}5 \times 10^3 \text{ J}.$$

La vitesse doit être exprimée en $m \cdot s^{-1}$.

• $E_p(A) = m \cdot g \cdot z_A$.
Si $h = 700$ m est le dénivelé,
$z_A = -h = -700$ m.
$E_p(A) = -m \cdot g \cdot h$.
Numériquement :
$E_p(A) = -90 \times 10 \times 700 = -63 \times 10^4$ J.

Calculons l'énergie mécanique du skieur en A :

$$\boldsymbol{E_m(A) = E_c(A) + E_p(A)}$$

$E_m(A) = 40{,}5 \times 10^3 - 63 \times 10^4$

$= \mathbf{-58{,}95 \times 10^4\ J.}$

3° On constate que $E_m(A) < E_m(D)$.

L'énergie mécanique ne se conserve pas : elle diminue sous l'effet des frottements des skis sur la neige et de l'air sur le skieur.

10 1° La variation d'énergie potentielle de pesanteur entre les positions haute A et basse B est :

$$\boldsymbol{\Delta E_p = E_p(B) - E_p(A) = m \cdot g \cdot (z_B - z_A).}$$

B étant en dessous de A, $z_B - z_A < 0$; $z_B - z_A = -1{,}6$ m.

$\Delta E_p = 1\,200 \times 10 \times (-1{,}6)$

$= \mathbf{-1{,}92 \times 10^4\ J.}$

La variation de l'énergie potentielle est la différence entre sa valeur finale et sa valeur initiale : E_p(finale) – E_p(initiale).

2° On a $E_m = E_c + E_p$.
Si E_m ne varie pas, $\Delta E_m = 0$ et $\Delta E_c + \Delta E_p = 0$, soit $\Delta E_c = -\Delta E_p$.
Donc, $\mathbf{\Delta E_c = +1{,}92 \times 10^4\ J.}$

3° On a $\Delta E_c = E_c(B) - E_c(A)$.
Le marteau-pilon est immobile en A : $E_c(A) = 0$;
donc $E_c(B) = 1{,}92 \times 10^4$ J.

$$E_c(B) = \frac{1}{2} m \cdot v^2(B)$$

$$\Leftrightarrow v(B) = \left(\frac{2E_c(B)}{m}\right)^{\frac{1}{2}}.$$

Numériquement :

$$\boldsymbol{v(B)} = \left(\frac{2 \times 1{,}92 \times 10^4}{1\,200}\right)^{\frac{1}{2}} = \mathbf{5{,}7\ m \cdot s^{-1}.}$$

4° a) La vitesse réelle du marteau-pilon arrivant en B est :
$v'(B) = 5{,}7 \times 0{,}75 = 4{,}3\ \text{m} \cdot \text{s}^{-1}$.

$75\ \% = \frac{75}{100} = 0{,}75.$

L'énergie cinétique du marteau-pilon est : $E_c = \frac{1}{2} m \cdot v'^2(B)$.

Numériquement :

$$E_c(B) = \frac{1}{2} \times 1\,200 \times 4{,}3^2 = 1{,}11 \times 10^4\ \text{J}.$$

Donc :
$\Delta E_c = E_c(B) - E_c(A) = 1{,}11 \times 10^4$ J.
On a toujours : $\Delta E_p = -1{,}92 \times 10^4$ J.
Donc : $\Delta E_m = \Delta E_c + \Delta E_p$.
Numériquement :

$\mathbf{\Delta E_m} = 1{,}11 \times 10^4 - 1{,}92 \times 10^4$

$= \mathbf{-8{,}1 \times 10^3\ J.}$

b) **L'énergie mécanique diminue : les frottements ne sont pas négligeables. Il y a transfert de chaleur dans les pièces qui assurent le guidage.**

11 1° • Énergie potentielle du parachutiste à $z_1 = 2\,000$ m d'altitude :

$\mathbf{E_{p1}} = m \cdot g \cdot z_1 = 93 \times 10 \times 2\,000$

$= \mathbf{1{,}86 \times 10^6\ J.}$

• Énergie potentielle du parachutiste à $z_2 = 400$ m d'altitude :

$\mathbf{E_{p2}} = m \cdot g \cdot z_2 = 93 \times 10 \times 400$

$= \mathbf{3{,}72 \times 10^5\ J.}$

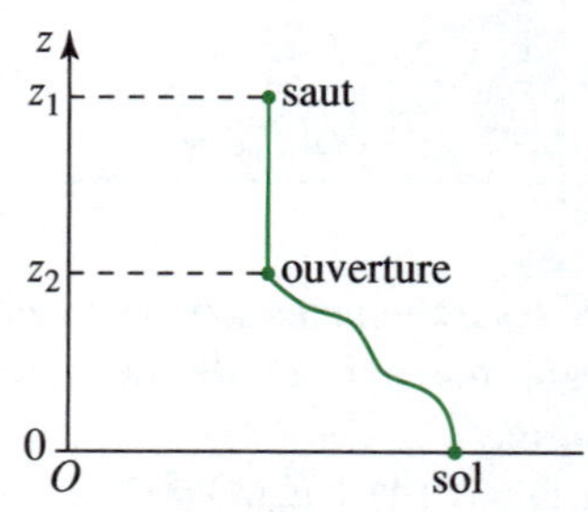

2° • Énergie cinétique du parachutiste à $z_1 = 2\,000$ m d'altitude :
$\mathbf{E_{c1} = 0}$, car le parachutiste est immobile.
• Énergie cinétique du parachutiste à $z_2 = 400$ m d'altitude, juste avant l'ouverture du parachute :

$$\mathbf{E_{c2}} = \frac{1}{2} m \cdot v_2^2 = \frac{1}{2} \times 93 \times \left(\frac{108}{3{,}6}\right)^2$$

$= \mathbf{41{,}8 \times 10^3\ J.}$

La vitesse doit être exprimée en $\text{m} \cdot \text{s}^{-1}$.

• Énergie cinétique du parachutiste lorsqu'il touche le sol ($z = 0$) :

$$\mathbf{E_{c0}} = \frac{1}{2} m \cdot v_0^2 = \frac{1}{2} \times 93 \times 6^2 = \mathbf{1{,}67 \times 10^3\ J.}$$

3° • Énergie mécanique du parachutiste à $z_1 = 2\,000$ m :

$\boldsymbol{E_{m1}} = E_{c1} + E_{p1} = 0 + 1{,}86 \times 10^6$
$= \mathbf{1{,}86 \times 10^6}$ **J.**

• Énergie mécanique du parachutiste à $z_2 = 400$ m :

$\boldsymbol{E_{m2}} = E_{c2} + E_{p2}$
$= 41{,}8 \times 10^3 + 3{,}72 \times 10^5$
$= \mathbf{4{,}14 \times 10^5}$ **J.**

• Énergie mécanique du parachutiste lorsqu'il touche le sol :

$\boldsymbol{E_{m0}} = E_{c0} + E_{p0} = 1{,}67 \times 10^3 + 0$
$= \mathbf{1{,}67 \times 10^3}$ **J.**

4° a) Lors de la phase de chute libre, l'énergie mécanique varie de :

$\boldsymbol{E_{m2} - E_{m1} = -1{,}45 \times 10^6}$ **J.**

b) Lors de la descente, parachute ouvert, l'énergie mécanique varie de :

$\boldsymbol{E_{m0} - E_{m2}} = 1{,}67 \times 10^3 - 4{,}14 \times 10^5$
$= \mathbf{-4{,}12 \times 10^5}$ **J.**

c) **Dans chaque cas, l'énergie mécanique ne se conserve pas, mais diminue. Les frottements sont très importants.**

Ce sont des forces de frottement qui imposent une vitesse limite, que le parachute soit ouvert ou fermé. Toutefois, lorsque le parachute est ouvert, ces forces sont beaucoup plus importantes.

12 1° Puisqu'il n'y a pas de frottement, l'énergie mécanique est constante.

Le plan entre O et A étant horizontal, l'énergie potentielle ne varie pas. Il en est donc de même de l'énergie cinétique puisque $E_m = E_c + E_p$.

Le solide arrive en O à la vitesse :

$$\boldsymbol{v_0 = 6{,}3\ \mathrm{m \cdot s^{-1}}}.$$

2° Le mobile monte le long du plan incliné, puis redescend : **sa vitesse s'annule** donc au point le plus haut B.

3° • Déterminons l'énergie mécanique en O.

$$E_m(O) = E_c(O) + E_p(O),$$

avec $E_c(O) = \frac{1}{2} m \cdot v_0^2$ et $E_p(O) = 0$ en prenant l'origine de l'axe zz' en O.

Donc : $\boldsymbol{E_m(O) = \frac{1}{2} m \cdot v_0^2}$.

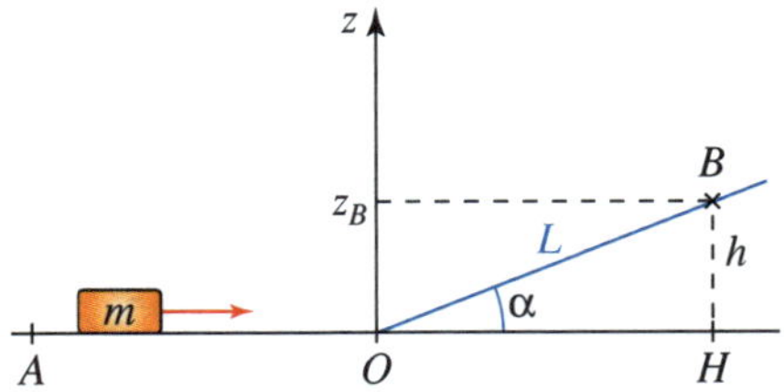

On ne peut pas faire l'application numérique, car la masse du solide n'est pas donnée.

• Déterminons l'énergie mécanique en B.

$E_m(B) = E_c(B) + E_p(B)$,

avec $E_c(B) = 0$, car la vitesse s'annule en B, et $E_p(B) = m \cdot g \cdot z_B = m \cdot g \cdot h$.

Exprimons $E_p(B)$ en fonction de L.

Dans le triangle rectangle OBH, nous avons : $\sin\alpha = \frac{BH}{OB} = \frac{h}{L}$;

donc : $h = L \cdot \sin\alpha$.

Finalement : $E_p(B) = m \cdot g \cdot L \cdot \sin\alpha$.

On en déduit : $\boldsymbol{E_m(B) = m \cdot g \cdot L \cdot \sin\alpha}$, puisque $E_c(B) = 0$.

• Écrivons maintenant le conservation de l'énergie mécanique, puisqu'il n'y a pas de frottement :

$E_m(O) = E_m(B)$

$\Leftrightarrow \frac{1}{2} m \cdot v_0^2 = m \cdot g \cdot L \cdot \sin\alpha$;

d'où : $L = \dfrac{\boldsymbol{v_0^2}}{\boldsymbol{(2g \cdot \sin\alpha)}}$.

Numériquement :

$$L = \frac{6{,}3^2}{2 \times 10 \times \sin 30°} = \mathbf{3{,}97\ m}.$$

La masse m n'intervient pas lorsqu'il n'y a pas de frottement.

Pour aller plus loin

13 1° D'après la courbe, l'énergie potentielle de la boule au départ ($t = 0$), est de 3,6 J. Cette boule est alors située à $h = 1{,}08$ m du niveau du sol.

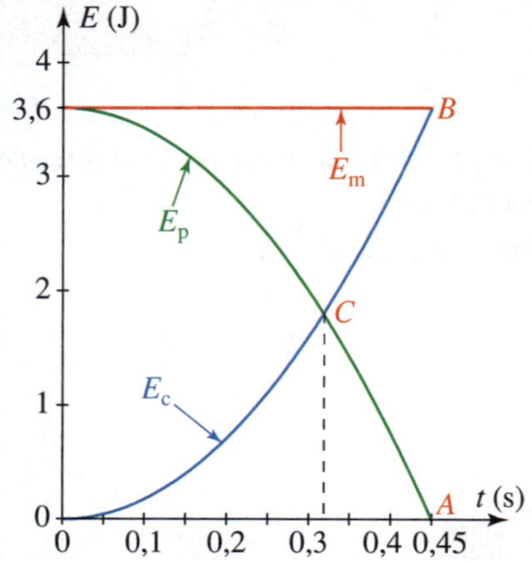

Son énergie potentielle de pesanteur est donnée par :

$\boldsymbol{E_p = m \cdot g \cdot z}$; or $z = h$, donc :

$$m = \frac{E_p}{g \cdot h}.$$

Numériquement :

$$\boldsymbol{m} = \frac{3,6}{9,8 \times 1,08} = 0,340 \text{ kg, soit } \mathbf{340 \text{ g}}.$$

Analyser l'enregistrement, pour déterminer la nature du mouvement.

2° Lorsque la bille arrive au niveau du sol, l'énergie potentielle de pesanteur est nulle. La durée de chute correspond donc à l'abscisse du point A : $\boldsymbol{t}$ **= 0,45 s**.

3° a) Initialement, **l'énergie cinétique est nulle : il en est donc de même de la vitesse initiale**.

b) Pour $t = 0,45$ s, l'énergie cinétique correspond à l'ordonnée du point B : 3,6 J.

$$E_c = \frac{1}{2} m \cdot v^2 \Leftrightarrow v = \left(\frac{2E_c}{m}\right)^{\frac{1}{2}}.$$

Numériquement :

$$v = \left(\frac{2 \times 3,6}{0,340}\right)^{\frac{1}{2}} = \mathbf{4,6 \ m \cdot s^{-1}}.$$

4° Lorsque l'énergie potentielle est égale à l'énergie cinétique, les deux courbes se croisent.

La date correspond à l'abscisse du point C : $\boldsymbol{t}$ **= 0,32 s**.

5° La courbe rouge relative à l'énergie mécanique est une portion de droite parallèle à l'axe des abscisses et d'ordonnée 3,6 J.

L'énergie mécanique est constante.

On peut donc en déduire que, **lors de ce mouvement, les frottements dus à l'air sont négligeables**.

14 1°

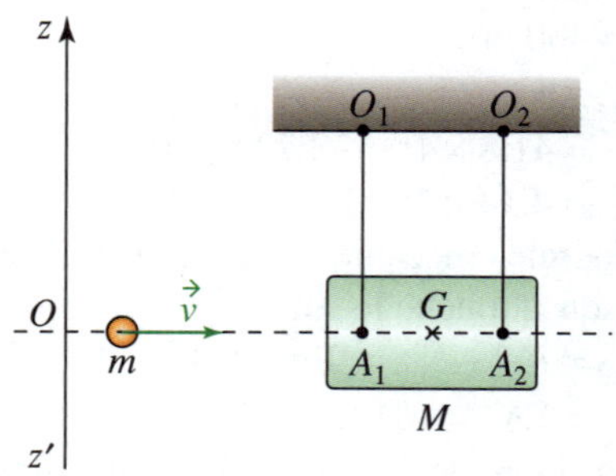

Figure 1 : avant le choc

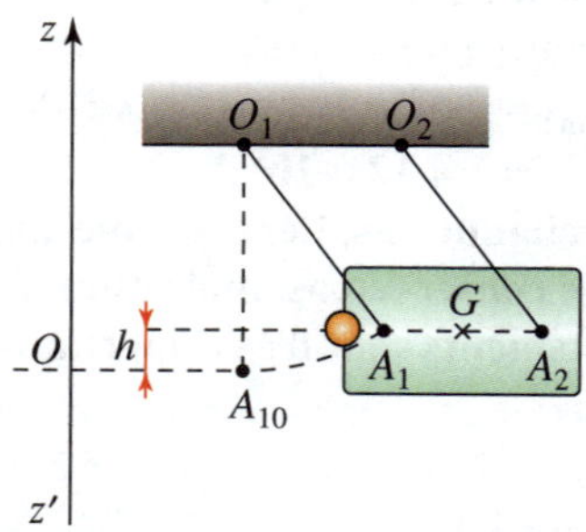

Figure 2 : après le choc

L'énergie mécanique du système est donnée par : $E_m = E_c + E_p$.

E_c est la somme de l'énergie cinétique de la balle et de celle du sac.

E_p est la somme de l'énergie potentielle de la balle et de celle du sac.

L'énergie cinétique du système se réduit à l'énergie cinétique de la balle, puisque le sac est immobile.

$$E_c = \frac{1}{2} m \cdot v^2 = \frac{1}{2} \times 0,036 \times 600^2$$

$$= 6,48 \times 10^3 \text{ J}.$$

Le choix de l'origine O de l'axe zz' impose que les énergies potentielles de la balle et du sac soient nulles : $E_p = 0$.

Donc : $\boldsymbol{E_m} = \mathbf{6,48 \times 10^3 \ J}$.

2° a) L'énergie mécanique du système est toujours donnée par : $E_m = E_c + E_p$.
La balle est incrustée dans le sac et l'ensemble a la vitesse v'. L'énergie cinétique de l'ensemble est donc :

$$E_c = \frac{1}{2}(m + M) \cdot v'^2$$
$$= \frac{1}{2} \times (0{,}036 + 15{,}8) \times 1{,}36^2$$
$$= 14{,}6 \text{ J.}$$

Le centre d'inertie de l'ensemble est toujours à $z = 0$; donc $E_p = 0$.
On en déduit $\boldsymbol{E_m = 14{,}6}$ **J**.

b) L'énergie mécanique ne se conserve pas : il faut tenir compte des frottements de la balle sur le sable qui doivent être la cause d'une élévation importante de température de la balle.

3° Le quadrilatère $A_1O_1O_2A_2$ (figure 2) qui a des côtés opposés égaux est un parallélogramme : A_1A_2 reste donc constamment parallèle à O_1O_2. Le mouvement du sac est donc une **translation**.

Une translation n'est pas toujours rectiligne : ici, le sac est en translation circulaire.

4° a) Lorsque le sac atteint la hauteur h maximale, sa vitesse s'annule.
L'énergie cinétique de l'ensemble est donc nulle : $E_c = 0$.
L'énergie potentielle de l'ensemble est $E_p = (m + M) \cdot g \cdot h$.
Donc : $E_m = E_c + E_p = (m + M) \cdot g \cdot h$.
Numériquement :

$$\boldsymbol{E_m} = (0{,}036 + 15{,}8) \times 9{,}8 \times 9{,}4 \times 10^{-2} = \mathbf{14{,}6\ J}.$$

b) Nous retrouvons la valeur de E_m juste après l'impact. **Cette phase du mouvement se fait donc sans frottement.**

L'interrogation écrite

15 **1° a)** À $t = 0$, l'énergie potentielle est minimale et l'énergie cinétique maximale. Puis l'énergie potentielle augmente et l'énergie cinétique diminue. La boule est donc lancée vers le haut : son altitude augmente, tandis que sa vitesse diminue.
Lorsque l'énergie potentielle est maximale ($t = 0{,}45$ s), la boule atteint son altitude maximale. Son énergie cinétique et donc sa vitesse sont minimales.
Ensuite, l'énergie potentielle diminue et l'énergie cinétique augmente : la boule redescend et sa vitesse augmente.

b) Si la boule était lancée rigoureusement vers le haut, à l'altitude maximale, sa vitesse s'annulerait et son énergie cinétique serait nulle. Or, ce n'est pas le cas : **la boule est lancée obliquement**.

2° a) L'énergie cinétique de la boule est donnée par :

$$E_c = \frac{1}{2} m \cdot v^2 \Leftrightarrow \boldsymbol{v} = \left(\frac{\mathbf{2}\boldsymbol{E_c}}{\boldsymbol{m}}\right)^{\frac{1}{2}}.$$

b) Initialement, en A, l'énergie cinétique est égale à environ 1,2 J.

$$\text{Donc : } \boldsymbol{v} = \left(2 \times \frac{1{,}2}{0{,}1}\right)^{\frac{1}{2}} = \mathbf{4{,}9\ m \cdot s^{-1}}.$$

3° a) La boule atteint le sommet S de sa trajectoire à $\boldsymbol{t} = \mathbf{0{,}45}$ **s**.

b) Un solide de masse m, dont le centre de gravité est situé à l'altitude z_G dans le champ de pesanteur, possède de **l'énergie potentielle** de pesanteur définie par la relation :

$$\boldsymbol{E_p = m \cdot g \cdot z_G}$$

L'altitude du centre de gravité est mesurée sur un **axe** $\boldsymbol{zz'}$ **vertical orienté vers le haut**.

Il faut revoir les définitions du cours.

c) Sur l'enregistrement, on lit :
$E_p(A) = 0{,}55$ J ; $E_p(S) = 1{,}55$ J.
La variation de l'énergie potentielle de la boule entre les points A et S est :

$$\boldsymbol{\Delta E_p} = E_p(S) - E_p(A) = 1{,}55 - 0{,}55 = \mathbf{1{,}0\ J}.$$

4° a) Sur l'enregistrement, on lit :
$E_c(A) = 1{,}20$ J ; $E_c(S) = 0{,}20$ J.

La variation d'énergie cinétique de la boule entre les points A et S est :

$\boldsymbol{\Delta E_c} = E_c(S) - E_c(A)$

$= 0{,}20 - 1{,}20 = \mathbf{-1{,}0\ J}$.

b) On constate que $\boldsymbol{\Delta E_p = -\Delta E_c}$.

c) $\Delta E_p - \Delta E_c \Leftrightarrow \Delta E_p + \Delta E_c = 0$, soit $\Delta E_m = 0$.

L'énergie mécanique se conserve. Les frottements sont négligeables au cours de ce mouvement. On constate d'ailleurs que **l'énergie mécanique est représentée par une droite parallèle à l'axe des abscisses, ce qui montre bien que l'énergie mécanique se conserve.**

CHAPITRE 10

Conservation de l'énergie

Comprendre

LE COURS

Sources d'énergie ► EXERCICE D'APPLICATION 4, p. 176

► Sources fossiles

• **Le charbon :** il y a des millions d'années, des forêts entières ont été enfouies sous la mer, puis recouvertes de sédiments. Les végétaux se sont alors lentement transformés, à l'abri de l'air, en une roche noire, riche en carbone : le charbon.

• **Le pétrole et le gaz naturel :** ils résultent de la décomposition, sous l'action de bactéries anaérobies, de substances organiques (plancton et micro-organismes) accumulées au fond de lagunes, il y a 60 millions d'années. Ce sont des hydrocarbures.

• Charbon, pétrole et gaz naturel sont appelés combustibles fossiles car issus de la fossilisation des êtres vivants. Ils n'existent qu'en quantité limitée.

► Sources nucléaires

La principale source d'énergie nucléaire est l'uranium. Il est utilisé dans les centrales nucléaires sous forme d'oxyde d'uranium UO_2 préparé à partir de minerais.

► Sources renouvelables

• **Le Soleil :** il est le siège de réactions nucléaires libérant une grande quantité d'énergie ; cette énergie nous parvient sous forme de rayonnement.

• **Le vent :** l'énergie du vent est appelée énergie éolienne.

• **La géothermie :** c'est l'énergie qui provient de l'écorce terrestre.

La géothermie à haute énergie est utilisée pour produire de l'électricité, généralement à partir de forages très profonds où de l'eau est injectée dans la roche très chaude : on récupère de la vapeur sous pression à des températures supérieures à 150 °C.

La géothermie basse énergie est utilisée pour le chauffage et la climatisation : elle utilise l'énergie thermique stockée dans le sous-sol.

• **La biomasse :** la matière vivante (végétale ou animale) susceptible de fournir de l'énergie constitue la biomasse : bois, canne à sucre, betterave, colza…

• **L'eau :** l'énergie hydraulique est la première énergie renouvelable utilisée en France.

▶ Unités

L'énergie se mesure avec diverses unités. Le **joule** est l'**unité légale** des physiciens. Le kilowattheure est l'unité employée dans l'habitat, l'électronvolt en physique nucléaire, le tep (tonne équivalent pétrole) ou le tec (tonne équivalent charbon) en économie.

1 kWh = $3{,}6 \times 10^6$ J ; 1 eV = $1{,}6 \times 10^{-19}$ J ; 1 tep = $4{,}2 \times 10^{10}$ J ; 1 tec = 0,69 tep.

Formes d'énergie ▶ EXERCICE D'APPLICATION 6 p. 176

En général, les sources d'énergie ne sont pas directement utilisables. L'Homme a inventé des machines, appelées convertisseurs, qui transforment l'énergie d'une forme en une autre. Par exemple, le moteur d'une automobile transforme en énergie mécanique l'énergie du pétrole.

On distingue deux principales formes d'énergie :

- **L'énergie mécanique :** c'est la somme de l'énergie cinétique macroscopique et de l'énergie potentielle de pesanteur : $E_m = E_c + E_p$ (voir *chapitre* 9).
- **L'énergie microscopique**, notée U_{mic}, qui comprend :

– **l'énergie microscopique** des molécules (agitation thermique) qui augmente avec la température ;

– **l'énergie potentielle d'interaction microscopiqu**e comprenant **l'énergie chimique** et **l'énergie nucléaire**.

Conservation de l'énergie ▶ EXERCICE D'APPLICATION 6, p. 176

▶ Énergie totale d'un système

L'énergie totale E d'un système est la somme de son énergie mécanique E_m et de son énergie microscopique U_{mic}.

$$E = E_m + U_{mic}$$

Il y a transfert d'énergie lorsque l'énergie passe d'un système à un autre système.

Ce transfert peut s'effectuer par travail mécanique, par travail électrique, par rayonnement ou par la chaleur (transfert thermique).

On constate que l'énergie est toujours conservée lorsqu'elle change de forme ou lors d'un transfert.

▶ Principe de conservation de l'énergie

On a posé en principe :

L'énergie totale d'un système isolé est constante.

▶ Rendement

- Le **rendement énergétique** est égal au rapport de l'énergie utile fournie et de l'énergie totale consommée :

$$\eta = \frac{E_{utile}}{E_{consommée}}$$

Un rendement n'a pas d'unité et, d'après le principe de conservation de l'énergie, un rendement est toujours inférieur à 1.

- L'énergie E fournie pendant une durée Δt et la puissance P mise en jeu sont liées par :

$$E = P \cdot \Delta t$$

avec E en Joule (J), P en watt (W) et Δt en seconde (s),
ou E en kilowattheure (kWh), P en kilowatt (kW) et Δt en heure (h).
Ainsi, on peut donc aussi écrire :

$$\eta = \frac{P_{\text{utile}}}{P_{\text{consommée}}}$$

Par exemple, pour un moteur électrique, la puissance utile est la puissance mécanique disponible sur l'arbre moteur, et la puissance consommée est la puissance électrique qu'on lui fournit.

Transport et stockage de l'énergie ► EXERCICE D'APPLICATION 7, p. 176

La relative facilité de stockage et de transport sur de grandes distances du charbon, du pétrole et du gaz a été un facteur primordial du développement de l'industrie depuis deux siècles. L'essor de l'automobile repose aussi sur la possibilité d'emporter avec soi assez de carburant pour parcourir plusieurs centaines de kilomètres.

Actuellement, l'énergie électrique a une grande importance car son transport peut s'effectuer très rapidement sur de grandes distances, en grande quantité et avec des pertes minimes (8 %).

LES DIFFICULTÉS DU CHAPITRE

Analyser une chaîne énergétique

Un panneau de cellules photovoltaïques alimente une batterie d'accumulateurs. Cette batterie fournit de l'énergie à un moteur électrique qui actionne une pompe remontant l'eau d'un puits.

Comment schématiser cette chaîne énergétique ?

Il faut identifier, de proche en proche, les formes (et sources) d'énergie, les convertisseurs et les transferts.

On schématise les réservoirs d'énergie par des rectangles, les convertisseurs par des cercles, les transferts par des flèches.

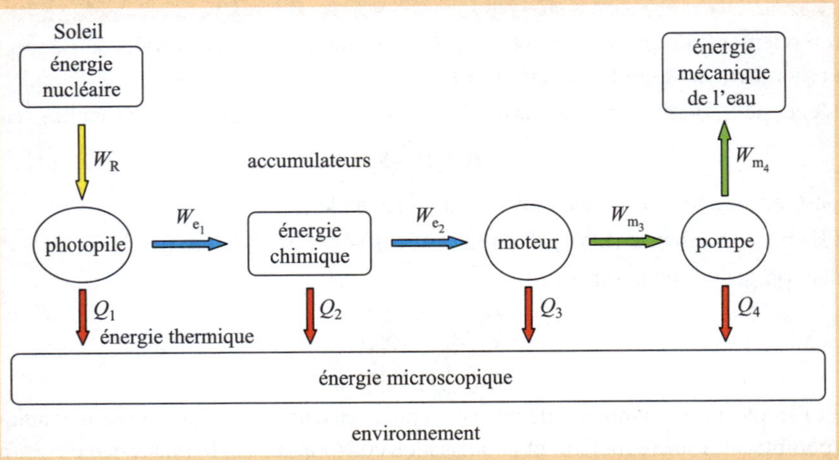

L'énergie nucléaire stockée dans le Soleil est convertie en énergie de rayonnement (W_R) qui parvient à une photopile. La photopile convertit une partie de cette énergie en énergie électrique W_{e_1}. L'énergie électrique W_{e_1} qui parvient à la batterie d'accumulateurs est stockée sous forme d'énergie chimique. La batterie convertit cette énergie chimique en énergie électrique W_{e_2} fournie au moteur qui la convertit en énergie mécanique W_{m_3} alimentant la pompe. La pompe fournit une partie de cette énergie mécanique à l'eau $(W_{m_4}.)$

Pour chacune des conversions, dans la photopile, les batteries d'accumulateurs, le moteur, la pompe, une partie de l'énergie est perdue sous forme de chaleur fournie à l'environnement (Q_1, Q_2, Q_3, Q_4).

Calculer un rendement

Rendement de la chaîne

L'énergie utile est l'énergie mécanique W_{m_4} fournie à l'eau du puits pour la remonter. L'énergie consommée que l'on fournit au début de la chaîne est l'énergie du rayonnement du Soleil reçue par le panneau de cellules : W_R.

Le rendement est : $\eta = \dfrac{W_{m_4}}{W_R}$.

EXERCICES

Tester ses connaissances

1 QCM 1 (corrigés p. 181)

Choisir les bonnes propositions.

1° Le courant électrique est :

a) une source d'énergie ; b) un transfert d'énergie ; c) un convertisseur d'énergie.

2° Un moteur est :

a) une source d'énergie ; b) un transfert d'énergie ; c) un convertisseur d'énergie.

3° L'eau d'un barrage est :

a) une source d'énergie ; b) un transfert d'énergie ; c) un convertisseur d'énergie.

4° La chaleur est :

a) une source d'énergie ; b) un transfert d'énergie ; c) un convertisseur d'énergie.

5° Le rayonnement est :

a) une source d'énergie ; b) un transfert d'énergie ; c) un convertisseur d'énergie.

6° Une cellule photovoltaïque est :

a) une source d'énergie ; b) un transfert d'énergie ; c) un convertisseur d'énergie.

2 QCM 2 (corrigés p. 181)

Parmi les affirmations suivantes, lesquelles sont vraies ? Corriger les fausses.

1° L'énergie mécanique est un transfert d'énergie.

2° Lorsqu'un corps reçoit de la chaleur, son énergie microscopique augmente.

3° Le gaz naturel est une source d'énergie renouvelable.

4° Lors d'un sprint cycliste au sommet d'une côte, l'énergie mécanique du cycliste augmente et on ne peut plus appliquer le principe de conservation de l'énergie.

5° Un accumulateur stocke de l'énergie microscopique.

3 QCM 3 (corrigés p. 181)

Parmi les affirmations suivantes, lesquelles sont vraies ?

1° Le rendement d'un bon moteur est de 1.

2° Une puissance s'exprime en kWh.

3° L'électronvolt est une unité d'énergie.

4° tep signifie « tonne équivalent pétrole ».

5° Le rendement d'un radiateur électrique est voisin de 1.

Maîtriser les méthodes

Les exercices de cette rubrique font appel aux méthodes de base, qu'il faut maîtriser. Ils font l'objet d'une correction guidée pas à pas, qui récapitule ces méthodes, pour mieux les mémoriser.

4 LES SOURCES D'ÉNERGIE

(corrigés p. 181)

La biomasse est aujourd'hui la première énergie renouvelable en France, après l'hydraulique. En 2009, la France a produit 11 984 ktep à partir de biomasse (bois énergie, biocarburants, biogaz et agrobiomasse) contre seulement 667 ktep éoliens et 66 ktep solaires (source INSEE).

1° Qu'est-ce qu'une énergie renouvelable ?

2° Quelle est la différence entre le biogaz et le gaz naturel ?

3° Quelle est la part de la biomasse dans l'ensemble [biomasse – éolien – solaire] ?

4° Exprimer ces énergies en kWh.

Données : 1 kWh = $3{,}6 \times 10^6$ J ; 1 tep = $4{,}2 \times 10^{10}$ J.

5 PRODUCTION DE L'ÉLECTRICITÉ

(corrigés p. 181)

Une grande éolienne de 3 MW produit annuellement une énergie électrique d'environ 5 millions de kilowattheures.

Le réacteur d'une centrale nucléaire fournit une puissance de 900 MW et fonctionne en moyenne 300 jours par an.

Combien faut-il d'éoliennes pour remplacer un seul réacteur nucléaire ?

Donnée : 1 kWh = $3{,}6 \times 10^6$ J.

6 ÉTUDE D'UNE CHAÎNE ÉNERGÉTIQUE

(corrigés p. 182)

L'eau d'un lac de barrage actionne une génératrice électrique. Celle-ci alimente un radiateur électrique. Compléter la schématisation de la chaîne énergétique.

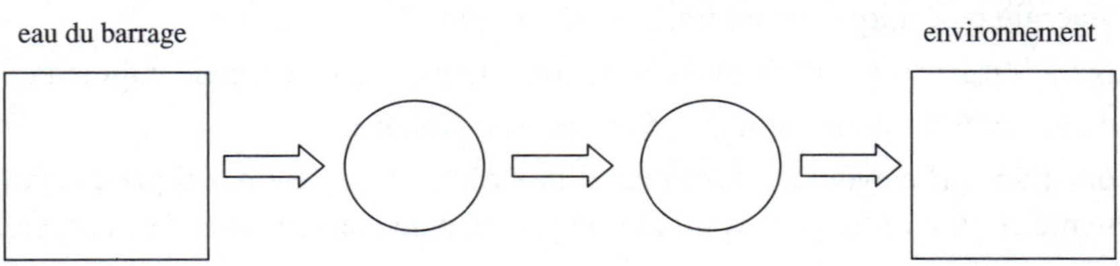

7 USINE DE POMPAGE

(corrigés p. 182)

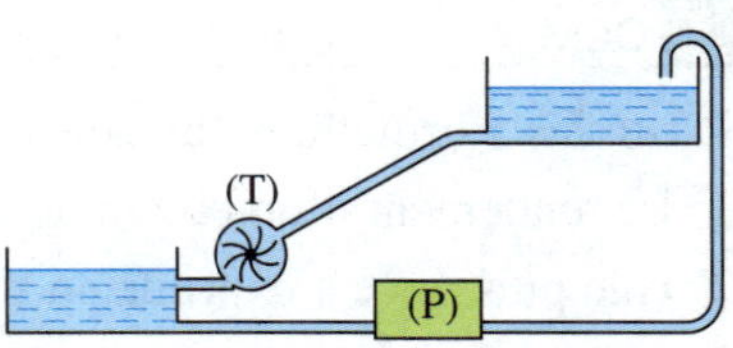

Le schéma ci-contre représente un type d'usine hydroélectrique, dit « de pompage », comportant deux réservoirs d'eau : l'un supérieur, l'autre inférieur.

Aux heures de grande demande en électricité sur le réseau, l'eau accumulée dans le bassin supérieur s'écoule vers le bassin inférieur et actionne la turbine (T) couplée à un alternateur produisant de l'électricité.

Aux heures creuses, la nuit, les pompes électriques (P) alimentées par le réseau, font remonter l'eau dans le bassin supérieur.

1° Sous quelle forme l'énergie est-elle mise en réserve dans le bassin supérieur ?

2° Quelle est la forme d'énergie acquise par l'eau arrivant sur la turbine ?

3° a) Globalement, une telle usine fournit-elle de l'énergie au réseau ?

b) Quel est son intérêt économique ?

8 RENDEMENT D'UNE TURBINE (corrigés p. 182)

Dans une centrale électrique, l'eau arrive sur une turbine à la vitesse $v = 15$ m · s^{-1}.
Le débit de l'eau dans la conduite est de $D = 4$ m^3.s^{-1}.
Cette turbine fournit une puissance mécanique de 400 kW au générateur électrique qui lui est couplé.
Quel est le rendement de cette turbine ?

S'entraîner

9 LES ÉNERGIES RENOUVELABLES POUR QUELS USAGES ? ★★ 6 min (corrigés p. 182)

Encouragés par des aides financières, et sensibilisés à leur intérêt, les Français font installer dans leur habitation principale des équipements qui utilisent des énergies renouvelables : plus de 500 000 foyers en 2008, le double qu'en 2005.

1° Indiquer dans le tableau ci-dessous, par une croix, les énergies renouvelables les mieux adaptées, pouvant être utilisées dans une habitation.

Utilisation / Énergie	Chauffage central	Eau chaude sanitaire	Éclairage	Production de froid
Éolienne				
Solaire photovoltaïque				
Solaire thermique				
Bois				
Géothermique				

2° Quelles sont les énergies renouvelables les plus polyvalentes pour une utilisation dans l'habitat ?

3° Quels sont alors les limites et inconvénients de ces énergies dans un usage exclusif dans l'habitat ?

10 SCHÉMATISATION D'UNE CHAÎNE ÉNERGÉTIQUE ★★ 12 min (corrigés p. 183)

Une lampe est alimentée par une cellule photovoltaïque.

1° Analyser la chaîne énergétique.

2° Schématiser cette chaîne énergétique.

11 MOTEUR DE MÉGANE® ★★ 8 min (corrigés p. 183)

Un moteur à essence d'une Mégane® reçoit une puissance thermique (fournie par la combustion de l'essence) de $2{,}1 \times 10^5$ W. Il transfère à l'environnement une puissance thermique de $1{,}3 \times 10^5$ W.

1° Déterminer la puissance mécanique fournie aux pistons. Justifier.

2° Calculer le rendement thermique η_Q de ce moteur.

3° Sachant que le rendement mécanique de la transmission est $\eta_T = 0{,}85$, déterminer la puissance P recueillie sur l'arbre moteur, en chevaux-vapeur (ch).
Donnée : 1 ch = 0,736 kW.

12 BILAN ÉNERGÉTIQUE TERRESTRE ★★ 6 min (corrigés p. 184)

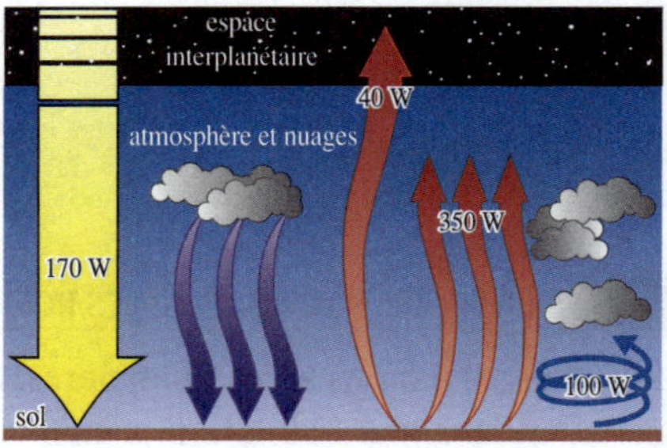

Le bilan énergétique terrestre est schématisé ci-contre pour un mètre carré du sol.
– 170 W : puissance du rayonnement solaire qui parvient à la surface de la Terre.
– 350 W : puissance du rayonnement infrarouge émis par le sol et absorbé par l'atmosphère.
– 40 W : partie de la puissance du rayonnement infrarouge émis par le sol quittant définitivement la Terre.
– 100 W : puissance fournie à l'eau liquide sur la Terre pour la vaporiser et puissance cédée par le sol à l'air ambiant (moins chaud que le sol).
La Terre reçoit continuellement de l'énergie en provenance du Soleil ; pourtant, sa température moyenne reste constante.

1° Pourquoi l'énergie totale du sol peut-elle être considérée comme constante ?

2° Déterminer la valeur, non indiquée sur le schéma, correspondant à la puissance reçue par le sol et provenant du rayonnement infrarouge émis par le système {atmosphère-nuages}.

Pour aller plus loin

13 ÉNERGIE SOLAIRE ★★★ 10 min (corrigés p. 184)

Un panneau de cellules photovoltaïques a une surface réceptrice de 4 m^2. Son taux de conversion de l'énergie solaire en énergie électrique disponible est de 15 %. Il est installé au Sahel où le rayonnement solaire apporte, en moyenne au cours de la journée, une puissance de 0,9 $kW \cdot m^{-2}$.

1° Quelle est l'énergie électrique fournie journellement pour une moyenne d'éclairement de 12 heures ?

2° La consommation énergétique journalière d'une famille correspond à la combustion, sans perte, de 2 kg de bois. Le pouvoir calorifique du bois est de 13 MJ · kg^{-1}.
a) Calculer la quantité d'énergie correspondante.
b) La comparer à la valeur obtenue à la question 2°.

3° Pourquoi ces cellules sont-elles couplées à une batterie d'accumulateurs ?

14 POMPE À CHALEUR ★★★ 10 min (corrigés p. 184)

Une pompe à chaleur prélève de l'énergie thermique à une source froide (l'extérieur) et fournit de l'énergie thermique à une source chaude (l'intérieur d'une habitation). Le compresseur de la pompe à chaleur reçoit le travail mécanique nécessaire à la réalisation de ces transferts.

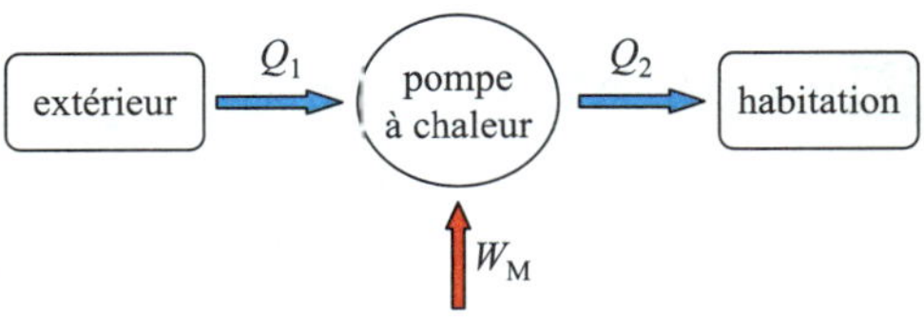

1° Quelles sont les significations de Q_1, Q_2 et W_M ?
2° Écrire la relation entre ces trois grandeurs. Justifier.
3° Le coefficient de performance (CP) de la pompe à chaleur est défini par :

$$\text{CP} = \frac{Q_2}{W_M}.$$

Justifier cette expression.

4° Une pompe à chaleur est équipée d'un compresseur de puissance mécanique $P_M = 3$ kW. Son coefficient de performance CP est voisin de 3.
Quelle est la puissance thermique apportée à l'habitation ?

15 LE RÉFRIGÉRATEUR À COMPRESSEUR ★★★★ 12 min (corrigés p. 184)

Le schéma ci-après donne le principe de fonctionnement d'un réfrigérateur domestique (réfrigérateur à compresseur).

1° À la sortie du détendeur (point *A* sur le schéma), le fluide, liquide, est conduit dans l'évaporateur situé à l'intérieur du réfrigérateur, où il devient gazeux par évaporation.
La vaporisation du fluide s'accompagne d'un transfert thermique Q_1.
a) Le fluide cède-t-il ou reçoit-il de la chaleur ?
b) Avec quel système y a-t-il transfert de chaleur ? Quelle en est la conséquence ?

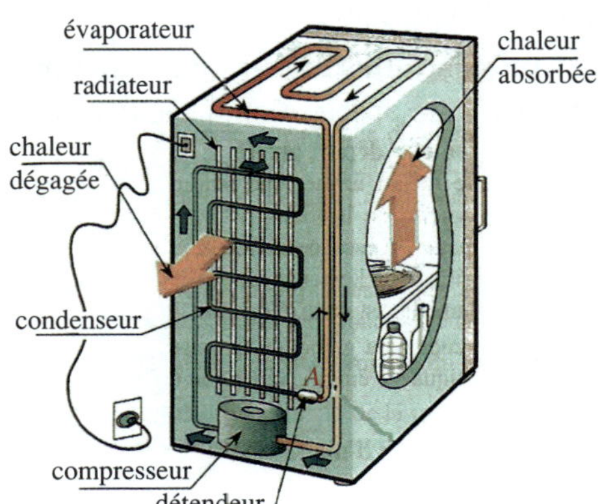

2° À la sortie de l'évaporateur, le fluide est comprimé dans le compresseur situé à l'extérieur du réfrigérateur. Le compresseur fournit au fluide le travail W_m et reçoit l'énergie électrique W_e.
Donner l'expression du rendement η_c du compresseur.

3° À la sortie du compresseur, le fluide se condense et se refroidit.
À quel système le fluide cède-t-il la quantité de chaleur Q_2 ?

4° À la sortie du condenseur, le fluide parvient au détendeur et sort de celui-ci dans le même état qu'à la question **1°** et le cycle recommence.
En appliquant le principe de conservation de l'énergie, écrire la relation entre Q_1, Q_2, et W_m, puis entre Q_1, Q_2, W_e et η_c.

5° Dans un réfrigérateur, le débit du fluide, du fréon 12, est de 1 kg par heure. Ce fluide cède à l'extérieur, dans le condenseur, 122 kJ par heure. Le compresseur fournit au fluide une énergie mécanique de 30 kJ par heure.
Calculer la quantité de chaleur prélevée par heure à l'intérieur du réfrigérateur.

L'interrogation écrite

16 LE MOTEUR CHAUFFE ! 20 min *(corrigés p. 185)*

Le moteur électrique d'un tournevis sans fil, alimenté par une batterie rechargeable et de puissance électrique consommée 285 W, fournit une puissance mécanique utilisable (ou puissance utile) P_u de 170 W.
On utilise cet outil pour insérer une vis dans une cheville. L'opération dure 4 s.

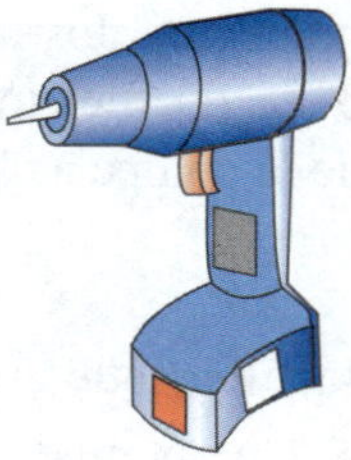

1° Sous quelle forme est l'énergie dans la batterie ?

2° a) Quel est le rôle du moteur électrique ?
b) Schématiser la chaîne énergétique.

3° Quelle est l'énergie électrique consommée durant cette opération ?

4° Quel est le travail effectué par l'outil pour insérer la vis ?

5° a) Définir le rendement du moteur électrique.
b) Calculer ce rendement.
c) Ce résultat peut-il être trouvé avec les seules valeurs des puissances données en début d'énoncé de l'exercice ?

6° Après une utilisation de quelques minutes, on constate que le moteur s'échauffe. Justifier cette observation. Calculer l'énergie correspondante.

CORRIGÉS

Tester ses connaissances

1 Affirmations **vraies** : **1° b) ; 2° c) ; 3° a) ; 4° b) ; 5° b) ; 6° c)**.

2 1° **Faux**. L'énergie mécanique est une forme d'énergie.

2° **Vrai**.

3° **Faux**. Le gaz naturel est une source d'énergie fossile.

4° **Faux**. Le principe de conservation de l'énergie s'applique toujours.

5° **Vrai**.

3 Affirmations vraies : **3°, 4° et 5°**.

Maîtriser les méthodes

4 1° **Une énergie renouvelable est une source d'énergie inépuisable** (Soleil) **ou qui se renouvelle à l'échelle humaine**.

2° **Le biogaz est une source d'énergie renouvelable** car il est fabriqué à partir de végétaux.
Le gaz naturel est une source d'énergie fossile.

3° **Part de la biomasse :**

$$\frac{11\,984}{11\,984 + 667 + 66} = 0{,}94 \text{ soit } \mathbf{94\ \%}.$$

4° On a 1 ktep = 10^3 tep

$= 10^3 \times 4{,}2 \times 10^{10}$ J $= 4{,}2 \times 10^{13}$ J ;

soit $4{,}2 \times 10^{13} \text{ J} = \dfrac{4{,}2 \times 10^{13}}{3{,}6 \times 10^6}$

$\approx 1{,}2 \times 10^7$ kWh.

Ainsi :

11 984 ktep ≈ $1{,}4 \times 10^{11}$ kWh ;

667 ktep ≈ $8{,}0 \times 10^9$ kWh ;

66 ktep ≈ $7{,}9 \times 10^8$ kWh.

Exercice 4 : conseils à retenir

• Pour les questions 1° et 2° : il est indispensable de bien apprendre son cours et de retenir les définitions.
• Pour la question 3° : la « part » est une fraction de l'unité que l'on peut exprimer en pourcentage.

5 • Un réacteur nucléaire, de puissance P, fournit pendant une durée Δt une énergie $E = P \cdot \Delta t$,

avec $P = 900$ MW $= 9{,}00 \times 10^2 \times 10^6$

$= 9{,}00 \times 10^8$ W,

et

$\Delta t = 3\,600 \times 24 \times 300 = 2{,}59 \times 10^7$ s.

Donc :

$E = 9{,}00 \times 10^8 \times 2{,}59 \times 10^7 = 2{,}33 \times 10^{16}$ J ;

soit, en kWh :

$$E = \frac{2{,}33 \times 10^{16}}{3{,}6 \times 10^6} = 6{,}5 \times 10^9 \text{ kWh}.$$

• Une éolienne fournit une énergie de 5×10^6 kWh.

• **Pour remplacer un seul réacteur nucléaire, il faut** donc :

$$\frac{6{,}5 \times 10^9}{5 \times 10^6} = 1\,300 \text{ éoliennes},$$

soit **environ 1 300 éoliennes**.

Exercice 5 : conseils à retenir

• La donnée dans l'énoncé de la puissance de l'éolienne, 3 MW, ne sert pas à répondre à la question posée.
• Il ne faut pas confondre puissance et énergie : on doit calculer l'énergie produite par an par un réacteur nucléaire.
• On prend soin d'exprimer les résultats des calculs en puissance de dix en ne gardant que trois chiffres significatifs.

cours exercices interro corrigés

6

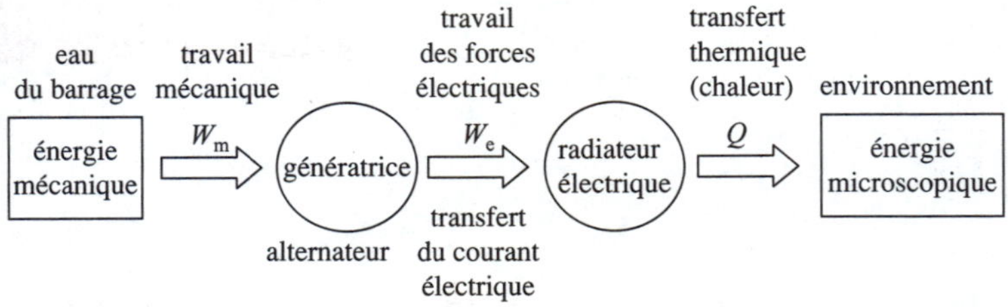

Exercice 6 : conseils à retenir

Revoir la rubrique « Les difficultés du chapitre ».
Attention à ne pas confondre source d'énergie, forme d'énergie, transfert d'énergie et convertisseur d'énergie.

7 1° **L'énergie est mise en réserve** dans le bassin supérieur **sous forme d'énergie potentielle de pesanteur**.

2° **L'eau arrivant sur la turbine possède de l'énergie cinétique.**

3° a) Globalement, **une telle usine ne fournit pas de l'énergie au réseau**. L'énergie nécessaire pour faire monter l'eau dans le réservoir supérieur est, en principe, récupérée lors de la descente dans le réservoir inférieur. En fait, il y a des pertes thermiques lors du frottement de l'eau sur les tuyaux et dans les moteurs.

b) Son intérêt économique : comme on ne peut pas arrêter les centrales nucléaires la nuit, **on utilise l'énergie bon marché** qu'elles produisent à ce moment-là (le tarif heures creuses est nettement plus bas que le plein tarif) **pour remonter de l'eau. Cette eau sera utilisée pour produire de l'électricité plein tarif**. C'est ainsi que la Suisse nous achète de l'électricité la nuit pour des usines de pompage et la revend à l'Italie, le jour, plein tarif.

Exercice 7 : conseils à retenir

- Pour les questions 1° et 2° : revoir le *chapitre* 9.
- Pour la question 3° a) : le rendement de la turbine et le rendement de la pompe sont inférieurs à 1, car il y a de l'énergie dissipée sous forme de chaleur. Cela est conforme au principe de conservation de l'énergie.

8 Calculons la masse d'eau arrivant chaque seconde sur les pales de la turbine. La masse d'un mètre cube d'eau étant de 1 000 kg, il y a chaque seconde une masse m = 4 000 kg qui arrive sur la turbine.

Cette masse possède l'énergie cinétique :

$$E_c = \frac{1}{2}m \cdot v^2 = \frac{1}{2} \times 4\,000 \times 15^2,$$

soit E_c = 450 kJ.

Cette énergie mécanique est reçue chaque seconde par la turbine : elle correspond à la puissance mécanique P_m reçue :

$$P_m = 450 \text{ kW}.$$

Le rendement de la turbine est :

$$\eta = \frac{\boldsymbol{P_u}}{\boldsymbol{P_{\text{reçue}}}}.$$

Or l'énoncé nous donne la puissance utile qui est la puissance fournie au générateur électrique : P_u= 400 kW.

On a vu que la puissance reçue est P_m = 450 kW,

d'où $\eta = \frac{400}{450} = \mathbf{0,89}$ soit 90 % environ.

Exercice 8 : conseils à retenir

- On a $E = P \cdot \Delta t$; si Δt = 1 s, E et P s'expriment par le même nombre. Si E est en joule, la puissance est en watt ; si E est en kJ, la puissance est en kW.
- Certains exercices peuvent faire appel à des connaissances antérieures : ici, l'expression de l'énergie cinétique a été vue au chapitre précédent.

S'entraîner

9 1°

Apprendre le cours et retenir les différentes sources d'énergie.

Énergie \ Utilisation	Chauffage central	Eau chaude sanitaire	Éclairage	Production de froid
Éolienne		×	×	×
Solaire photovoltaïque		×	×	×
Solaire thermique	×	×		
Bois	×	×		
Géothermie	×	×		

2° **Les énergies solaire et éolienne permettent de satisfaire tous les usages de l'énergie dans la maison** (chauffage, électroménager, éclairage…).

3° Les limites de la production de l'énergie électrique : **l'éolien et le photovoltaïque sont liés au climat** (vent et soleil) **et à l'alternance jour/nuit. L'énergie n'est pas** nécessairement **disponible lorsque l'on en a le plus besoin**. De plus, **la quantité d'énergie produite**, en particulier **par le photovoltaïque, est insuffisante en regard des besoins** de chauffage **d'une maison**.

10 1° **Réservoir d'énergie** : le Soleil.

Convertisseurs :

– la cellule photovoltaïque qui convertit le rayonnement solaire en énergie électrique ;

– la lampe qui convertit l'énergie électrique reçue (on dit : un transfert de travail électrique) en rayonnement et chaleur.

Transferts d'énergie :

– rayonnement W_R entre le Soleil et la cellule ;

– travail électrique W_e entre la cellule et la lampe ;

– rayonnement W_R et chaleur Q entre la lampe et le milieu extérieur (environnement).

Ne pas confondre source d'énergie, forme d'énergie, transfert d'énergie et convertisseur d'énergie.

2° Schématisation de la chaîne énergétique :

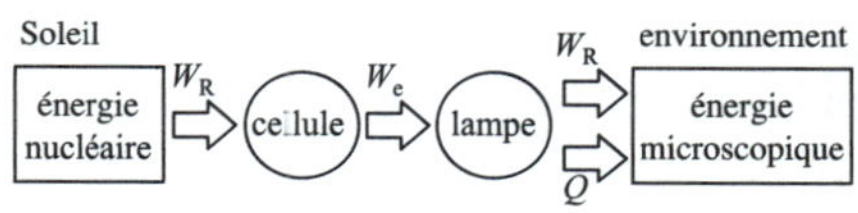

Pour cette question, revoir la rubrique « Les difficultés du chapitre ».

11 1° Schématisons le moteur qui est un convertisseur d'énergie :

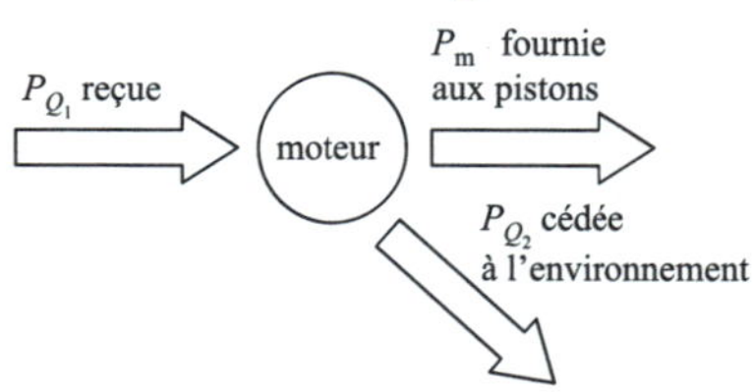

D'après le principe de conservation de l'énergie, on a :

P_{Q_1} (reçue) = P_m (fournie aux pistons) + P_{Q_2} (cédée à l'environnement).

Donc : $P_m = P_{Q_1} - P_{Q_2}$.

Numériquement :

$\boldsymbol{P_m} = 2{,}1 \times 10^5 - 1{,}3 \times 10^5 = \mathbf{8 \times 10^4\ W}$.

Le principe de conservation de l'énergie implique la conservation de la puissance.

2° Le rendement est défini par :

$$\eta_Q = \frac{P_m}{P_{Q_1}}.$$

Numériquement :

$$\eta_Q = \frac{8 \times 10^4}{2{,}1 \times 10^5} = \mathbf{0{,}38} \text{ soit } 38\ \%.$$

3° La puissance P recueillie sur l'arbre est : $\boldsymbol{P = \eta_T \cdot P_m}$.

cours
exercices
interro
corrigés

Numériquement :

$$P = 0{,}85 \times 8 \times 10^4 = \mathbf{68\ kW},$$

soit, en chevaux-vapeur :

$$P = \frac{68}{0{,}736} = \mathbf{92\ ch}.$$

On peut remarquer que : $P = \eta_Q \cdot \eta_T \cdot P_m$.
Le cheval-vapeur est une unité de puissance couramment utilisée en automobile.

12 1° **L'énergie totale du sol peut être considérée comme constante car la température moyenne ne varie pas d'une année sur l'autre.**

2° Le principe de conservation de l'énergie permet d'écrire que la puissance totale reçue par le sol est égale à la puissance totale émise par le sol. Cela se traduit par l'équation suivante, en appelant x la puissance cherchée :

$$170 + x = 40 + 350 + 100 \Leftrightarrow \mathbf{x = 320\ W}.$$

Le principe de conservation de l'énergie implique la conservation de la puissance.

Pour aller plus loin

13 1° La puissance électrique disponible est :

$$P_e = 0{,}9 \times 0{,}15 \times 4 = 0{,}54\ \text{kW}.$$

0,9 kW · m^{-2} signifie que chaque mètre carré du panneau reçoit une puissance de 0,9 kW. Pour trouver la puissance totale reçue, il faut donc multiplier la donnée précédente par la surface du panneau.

L'énergie électrique fournie journellement est : $\mathbf{W_e = P_e \cdot \Delta t}$.

$W_e = 0{,}54 \times 12 = 6{,}5$ kWh ;

$\mathbf{W_e} = 6{,}5 \times 3{,}6 \times 10^6 = \mathbf{2{,}3 \times 10^7\ J}$.

2° a) La consommation énergétique d'une famille est : $E = 13 \times 2 = 26$ MJ, soit **2,6 × 10⁷ J**.

b) **L'énergie fournie par le panneau est comparable aux besoins énergétiques d'une famille.**

3° Les cellules sont couplées à une batterie d'accumulateurs pour stocker cette énergie et pouvoir en utiliser la nuit, par exemple.

14 1° **Q_1 est l'énergie thermique prélevée à l'extérieur** (air ou eau).

Q_2 est l'énergie thermique transférée à l'intérieur de l'habitation.

W_M est le travail mécanique reçu par le compresseur de la pompe à chaleur.

2° La pompe à chaleur reçoit les énergies $Q_1 + W_M$ et libère l'énergie Q_2. Le principe de conservation de l'énergie permet d'écrire :

$$\mathbf{Q_1 + W_M = Q_2}.$$

3° **Le CP est le rapport entre l'énergie utile Q_2 et le travail W_M fourni pour récupérer cette énergie.**

En effet, l'énergie Q_1, puisée par la pompe à chaleur à l'extérieur de l'habitation, gratuite et inépuisable, n'est pas prise en compte dans le calcul de ce coefficient. Le CP ne tient compte que de l'énergie utile fournie (Q_2) et de l'énergie qu'il faut payer pour faire fonctionner la pompe à chaleur, soit W_M.

4° Le coefficient de performance peut aussi s'écrire en termes de puissance, en ramenant les énergies échangées pendant l'unité de temps : $\mathbf{CP = \frac{P_2}{P_M}}$.

P_2 est la puissance thermique apportée à l'habitation.

Numériquement : avec $P_M = 3$ kW et CP = 3, on obtient $\mathbf{P_2 = 9\ kW}$.

Le CP n'est pas un rendement et sa valeur peut être supérieure à 1.

15 1° a) **Le fluide reçoit la quantité de chaleur Q_1** pour se vaporiser.

Pour vaporiser un liquide (passage de l'état liquide à l'état gazeux), il faut lui fournir de l'énergie thermique.

b) **Il y a transfert de chaleur avec l'air** qui est **à l'intérieur du réfrigérateur : cet air**, qui cède de la chaleur, **se refroidit**.

2° $\mathbf{\eta_c = \frac{W_m}{W_e}}$.

3° **Le fluide cède la quantité de chaleur Q_2 à l'air de la pièce où est placé le réfrigérateur** (environnement). Cet air s'échauffe.

Lorsqu'un gaz se liquéfie (condensation), il cède de l'énergie thermique à l'environnement.

4° Comme le fluide se retrouve dans le même état après un cycle, son énergie n'a pas varié. Les échanges d'énergie que le fluide a pu avoir avec le milieu extérieur au cours du cycle se compensent donc. Écrivons que l'énergie reçue par le fluide est égale à celle cédée par le fluide au milieu extérieur :
– le fluide reçoit : Q_1, W_m ;
– le fluide cède : Q_2 ;
d'où : $Q_1 + W_m = Q_2$.
Or, on a : $W_m = \eta_c \cdot W_e$,
donc : $\boldsymbol{Q_1 + \eta_c \cdot W_e = Q_2}$.
5° L'énoncé nous donne $Q_2 = 122$ kJ et $W_m = 30$ kJ.
On déduit de la question précédente la quantité de chaleur Q_1 prélevée par le fluide à l'intérieur du réfrigérateur :
on a $Q_1 + W_m = Q_2$,
d'où $\boldsymbol{Q_1} = Q_2 - W_m = 122 - 30 = \mathbf{92\ kJ}$.

L'interrogation écrite

16 **1°** **Dans la batterie, l'énergie est sous forme chimique.**
2° a) **Le moteur électrique est un convertisseur d'énergie** : il convertit l'énergie électrique reçue en énergie mécanique.
b) Schématisation de la chaîne énergétique :

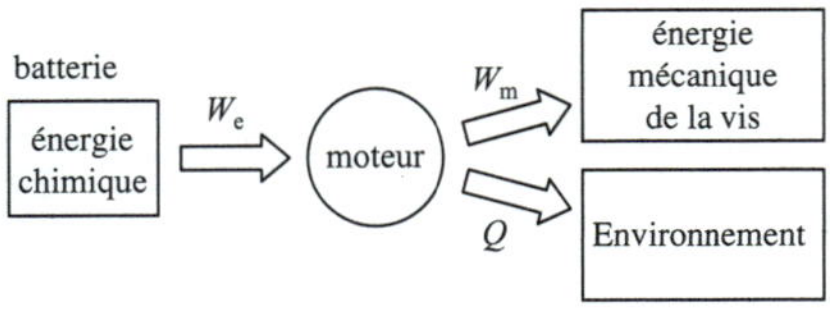

3° L'énergie électrique consommée est :

$$\boldsymbol{W_e = P_e \cdot \Delta t},$$

avec $P_e = 285$ W ; $\Delta t = 4$ s.
Numériquement :

$$W_e = 285 \times 4 = \mathbf{1\ 140\ J}.$$

4° Le travail pour insérer la vis dans la cheville est : $\boldsymbol{W_u = P_u \cdot \Delta t}$.
Numériquement :

$$W_u = 170 \times 4 = \mathbf{680\ J}.$$

5° a) **Le rendement est le rapport entre l'énergie utile fournie et l'énergie** (électrique) **reçue** :

$$\eta = \frac{W_u}{W_e}.$$

b) $\eta = \dfrac{680}{1\ 140} = \mathbf{0{,}60}$ soit 60 %.

c) On peut aussi utiliser les données de l'énoncé et définir le rendement par :

$$\eta = \frac{P_u}{P_e}.$$

$$\eta = \frac{170}{285} = \mathbf{0{,}60}.$$

6° Il y transfert d'énergie par chaleur.
En effet, le principe de conservation de l'énergie implique :

$$W_e = W_m + Q \Leftrightarrow Q = W_e - W_m.$$

Numériquement :

$$Q = 1\ 140 - 680 = \mathbf{460\ J}.$$

CHAPITRE 11

Conversion d'énergie dans un récepteur, un générateur

Agir

LE COURS

Énergie électrique reçue par un récepteur ▶ EXERCICE D'APPLICATION 7, p. 193

Un récepteur convertit l'énergie électrique reçue en énergie interne avec transfert thermique vers l'extérieur (résistance), en énergie mécanique (moteur) ou en énergie chimique (électrolyseur ou accumulateur).

▶ Puissance électrique transférée à un récepteur alimenté en courant continu

Lorsqu'un récepteur, de bornes A et B, est traversé par un courant de A vers B, d'intensité I, la tension U_{AB} est positive et la puissance électrique qui est transférée au récepteur est :

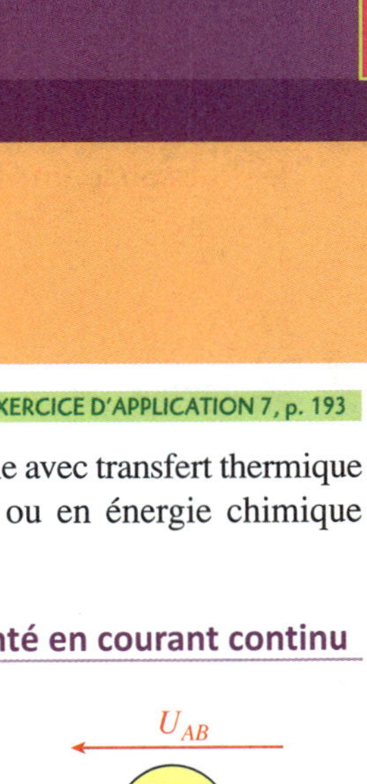

$$P = U_{AB} \cdot I$$

avec P en watt (W), U en volt (V) et I en ampère (A).

▶ Énergie électrique reçue par un récepteur

$$W_e = P \cdot \Delta t = U_{AB} \cdot I \cdot \Delta t$$

avec W_e en joule (J), P en watt (W) et Δt en seconde (s).
Autres unités d'énergie : le wattheure (Wh) : 1 W · h = 3 600 J ;
le kilowattheure (kWh) : 1 kWh = $3{,}6 \times 10^6$ J.

Effet Joule ▶ EXERCICE D'APPLICATION 8, p. 193

L'effet Joule est la conversion de l'énergie électrique en énergie interne dans un conducteur ohmique (appelé couramment « résistance »). Cette énergie est cédée à l'environnement par transfert thermique (chaleur) et rayonnement.

▶ Loi d'Ohm

La caractéristique intensité-tension (courbe représentant les variations de la tension en fonction de l'intensité) d'un conducteur ohmique est une droite passant par l'origine et a pour équation :

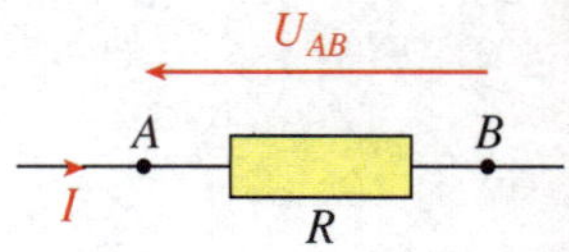

$$U_{AB} = R \cdot I$$

avec U_{AB} en volt (V), R en ohm (Ω) et I en ampère (A).
R est la résistance du conducteur ohmique.

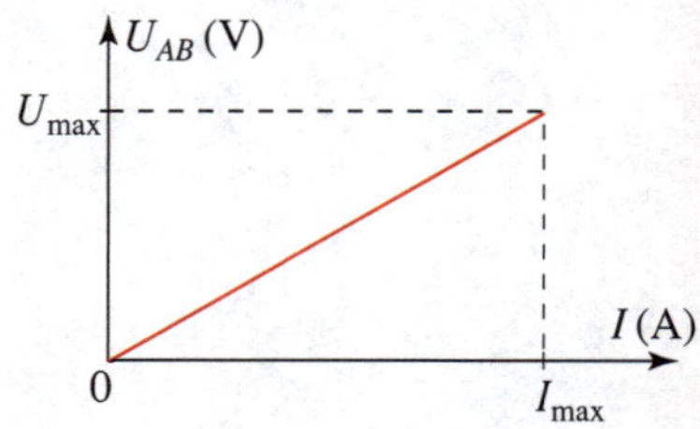

▶ Puissance Joule

$$P = R \cdot I^2 = \frac{U^2_{AB}}{R}$$

▶ Énergie Joule

$$W_e = W_j = R \cdot I^2 \cdot \Delta t$$

Pour les conducteurs ohmiques fonctionnant en courant alternatif, la puissance Joule est donnée par les relations :

$$P = R \cdot I^2 \text{ ou } P = \frac{U^2}{R}$$

La loi d'Ohm et la loi de Joule sont les mêmes en courant alternatif qu'en courant continu à condition de prendre les valeurs efficaces du courant et de la tension :

$$U = R \,.\, I \quad \text{et} \quad P = R \cdot I^2,$$

avec I l'intensité efficace du courant et U la tension efficace, mesurées avec un multimètre en mode alternatif.

Bilan énergétique dans un récepteur alimenté en courant continu

▶ EXERCICE D'APPLICATION 5, p. 192

• Un récepteur, autre qu'un conducteur ohmique, convertit une partie de l'énergie électrique qu'il reçoit en énergie mécanique (moteur) ou en énergie chimique (électrolyseur), l'autre partie étant dissipée par effet Joule.

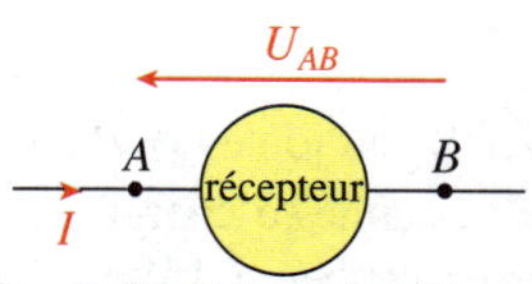

$U_{AB} > 0$; P_e(reçue) $= U_{AB} \cdot I$

Un tel récepteur, de bornes A et B, est caractérisé par deux paramètres :
– sa résistance interne r,
– sa force électromotrice (f.é.m.) E.

Sa caractéristique intensité-tension a pour équation :

$$U_{AB} = r \cdot I + E$$

● On peut écrire cette équation : $U_{AB} \cdot I = r \cdot I^2 + E \cdot I$.
$P_e = U_{AB} \cdot I$ est la puissance électrique reçue par le récepteur.
$P_j = r \cdot I^2$ est la puissance dissipée par effet Joule dans le récepteur.
$E \cdot I$ est la puissance mécanique (P_m) du moteur ou la puissance chimique (P_{ch}) pour un électrolyseur.
Ces résultats sont conformes au principe de conservation de l'énergie :
Pour un moteur : $P_e = P_m + P_J$.
Pour un électrolyseur : $P_e = P_{ch} + P_J$.

Bilan énergétique dans un générateur continu

▶ EXERCICE D'APPLICATION 6, p. 193

● Un générateur électrochimique (pile, accumulateur) convertit une puissance chimique en puissance électrique, l'autre partie étant dissipée par effet Joule.
Un générateur électromécanique (dynamo, alternateur) convertit une puissance mécanique en une puissance électrique, l'autre partie étant dissipée par effet Joule.
Tout générateur a une borne positive P et négative N ; il est caractérisé par deux paramètres :
– sa résistance interne r,
– sa force électromotrice (f.é.m.) E.
Sa caractéristique intensité-tension a pour équation :

$$\boldsymbol{U_{PN} = E - r \cdot I}$$

● On peut écrire cette équation :

$$U_{PN} \cdot I = E \cdot I - r \cdot I^2,$$

soit : $E \cdot I = r \cdot I^2 + U_{PN} \cdot I$.
$E \cdot I$ est la puissance (chimique pour un générateur électrochimique, mécanique pour un générateur électromécanique) convertie en puissance électrique.

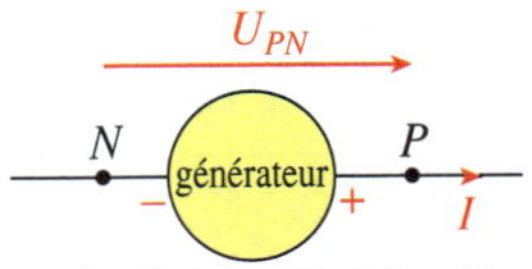

$U_{PN} > 0$; P_e(transférée) = $U_{PN} \cdot I$

$P_j = r \cdot I^2$ est la puissance dissipée par effet Joule dans le générateur.
$P_e = U_{PN} \cdot I$ est la puissance électrique transférée au circuit extérieur.
Ces résultats sont conformes au principe de conservation de l'énergie :
Pour un générateur électrochimique : $P_{ch} = P_J + P_e$.
Pour un générateur électromécanique : $P_m = P_J + P_e$.
L'énergie électrique fournie au circuit par le générateur pendant une durée Δt est égale à :

$$\boldsymbol{W_e = P_e \cdot \Delta t = U_{PN} \cdot I \cdot \Delta t}$$

Elle se mesure en joule (J) ou en kilowattheure (kWh).

LA DIFFICULTÉ DU CHAPITRE

L'algébrisation de la tension et sa mesure

Récepteur

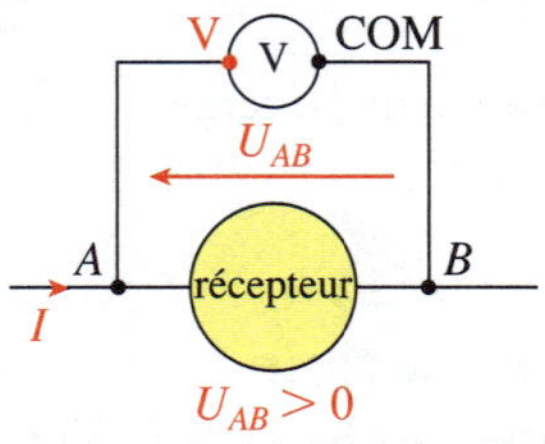

V ↔ A ; COM ↔ B :

on mesure la tension U_{AB}

La borne COM est reliée à la borne par où entre le courant dans le récepteur :

la tension mesurée est positive : $U_{AB} > 0$.

Si on inverse les branchements du voltmètre, le voltmètre mesure $U_{BA} < 0$.

La tension U_{AB} est représentée par un segment fléché, la pointe de la flèche dirigée vers la borne A.

La flèche relative à la tension U_{AB} est de sens opposé à la flèche indiquant le sens du courant I : $U_{AB} > 0$.

Générateur

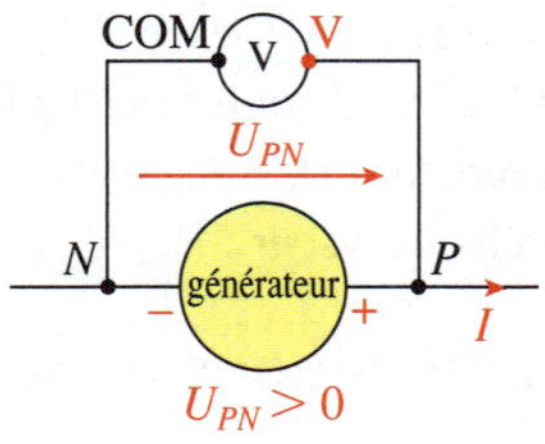

V ↔ $P(+)$; COM ↔ N(−) :

on mesure la tension U_{PN}

La borne V est reliée à la borne $P(+)$ du générateur :

la tension mesurée est positive : $U_{PN} > 0$.

Si on inverse les branchements du voltmètre, le voltmètre mesure $U_{NP} < 0$.

La tension U_{PN} est représentée par un segment fléché, la pointe de la flèche dirigée vers la borne P.

La flèche relative à la tension U_{PN} est de même sens que la flèche indiquant le sens du courant I : $U_{PN} > 0$.

EXERCICES

Tester ses connaissances

1 QCM 1

(corrigés p. 197)

Parmi les affirmations suivantes, lesquelles sont vraies ?

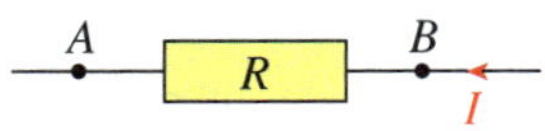

$R = 220\ \Omega$; $I = 10$ mA

1° La tension U_{AB} est :

a) positive ; **b)** négative.

2° La tension U_{AB} est égale à :

a) 2 200 V ; **b)** 2,2 V ;

c) – 2 200 V ; **d)** – 2,2 V.

3° Pour mesurer la tension U_{BA}, on branche :

a) la borne V du voltmètre en A ; **b)** la borne V du voltmètre en B ;

c) la borne COM du voltmètre en A ; **d)** la borne COM du voltmètre en B.

4° La puissance Joule dissipée est :

a) 22 mW ; **b)** 22 MJ ;

c) 2,2 W ; **d)** 2,2 J ;

e) – 22 MW.

2 QCM 2

(corrigés p. 197)

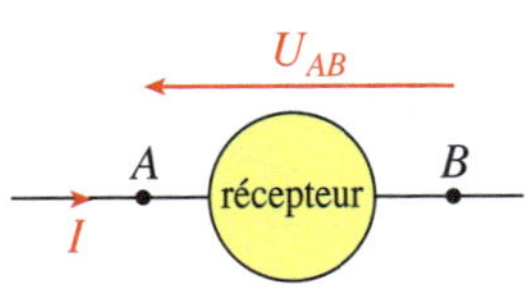

Choisir les affirmations vraies.

1° La caractéristique intensité-tension de ce moteur est :

a) $U_{AB} = E - r \cdot I$; **b)** $U_{AB} = E + r \cdot I$; **c)** $U_{BA} = E + r \cdot I$.

2° La puissance électrique convertie en puissance mécanique est :

a) $U_{AB} \cdot I$; **b)** $E \cdot I$; **c)** $r \cdot I^2$.

3° La puissance électrique fournie au moteur est :

a) $U_{AB} \cdot I$; **b)** $E \cdot I$; **c)** $r \cdot I^2$.

4° E s'exprime en :

a) A ; **b)** V ; **c)** Ω.

3 QCM 3

(corrigés p. 197)

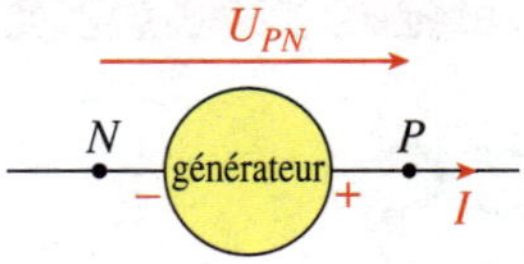

Choisir les affirmations vraies.

1° La caractéristique intensité-tension de ce générateur électrochimique est :

a) $U_{PN} = E - r \cdot I$; **b)** $U_{PN} = E + r \cdot I$; **c)** $U_{NP} = E - r \cdot I$.

2° La puissance électrique disponible aux bornes du générateur est :

a) $U_{PN} \cdot I$; **b)** $E \cdot I$; **c)** $r \cdot I^2$.

3° La puissance chimique convertie en puissance électrique est :

a) $U_{PN} \cdot I$; **b)** $E \cdot I$; **c)** $r \cdot I^2$.

4° E s'exprime en :

a) A ; **b)** V ; **c)** Ω.

Maîtriser les méthodes

Les exercices de cette rubrique font appel aux méthodes de base, qu'il faut maîtriser. Ils font l'objet d'une correction guidée pas à pas, qui récapitule ces méthodes, pour mieux les mémoriser.

4 LOI D'OHM

(corrigés p. 197)

Une résistance radio (470 Ω ; 0,50 W), de bornes C et D, est insérée dans un circuit parcouru par un courant d'intensité $I = 21$ mA.

1° a) Représenter, sur un schéma, les tensions U_{CD} et U_{DC}.

b) Déterminer les valeurs de ces tensions.

2° a) Calculer la puissance électrique fournie à ce dipôle.

b) Calculer l'énergie électrique, en Wh, fournie pour un fonctionnement de 2 heures.

c) Sous quelle forme l'énergie électrique est-elle transférée à l'environnement ?

3° Déterminer :

a) l'intensité maximale à ne pas dépasser ;

b) la tension maximale à ne pas dépasser.

5 ÉLECTROLYSEUR

(corrigés p. 197)

Un électrolyseur est soumis à une tension $U_{AC} = 3{,}8$ V ; sa f.é.m. est $E = 1{,}2$ V et sa résistance interne $r = 7{,}2$ Ω.

1° Schématiser l'électrolyseur en indiquant par une flèche la tension U_{AC} ainsi que le sens du courant.

2° Calculer :

a) l'intensité I du courant qui traverse l'électrolyseur ;

b) la puissance électrique reçue par cet électrolyseur ;

c) la puissance convertie sous forme chimique ;

d) la puissance Joule dissipée.

3° Ce récepteur fonctionne dans ces conditions pendant une durée $\Delta t = 45$ min.

Calculer :
a) l'énergie électrique consommée ;
b) l'énergie convertie sous forme chimique ;
c) l'énergie dissipée sous forme thermique.
4° Définir et calculer le rendement de cet électrolyseur.

6 GÉNÉRATEUR ÉLECTROCHIMIQUE (corrigés p. 198)

Un générateur électrochimique de f.é.m. $E = 9{,}20$ V, de résistance interne $r = 1{,}20\ \Omega$, débite un courant d'intensité $I = 0{,}280$ A.
1° a) Représenter, sur un schéma, la tension U_{PN} à ses bornes ainsi que le sens du courant.
b) Déterminer la valeur de U_{PN}.
2° Ce générateur fonctionne pendant une durée $\Delta t = 5$ min.
Déterminer :
a) l'énergie électrique transférée au circuit extérieur ;
b) l'énergie dissipée sous forme thermique ;
c) l'énergie chimique convertie en énergie électrique.
3° Définir et calculer le rendement de ce générateur.

S'entraîner

7 PUISSANCE REÇUE PAR UNE LAMPE ★★ 6 min (corrigés p. 198)

Une lampe à halogène (12 V ; 20 W) fonctionne 12 heures dans les conditions nominales.
1° Quelle est la puissance électrique fournie à cette lampe ?
2° Quelle est l'énergie électrique fournie ?
3° Sous quelle forme cette énergie est-elle convertie ?
4° Calculer l'intensité du courant continu qui traverse cette lampe.

8 EFFET JOULE EN COURANT ALTERNATIF ★★ 8 min (corrigés p. 198)

Sur la plaque d'un convecteur électrique comportant une « résistance chauffante » est inscrit : 1,8 kW ; ~230 V.
1° Quelle est la signification de ces inscriptions ?
2° Calculer la valeur de la résistance R de ce convecteur.
3° Calculer la valeur de l'intensité efficace du courant qui le traverse.
4° Ce convecteur est pourvu d'un thermostat. Calculer, en kWh, l'énergie consommée en 3 mois (90 jours) si l'on admet un fonctionnement de 10 heures par jour.

9 ÉLECTROLYSEUR ★★ 10 min (corrigés p. 199)

Une cuve à électrolyse convertit une énergie de 20,8 MJ sous forme chimique, lorsqu'elle est traversée par un courant d'intensité $I = 200$ A pendant une durée $\Delta t = 18{,}2$ h. Sa résistance interne est $r = 4{,}0\ \text{m}\Omega$.

1° Écrire le bilan énergétique pour un électrolyseur.
2° Calculer la f.é.m. de cette cuve à électrolyse.
3° Calculer l'énergie dissipée sous forme thermique.
4° Calculer, en MJ, l'énergie électrique fournie.
5° Calculer le rendement de la cuve.

10 CARACTÉRISTIQUE D'UN CONDUCTEUR OHMIQUE ★★★ 12 min *(corrigés p. 199)*

On veut tracer la caractéristique d'un conducteur ohmique afin de déterminer sa résistance R.
On dispose d'un générateur de tension continue réglable, d'un rhéostat et de deux multimètres.
1° Proposer un montage expérimental qui permet de relever la tension U aux bornes de ce conducteur pour différentes valeurs de I le traversant. Indiquer les bornes de branchement des appareils de mesure.
2° Au cours d'un T.P., un groupe d'élèves a obtenu le tableau suivant :

U (V)	0	0,35	0,45	0,62	0,76	0,91
I (mA)	0	7,6	9,9	13,4	16,6	19,7

a) Tracer la caractéristique intensité-tension de ce dipôle.
b) En déduire la résistance R.
c) Le constructeur indique $P_{max} = 0{,}25$ W. Quelle est l'intensité maximale à ne pas dépasser avec ce conducteur ohmique ?

11 MOTEUR ÉLECTRIQUE BLOQUÉ ★★★ 12 min *(corrigés p. 200)*

Un moteur est alimenté sous une tension constante $U = 18$ V.
1° On l'empêche de tourner en bloquant l'arbre du rotor. L'intensité du courant est $I_0 = 8{,}4$ A.
a) Quelle est la puissance mécanique des forces électromagnétiques dans cette situation ?
b) En déduire la résistance interne r du moteur.
2° Le moteur tourne et fournit du travail mécanique. L'intensité du courant est alors $I = 3{,}2$ A.
a) Calculer la f.é.m. E du moteur dans ce régime de fonctionnement.
b) Déterminer la puissance P_J du transfert par effet Joule.
c) Déterminer la puissance P_m des forces électromagnétiques.
d) Déterminer la puissance électrique P_e reçue.

Pour aller plus loin

12 MOTEUR ★★★★ 20 min *(corrigés p. 200)*

Un moteur a les caractéristiques suivantes :
– résistance interne : $r = 11{,}0\ \Omega$;
– f.é.m. : $E = 7{,}20$ V.
Il est alimenté sous la tension constante $U_{CD} = 16{,}0$ V.

1° Calculer :
a) la puissance électrique P_e reçue par le moteur ;
b) la puissance mécanique P_m des forces électromagnétiques développées par le moteur ;
c) la puissance P_J dissipée par effet Joule.
2° Déterminer les quantités d'énergie mises en jeu, en Wh, sous les différentes formes, lors d'un fonctionnement de durée $\Delta t = 2$ h 45 min.
3° Le moteur entraîne un petit alternateur. La puissance mécanique utile P_u, transférée à cet alternateur, n'est pas égale à P_m car il existe différentes pertes (frottements, magnétiques…) dites « internes » : $P_{int.}$
a) Définir le rendement de ce moteur couplé à l'alternateur.
b) Le rendement de ce moteur est égal à 18 %. Calculer P_{int}.

13 GÉNÉRATEUR ÉLECTROMÉCANIQUE ★★★ 16 min (corrigés p. 201)

Une dynamo, qui est un générateur électromécanique, maintient une tension $U_{PN} = 11{,}8$ V lorsqu'elle assure le passage d'un courant d'intensité $I = 5{,}20$ A dans la portion extérieure du circuit. La puissance des pertes Joule est de 6,80 W. On néglige toute autre perte d'énergie.
1° a) Écrire la relation entre les différentes puissances mises en jeu dans ce générateur.
b) Calculer ces puissances.
2° Calculer la f.é.m. de ce générateur dans ces conditions de fonctionnement ainsi que sa résistance interne.
3° Calculer l'énergie mécanique fournie à ce générateur et l'énergie électrique engendrée par ce générateur pendant la durée $\Delta t = 5$ h 15 min de fonctionnement. Exprimer le résultat en Wh.
4° Définir et calculer le rendement de ce générateur.

14 ÉLECTROLYSE DU SULFATE DE ZINC ★★★★ 12 min (corrigés p. 201)

Au cours d'une séance de T.P., un groupe d'élèves a obtenu la caractéristique ci-contre pour l'électrolyse du sulfate de cuivre entre électrodes de nickel.
1° Schématiser le montage utilisé et indiquer les bornes des appareils de mesure.
2° Déterminer la f.é.m. E et la résistance interne r de cet électrolyseur lorsque son fonctionnement est linéaire.
3° On le laisse fonctionner 30 minutes sous une tension de 2,0 V.
a) Calculer l'énergie électrique fournie.
b) Déterminer l'énergie électrique convertie en énergie chimique.
c) Faire un bilan d'énergie.

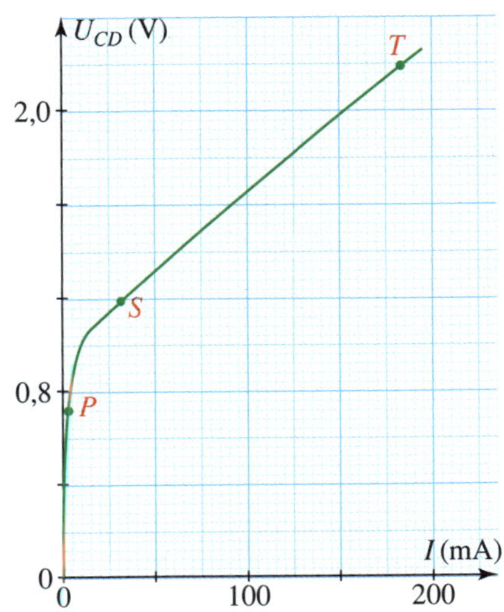

15 DÉTERMINATION DES CARACTÉRISTIQUES D'UNE PILE 30 min *(corrigés p. 202)*

Au cours d'une séance de travaux pratiques, un groupe d'élèves se propose de déterminer la f.é.m. E et la résistance interne r d'une pile plate 4,5 V.

1° a) Schématiser un montage permettant de tracer la caractéristique intensité-tension d'une telle pile. On dispose de la pile, d'un rhéostat (0 - 100 Ω ; 2 A max), d'une résistance de protection R(12 Ω ; 2 W), de deux multimètres et d'un interrupteur. Indiquer la nature des bornes des multimètres.

b) Quel est le rôle de la résistance de protection ?

2° Les élèves ont obtenu les mesures suivantes :

I (mA)	0	10,0	61,0	103	191	243	330
U_{PN} (V)	4,63	4,57	4,52	4,41	4,32	4,21	4,10

a) Tracer la caractéristique intensité-tension.

b) En déduire la f.é.m. E et la résistance interne r.

3° Pour une tension U_{PN} = 4,21 V, déterminer :

a) la puissance électrique fournie au circuit extérieur ;

b) la puissance chimique transformée en puissance électrique ;

c) la puissance Joule dissipée.

4° a) La résistance du rhéostat étant comprise entre 0 Ω et 100 Ω, calculer l'intensité minimale et l'intensité maximale du courant qui peut circuler dans le circuit.

b) Les conditions de l'expérience respectent-elles les indications portées sur le rhéostat ainsi que sur la résistance de protection ?

CORRIGÉS

Tester ses connaissances

1 Affirmations **vraies** : **1° b) ; 2° d) ; 3° b)** et **c) ; 4° a).**

2 Affirmations **vraies** : **1° b) ; 2° b) ; 3° a) ; 4° b).**

3 Affirmations **vraies** : **1° a) ; 2° a) ; 3° b) ; 4° b).**

Maîtriser les méthodes

4 **1° a)**

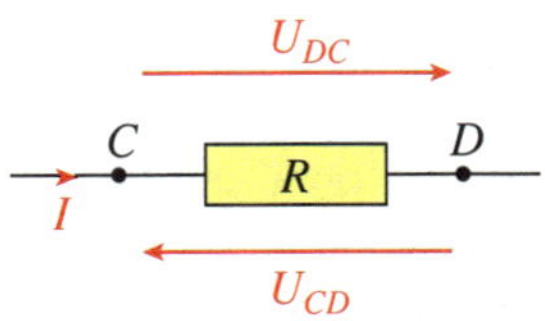

b) Le courant entre par la borne C ; donc

$$U_{CD} = R \cdot I > 0.$$

$U_{CD} = 470 \times 21 \times 10^{-3} = \mathbf{9{,}9\ V}$;

$U_{DC} = -U_{CD} = \mathbf{-9{,}9\ V}$.

2° a) La puissance électrique fournie à ce dipôle est donnée par la relation :

$$P_e = U \cdot I = R \cdot I^2.$$

Numériquement :

$P_e = 470 \times (21 \times 10^{-3})^2 = \mathbf{0{,}21\ W}$.

b) L'énergie électrique fournie pour un fonctionnement de 2 heures est :

$$W_e = P_e \cdot \Delta t.$$

Numériquement :

$W_e = 0{,}21 \times 2 = \mathbf{0{,}42\ Wh}$.

c) L'énergie électrique est transférée à l'environnement sous forme de **chaleur** et de **rayonnement**.

3° a) La puissance maximale à ne pas dépasser est $P_{max} = 0{,}50$ W.

Or $P_{max} = R \cdot I_{max}^2$; d'où $I_{max} = \sqrt{\dfrac{P_{max}}{R}}$;

Numériquement :

$I_{max} = \sqrt{\dfrac{0{,}5}{470}} = \mathbf{0{,}033\ A}$, soit 33 mA.

b) Appliquons la loi d'Ohm :

$$U_{max} = R \cdot I_{max}.$$

Numériquement :

$U_{max} = 470 \times 0{,}033 = \mathbf{15{,}51\ V} \approx \mathbf{15\ V}$.

Exercice 4 : conseils à retenir

• Pour la question **1° a)** : lorsqu'on représente U_{CD} par une flèche, la pointe de la flèche est en C.

• Pour la question **2° b)** : on aurait pu exprimer Δt en seconde :

$P = 0{,}21 \times 2 \times 3\,600 = 1{,}51 \times 10^3$ J.

• Pour la question **3° b)** : on aurait pu calculer directement U_{max} :

$P_{max} = R \cdot I_{max} = \dfrac{U_{max}^2}{R}$,

donc $U_{max} = \sqrt{P_{max} \cdot R}$.

5 **1°**

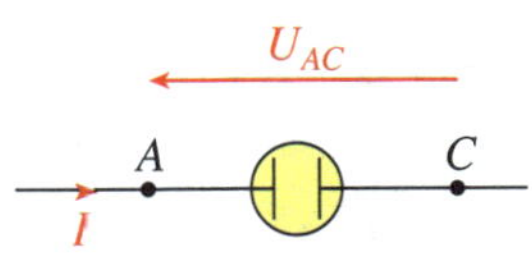

2° a) La tension U_{AC} aux bornes de l'électrolyseur est donnée par la relation :

$$U_{AC} = E + r \cdot I ;$$

donc : $I = \dfrac{U_{AC} - E}{r}$.

Numériquement :

$I = \dfrac{(3{,}8 - 1{,}2)}{7{,}2} = \mathbf{0{,}36\ A}$.

b) la puissance électrique reçue est :

$$P_e = U_{AC} \cdot I.$$

Numériquement :

$P_e = 3{,}8 \times 0{,}36 = \mathbf{1{,}4\ W}$.

c) La puissance convertie sous forme chimique est : $P_{ch} = E \cdot I$.

Numériquement :

$P_{ch} = 1{,}2 \times 0{,}36 = \mathbf{0{,}43\ W}$.

d) La puissance Joule dissipée est :

$P_J = r \cdot I^2 = P_e - P_{ch} = \mathbf{0{,}97\ W}$.

3° a) L'énergie électrique consommée est : $\boldsymbol{W_e = P_e \cdot \Delta t}$,
avec $\Delta t = 45$ min $= 45 \times 60 = 2\,700$ s.
Numériquement :
$W_e = 1{,}4 \times 2{,}7 \times 10^3 = \mathbf{3{,}8\ kJ}$.
b) L'énergie convertie sous forme chimique est : $\boldsymbol{W_{ch} = P_{ch} \cdot \Delta t}$.
Numériquement :
$W_{ch} = 0{,}43 \times 2{,}7 \times 10^3 = \mathbf{1{,}2\ kJ}$.
c) L'énergie dissipée sous forme thermique est : $\boldsymbol{W_J = P_J \cdot \Delta t}$.
Numériquement :
$W_J = 0{,}97 \times 2{,}7 \times 10^3 = \mathbf{2{,}6\ kJ}$.

Exercice 5 : conseils à retenir
• Pour la question 1° : les flèches correspondant à I et U_{AC} sont de sens contraire.
• Pour la question 2° : la conservation de l'énergie implique que : $P_e = P_{ch} + P_J$.
• Pour la question 3° : il faut penser à convertir les minutes en secondes.

6 **1° a)**

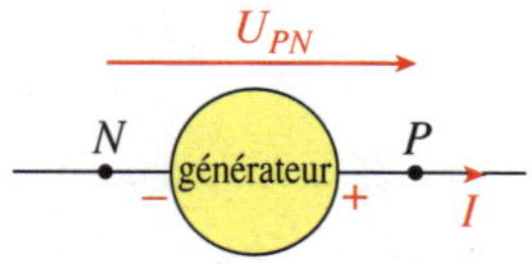

b) La tension U_{PN} est donnée en fonction de l'intensité I par la relation :
$$\boldsymbol{U_{PN} = E - r \cdot I}.$$
Numériquement :
$U_{PN} = 9{,}2 - 1{,}20 \times 0{,}280 = \mathbf{8{,}86\ V}$.
2° a) L'énergie électrique transférée au circuit extérieur est :
$$\boldsymbol{W_e = U_{PN} \cdot I \cdot \Delta t},$$
avec $\Delta t = 5 \times 60 = 300$ s.
Numériquement :
$W_e = 8{,}86 \times 0{,}280 \times 300 = \mathbf{744\ J}$.
b) L'énergie dissipée sous forme thermique est : $\boldsymbol{W_J = r \cdot I^2 \cdot \Delta t}$.
Numériquement :
$W_J = 1{,}20 \times 0{,}280^2 \times 300 = \mathbf{28{,}2\ J}$.
c) L'énergie chimique convertie en énergie électrique est : $\boldsymbol{W_{ch} = E \cdot I \cdot \Delta t}$.
Numériquement :
$W_{ch} = 9{,}20 \times 0{,}280 \times 300 = \mathbf{773\ J}$.

3° Le rendement de ce générateur est défini par : $\eta = \dfrac{\boldsymbol{W_u}}{\boldsymbol{W_{ch}}}$.
L'énergie utile est l'énergie électrique disponible aux bornes P et N : $W_u = W_e$;
donc, $\eta = \dfrac{W_e}{W_{ch}} = \dfrac{744}{773} = \mathbf{0{,}96}$.

Exercice 6 : conseils à retenir
• Pour la question 1° : pour un générateur, les flèches de I et de U_{PN} (P borne « + » et N borne « – ») sont de même sens.
• Pour la question 2° c) : bien vérifier la conservation de l'énergie :
$$W_{ch} = W_e + W_J.$$
• Pour la question 3° : le rendement énergétique est le rapport entre l'énergie utile récupérée (électrique pour un générateur, chimique pour un électrolyseur, mécanique pour un moteur) et l'énergie que l'on a fournie (chimique pour un générateur électrochimique, électrique pour un électrolyseur, électrique pour un moteur).

S'entraîner

7 **1°** La puissance électrique fournie à cette lampe est $\boldsymbol{P = 20\ W}$ lorsqu'elle est alimentée sous 12 V.
2° L'énergie électrique fournie est :
$$\boldsymbol{W = P \cdot \Delta t}.$$
Numériquement :
$W = 20 \times 12 \times 3\,600 = \mathbf{8{,}6 \times 10^5\ J}$.
En wattheure : $W = 20 \times 12 = 240$ Wh.
3° Cette énergie est cédée à l'environnement par transfert thermique (chaleur) **et rayonnement**.
4° L'intensité du courant continu qui traverse cette lampe est donnée par :
$$P = U \cdot I,$$
soit $\boldsymbol{I = \dfrac{P}{U}}$.
Numériquement : $I = \dfrac{20}{12} = \mathbf{1{,}7\ A}$.

8 **1°** • Le sigle ~ signifie que l'appareil fonctionne en **courant alternatif**.
• **230 V** est la **tension efficace nominale** de fonctionnement (secteur).

• **1,8 kW** est la **puissance nominale**, c'est-à-dire la puissance électrique consommée lorsque le convecteur est branché sous une tension efficace de 230 V.

2° Aux bornes d'un conducteur ohmique, la tension efficace est reliée à l'intensité efficace du courant par la loi d'Ohm : $U = R \cdot I$,

or $P = U \cdot I$,

donc : $P = \frac{U^2}{R}$, d'où : $\boldsymbol{R = \frac{U^2}{P}}$.

Numériquement : $R = \frac{230^2}{1\,800} = \mathbf{29\ \Omega}$.

La loi d'Ohm et la loi de Joule sont les mêmes en courant alternatif qu'en courant continu à condition de prendre les valeurs efficaces du courant et de la tension.

3° La valeur de l'intensité efficace du courant est : $\boldsymbol{I = \frac{U}{R}}$.

Numériquement : $I = \frac{230}{29} = \mathbf{7{,}9\ A}$.

4° L'énergie consommée en 3 mois (90 jours) est : $\boldsymbol{W = P \cdot \Delta t}$.

Numériquement :

$W = 1{,}8 \times 90 \times 10 = \mathbf{1{,}6 \times 10^3\ kWh}$.

Pour obtenir W en kWh, il faut exprimer P en kW et Δt en heure.

9 1° Dans un électrolyseur, l'énergie électrique fournie est convertie en énergie chimique (l'énergie utile) et en énergie dissipée sous forme thermique (perte par effet Joule) :

$$\boldsymbol{W_e = W_{ch} + W_J}.$$

2° Exprimons W_{ch} :

$W_{ch} = E \cdot I \cdot \Delta t$, soit $\boldsymbol{E = \frac{W_{ch}}{(I \cdot \Delta t)}}$.

Numériquement :

$$E = \frac{20{,}8 \times 10^6}{200 \times 18{,}2 \times 3\,600} = \mathbf{1{,}59\ V}.$$

3° L'énergie dissipée sous forme thermique est : $\boldsymbol{W_J = r \cdot I^2 \cdot \Delta t}$.

Numériquement :

$W_J = 4{,}0 \times 10^{-3} \times 200^2 \times 18{,}2 \times 3\,600 = \mathbf{10{,}5\ MJ}$.

4° L'énergie électrique fournie est :

$$\boldsymbol{W_e = W_{ch} + W_J}.$$

Numériquement :

$W_e = 20{,}8 + 10{,}5 = \mathbf{31{,}3\ MJ}$.

5° Le rendement de la cuve est :

$$\eta = \frac{W_u}{W_e} = \frac{W_{ch}}{W_e}.$$

Numériquement : $\eta = \frac{20{,}8}{31{,}3} = \mathbf{0{,}66}$.

L'énergie utile W_u est l'énergie chimique que l'électrolyseur fournit.

Le rendement η est un rapport de deux grandeurs de même nature : il suffit de les exprimer avec la même unité. η n'a pas d'unité.

10 1°

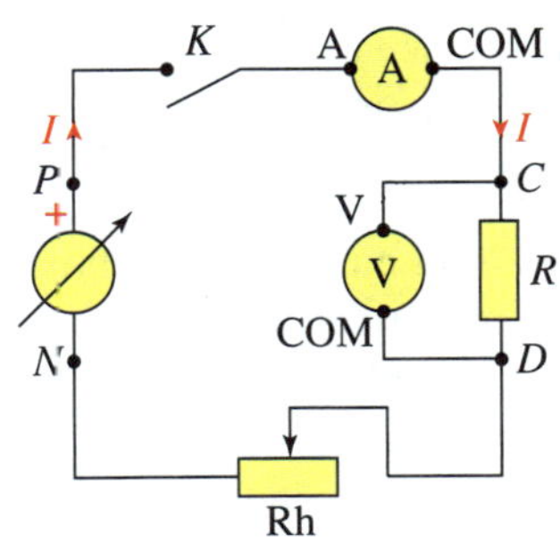

Le courant sort du générateur par sa borne (+).

Le courant entre dans l'ampèremètre par la borne A.

La borne V du voltmètre est branchée à la borne C, borne par où entre le courant dans le conducteur ohmique.

2° a) Caractéristique intensité-tension :

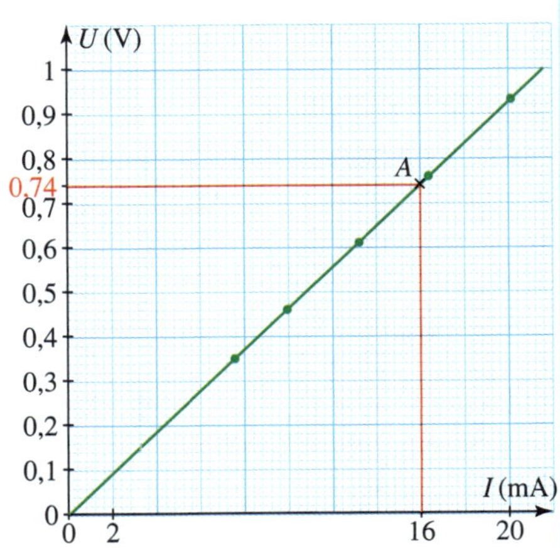

La caractéristique est une droite passant par l'origine.

b) Le coefficient directeur de cette droite est la valeur de la résistance, d'après la relation :

$U = R \cdot I \Leftrightarrow R = \frac{U}{I}$.

Pour déterminer ce coefficient directeur, on prend un point A quelconque sur cette droite.

$\boldsymbol{R} = \frac{0{,}74}{0{,}016} = \mathbf{46\ \Omega}$.

c) Calculons l'intensité maximale à ne pas dépasser.

La puissance maximale à ne pas dépasser est : $P_{max} = 0{,}25$ W.

Or : $P_{max} = R \cdot I^2_{max}$;

d'où : $\boldsymbol{I_{max}} = \sqrt{\frac{\boldsymbol{P_{max}}}{\boldsymbol{R}}}$.

Numériquement :

$\boldsymbol{I_{max}} = \sqrt{\frac{0{,}25}{46}} = 0{,}074$ A, soit **74 mA.**

11 **1° a)** Le moteur ne tourne pas : les forces électromagnétiques ne fournissent pas de travail. **La puissance mécanique est nulle.**

b) Dans cette situation, la f.é.m. du moteur est nulle. L'expression de la tension aux bornes du moteur est donc :

$U_{AB} = 0 + r \cdot I_0$; d'où : $\boldsymbol{r} = \frac{\boldsymbol{U_{AB}}}{\boldsymbol{I_0}}$.

Numériquement : $\boldsymbol{r} = \frac{18}{8{,}4} = \mathbf{2{,}1\ \Omega}$.

Si la puissance mécanique est nulle, $E \cdot I = 0$ implique $E = 0$, car $I \neq 0$.

2° a) On a maintenant :

$$U_{AB} = E + r \cdot I \text{ ;}$$

d'où : $\boldsymbol{E = U_{AB} - r \cdot I}$.

Numériquement :

$\boldsymbol{E} = 18 - 2{,}1 \times 3{,}2 = \mathbf{11\ V}$.

b) La puissance P_J du transfert par effet Joule est : $\boldsymbol{P_J = r \cdot I^2}$.

Numériquement :

$\boldsymbol{P_J} = 2{,}1 \times 3{,}2^2 = \mathbf{21{,}5\ W}$.

c) La puissance P_m des forces électromagnétiques est : $\boldsymbol{P_m = E \cdot I}$.

Numériquement :

$\boldsymbol{P_m} = 11 \times 3{,}2 = \mathbf{35{,}2\ W}$.

d) La puissance électrique P_e reçue est : $\boldsymbol{P_e = U_{AB} \cdot I}$.

Numériquement :

$\boldsymbol{P_e} = 18 \times 3{,}2 = \mathbf{57{,}6\ W}$.

On vérifie que : $P_e = P_J + P_m$ (aux approximations réalisées près).

Pour aller plus loin

12 **1° a)** La puissance électrique P_e reçue par le moteur est $\boldsymbol{P_e = U_{CD} \cdot I}$.

Calculons I à partir de la relation :

$U_{CD} = E + r \cdot I$; d'où $I = \frac{(U_{CD} - E)}{r}$.

Numériquement :

$I = \frac{(16 - 7{,}20)}{11{,}0} = 0{,}800$ A.

On en déduit :

$\boldsymbol{P_e} = 16{,}0 \times 0{,}800 = \mathbf{12{,}8\ W}$.

b) La puissance mécanique P_m des forces électromagnétiques est : $\boldsymbol{P_m = E \cdot I}$.

Numériquement :

$\boldsymbol{P_m} = 7{,}20 \times 0{,}800 = \mathbf{5{,}76\ W}$.

c) La puissance P_J dissipée par effet Joule est : $\boldsymbol{P_J = r \cdot I^2}$.

Numériquement :

$\boldsymbol{P_J} = 11 \times 0{,}8^2 = \mathbf{7{,}04\ W}$.

Cette puissance est aussi égale à $P_e - P_m$.

2° Calculons les quantités des différentes énergies mises en jeu pendant la durée $\Delta t = 2$ h 45 min $= 2{,}75$ h :

$\boldsymbol{W_e} = P_e \cdot \Delta t = 12{,}8 \times 2{,}75 = \mathbf{35{,}2\ Wh}$;

$\boldsymbol{W_m} = P_m \cdot \Delta t = 5{,}76 \times 2{,}75 = \mathbf{15{,}8\ Wh}$;

$\boldsymbol{W_J} = P_J \cdot \Delta t = 7{,}04 \times 2{,}75 = \mathbf{19{,}4\ Wh}$.

On vérifie, conformément au principe de la conservation de l'énergie, que :

$$W_e = W_m + W_J.$$

3° a) Le rendement de ce moteur est défini par : $\boldsymbol{\eta = \frac{P_u}{P_e}}$, car c'est la puissance utile que l'on transmet à l'alternateur.

b) La conservation de l'énergie donne :

$P_e = P_m + P_J = P_u + P_{int} + P_J$;

donc $P_{int} = P_e - P_u - P_J$;

or $P_u = \eta \cdot P_e$; ainsi

$\boldsymbol{P_{int}} = P_e - \eta \cdot P_e - P_J$

$= \boldsymbol{P_e(1 - \eta) - P_J}$.

Numériquement :

$\boldsymbol{P_{int}} = 12{,}8 \times (1 - 0{,}18) - 7{,}04 = \mathbf{3{,}46\ W}$.

13 1° a) D'après le principe de conservation de l'énergie :

$$P_m = P_e + P_J,$$

avec P_m la puissance mécanique fournie à la dynamo, P_e la puissance électrique fournie au circuit extérieur et P_J la puissance perdue par effet Joule.

b) La puissance électrique fournie au circuit extérieur est donnée par la relation : $\boldsymbol{P_e = U_{PN} \cdot I}$.

Numériquement :

$P_e = 11,8 \times 5,2 = \mathbf{61,4\ W}$.

La puissance mécanique est donnée par :

$\boldsymbol{P_m = P_e + P_J}$.

Numériquement :

$P_m = 61,4 + 6,80 = \mathbf{68,2\ W}$.

2° • La puissance mécanique fournie à ce générateur s'écrit : $P_m = E \cdot I$.

D'où : $\boldsymbol{E = \dfrac{P_m}{I}}$.

Numériquement : $E = \dfrac{68,2}{5,2} = \mathbf{13,1\ V}$.

• Calculons la résistance de l'enroulement r.

$P_J = r \cdot I^2$, donc $\boldsymbol{r = \dfrac{P_J}{I^2}}$.

Numériquement : $r = \dfrac{6,80}{5,2^2} = \mathbf{0,25\ \Omega}$.

3° On a $\Delta t = 5$ h 15 min $= 5,25$ h.

• L'énergie mécanique fournie à ce générateur pendant cette durée est :

$$W_m = P_m \cdot \Delta t.$$

Numériquement :

$W_m = 68,2 \times 5,25 = \mathbf{358\ Wh}$.

• L'énergie électrique engendrée par ce générateur pendant cette durée est :

$$W_e = P_e \cdot \Delta t.$$

Numériquement :

$W_e = 61,4 \times 5,25 = \mathbf{322\ Wh}$.

4° On peut définir le rendement par :

$$\eta = \frac{P_e}{P_m}.$$

Numériquement : $\eta = \dfrac{61,4}{68,2} = \mathbf{0,90}$ soit 90 %.

14 1° Il faut utiliser un générateur, un rhéostat, un ampèremètre, un voltmètre et un électrolyseur.

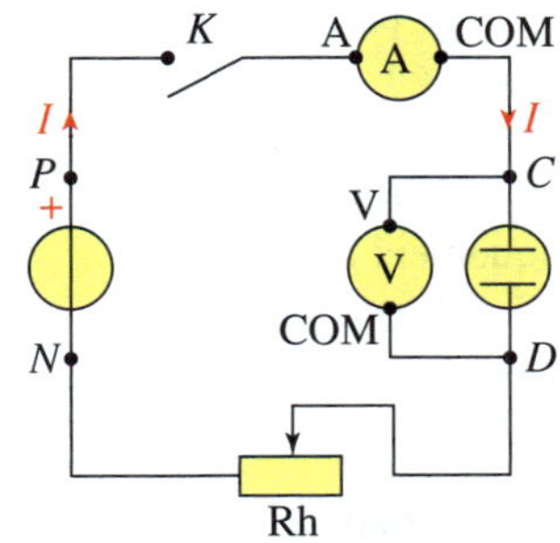

2°

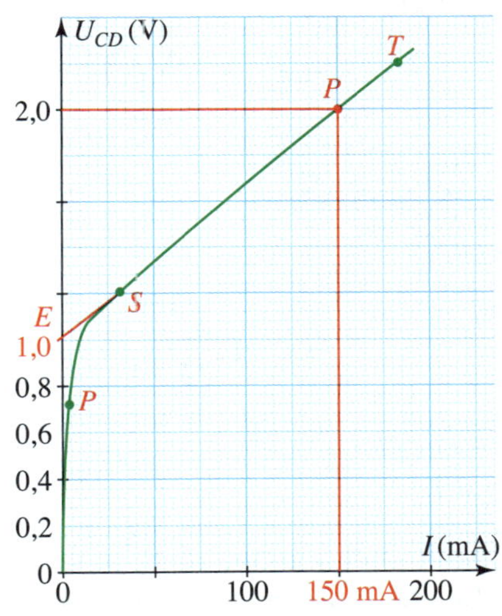

La caractéristique est linéaire entre les points S et T.

L'équation de cette droite est :

$$U_{PN} = E + r \cdot I.$$

Elle coupe l'axe des tensions pour $U(0) = \boldsymbol{E = 1,0\ V}$.

Pour déterminer r, il suffit de prendre un point de fonctionnement, par exemple P (2,0 V ; 150 mA).

$$r = \frac{(U_{PN} - E)}{I} = \frac{(2,0 - 1,0)}{0,150} = \mathbf{6,7\ \Omega}.$$

Il faut exprimer I en ampère : 150 mA = 0,150 A.

3° a) L'énergie électrique fournie au récepteur est : $\boldsymbol{W_e = U_{CD} \cdot I \cdot \Delta t}$, avec $U_{CD} = 2{,}0$ V, $I = 150$ mA et $\Delta t = 30 \times 60 = 1\,800$ s.

Numériquement :

$\mathbf{W_e} = 2{,}0 \times 0{,}15 \times 1\,800 = \mathbf{540\ J}$.

b) L'énergie chimique engendrée est :

$\mathbf{W_{ch} = E \cdot I \cdot \Delta t} = 1{,}0 \times 0{,}15 \times 1\,800 = \mathbf{270\ J}$.

c) D'après le principe de conservation de l'énergie, on a : $W_e = W_{ch} + W_J$.

L'énergie Joule dissipée est donc :

$$\mathbf{W_J = W_e - W_{ch}}.$$

Numériquement :

$\mathbf{W_J} = 540 - 270 = \mathbf{270\ J}$.

On peut aussi calculer l'énergie Joule par :

$$W_J = r \cdot I^2 \cdot \Delta t.$$

L'interrogation écrite

15 **1° a)**

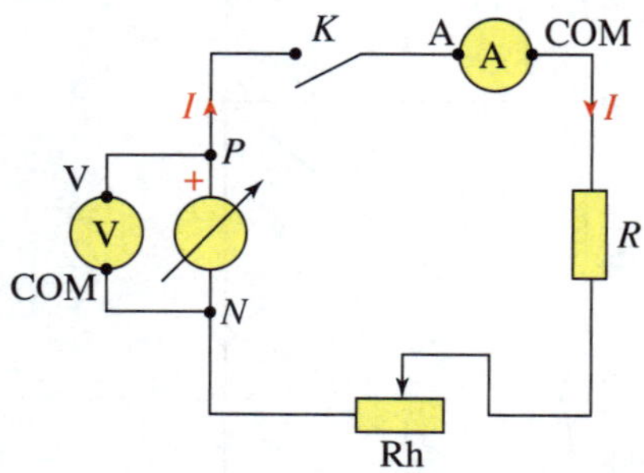

Le courant sort du générateur par sa borne +.

Le courant entre dans l'ampèremètre par la borne A.

La borne V du voltmètre est branchée à la borne P(+), la borne COM à la borne N(–).

b) La résistance de protection permet de limiter l'intensité du courant si, par inadvertance, la valeur de la résistance du rhéostat est ramenée à zéro.

2° a)

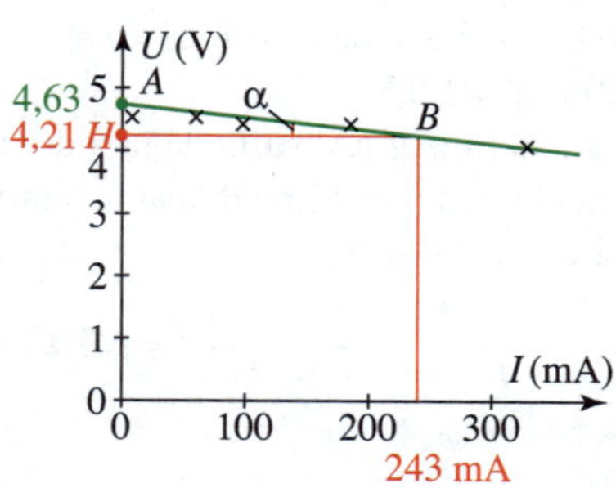

b) Aux bornes de la pile, on a : $U_{PN} = E - r \cdot I$.

Pour $I = 0$, $U_{PN} = \mathbf{E = 4{,}63\ V}$.

r correspond à la valeur absolue de la pente de la caractéristique.

Cette pente peut être calculée à partir du triangle rectangle AHB :

$$\tan\alpha = \frac{AH}{HB} \Leftrightarrow \mathbf{r} = \frac{4{,}63 - 4{,}21}{0{,}243} = \mathbf{1{,}7\ \Omega}.$$

3° On a $U_{PN} = 4{,}21$ V ; $I = 0{,}243$ A.

a) La puissance électrique fournie au circuit extérieur est : $\mathbf{P_e = U_{PN} \cdot I}$.

Numériquement :

$\mathbf{P_e} = 4{,}21 \times 0{,}243 = \mathbf{1{,}02\ W}$.

b) La puissance chimique transformée en puissance électrique est : $\mathbf{P_{ch} = E \cdot I}$.

Numériquement :

$\mathbf{P_{ch}} = 4{,}63 \times 0{,}243 = \mathbf{1{,}13\ W}$.

c) La puissance Joule dissipée est :

$\mathbf{P_J = P_{ch} - P_e}$.

Numériquement :

$\mathbf{P_J} = 1{,}13 - 1{,}02 = \mathbf{0{,}11\ W}$.

On peut aussi calculer l'énergie Joule par :

$$P_J = r \cdot I^2.$$

4° a) Le rhéostat a une résistance comprise entre 0 Ω et 100 Ω.

Lorsque le rhéostat a une résistance 0 Ω, l'intensité du courant est égale à :

$$\frac{E}{R + r} = \frac{4{,}63}{13{,}7} = 0{,}34\ \text{A} = 340\ \text{mA}.$$

Lorsque le rhéostat a sa résistance maximale 100 Ω, l'intensité du courant est égale à :

$$\frac{E}{R_h + R + r} = \frac{4{,}63}{113{,}7} = 0{,}041 = 4\ \text{mA}.$$

L'intensité du courant dans le circuit est comprise entre 4 mA et 340 mA.

b) L'intensité maximale du courant qui peut circuler dans la résistance de protection R est :

$$I_{max} = \sqrt{\frac{P}{R}} = \sqrt{\frac{2}{12}} = 0{,}41\ \text{A} = 410\ \text{mA}.$$

La résistance de protection dans laquelle il passe un courant d'intensité inférieure à 340 mA **va** donc **résister**.

Le rhéostat fonctionnera aussi dans les conditions de sécurité, puisque l'intensité maximale (2 A) du courant qui peut le parcourir est nettement supérieure à 340 mA.

CLASSIFICATION PÉRIODIQUE DES ÉLÉMENTS

légende

numéro atomique	masse molaire atomique en g.mol^{-1} (1)
4	9,0
symbole (2)	Be
nom	Béryllium

notes : (1) basé sur le ^{12}C
(2) état physique du corps pur simple à 25C et 1,013 bar :
noir = solide (sauf Br et Hg : liquide) ; vert = gaz ; bleu = préparé par synthèse

période																		
I	1 1,0 H Hydrogène																	2 4,0 He Hélium
II	3 6,9 Li Lithium	4 9,0 Be Béryllium											5 10,8 B Bore	6 12,0 C Carbone	7 14,0 N Azote	8 16,0 O Oxygène	9 19,0 F Fluor	10 20,2 Ne Néon
III	11 23,0 Na Sodium	12 24,3 Mg Magnésium											13 27,0 Al Aluminium	14 28,1 Si Silcium	15 31,0 P Phosphore	16 32,1 S Soufre	17 35,5 Cl Chlore	18 39,9 Ar Argon
IV	19 39,1 K Potassium	20 40,1 Ca Calcium	21 45,0 Sc Scandium	22 47,9 Ti Titane	23 50,9 V Vanadium	24 52,0 Cr Chrome	25 54,9 Mn Manganèse	26 55,8 Fe Fer	27 58,9 Co Cobalt	28 58,7 Ni Nickel	29 63,5 Cu Cuivre	30 65,4 Zn Zinc	31 69,7 Ga Gallium	32 72,6 Ge Germanium	33 74,9 As Arsenic	34 79,0 Se Sélénium	35 79,9 Br Brome	36 83,8 Kr Krypton
V	37 85,5 Rb Rubidium	38 87,6 Sr Strontium	39 88,9 Y Yttrium	40 91,2 Zr Zirconium	41 92,9 Nb Niobium	42 95,9 Mo Molybdène	43 99 Tc Technétium	44 101,1 Ru Ruthénium	45 102,9 Rh Rhodium	46 106,4 Pd Palladium	47 107,9 Ag Argent	48 112,4 Cd Cadmium	49 114,8 In Indium	50 118,7 Sn Étain	51 121,8 Sb Antimoine	52 127,6 Te Tellure	53 126,9 I Iode	54 131,3 Xe Xénon
VI	55 132,9 Cs Césium	56 137,3 Ba Baryum	57 138,9 La Lanthane	72 178,5 Hf Hafnium	73 180,9 Ta Tantale	74 183,9 W Tungstène	75 186,2 Re Rhénium	76 190,2 Os Osmium	77 192,2 Ir Iridium	78 195,1 Pt Platine	79 197,0 Au Or	80 200,6 Hg Mercure	81 204,4 Tl Thallium	82 207,2 Pb Plomb	83 209,0 Bi Bismuth	84 210 Po Polonium	85 210 At Astate	86 222 Rn Radon
VII	87 223 Fr Francium	88 226 Ra Radium	89 227 Ac Actinium															

période															
VI	58 140,1 Ce Cérium	59 140,9 Pr Praséodyme	60 144,2 Nd Néodyme	61 145 Pm Prométhium	62 150,4 Sm Samarium	63 152,0 Eu Europium	64 157,3 Gd Gadolinium	65 158,9 Tb Terbium	66 162,5 Dy Dysprosium	67 164,9 Ho Holmium	68 167,3 Er Erbium	69 168,9 Tm Thulium	70 173,0 Yb Ytterbium	71 175,0 Lu Lutétium
VII	90 232,0 Th Thorium	91 231,0 Pa Protactinium	92 238,0 U Uranium	93 237,0 Np Neptunium	94 242 Pu Plutonium	95 243 Am Américium	96 247 Cm Curium	97 247 Bk Berkélium	98 251 Cf Californium	99 254 Es Einsteinium	100 253 Fm Fermium	101 256 Md Mendélévium	102 254 No Nobélium	103 257 Lr Lawrencium